Matthias Ehrlich
Entwicklung und Analyse eines Verfahrens z
Abbildung Neuronaler Netzwerkarchitekturen
auf neuromorphische Emulationssysteme

I0054626

TUDpress

Matthias Ehrlich

Entwicklung und Analyse eines Verfahrens zur Abbildung Neuronaler Netzwerkarchitekturen auf neuromorphische Emulationssysteme

TUDpress
2015

Die vorliegende Arbeit wurde am 10. März 2014 an der Fakultät Elektrotechnik und Informationstechnik der Technischen Universität Dresden als Dissertation eingereicht und am 10. Dezember 2014 verteidigt.

Vorsitzender der Promotionskommission:
Prof. Dr.-Ing. habil. Wolf-Joachim Fischer

Gutachter:
Prof. Dr.-Ing. habil. René Schüffny
Prof. Dr.-Ing. habil. Wolfgang Reinhold

Bibliografische Information der Deutschen Nationalbibliothek
Die Deutsche Nationalbibliothek verzeichnet diese Publikation in der Deutschen Nationalbibliografie; detaillierte bibliografische Daten sind im Internet über http://dnb.d-nb.de abrufbar.

Bibliographic information published by the Deutsche Nationalbibliothek
The Deutsche Nationalbibliothek lists this publication in the Deutsche Nationalbibliografie; detailed bibliographic data are available in the Internet at http://dnb.d-nb.de.

ISBN 978-3-944331-96-6

© 2015 TUDpress
Verlag der Wissenschaften GmbH
Bergstr. 70 | D-01069 Dresden
Tel.: 0351/47 96 97 20 | Fax: 0351/47 96 08 19
http://www.tudpress.de

Technische Universität Dresden

Entwicklung und Analyse eines Verfahrens zur Abbildung Neuronaler Netzwerkarchitekturen auf neuromorphische Emulationssysteme

Matthias Ehrlich

von der Fakultät Elektrotechnik und Informationstechnik der Technischen Universität Dresden

zur Erlangung des akademischen Grades

Doktoringenieur

(Dr.-Ing.)

genehmigte Dissertation

Vorsitzender: Prof. Dr.-Ing. habil. Wolf-Joachim Fischer

Gutachter: Prof. Dr.-Ing. habil. René Schüffny   Tag der Einreichung: 10.03.2014

Prof. Dr.-Ing. habil. Wolfgang Reinhold   Tag der Verteidigung: 10.12.2014

Kurzfassung

In der vorliegenden Arbeit wird ein Verfahren zur Abbildung Neuronaler Netzwerkarchitekturen auf neuromorphische Emulationssysteme entwickelt und analysiert.

Neuromorphische Emulatoren sind ein neuartiger Ansatz zur vergleichsweise effizienten Emulation von neuronaler Funktionalität. Sie implementieren regelmäßige Anordnungen frei parametrisierbarer, neuronaler und synaptischer Modellgleichungen, welche über ein konfigurierbares Kommunikationsnetzwerk verbunden sind, das auf neuronaler Signalverarbeitung basiert. Der Emulation neuronaler Funktionalität muss die Abbildung einer Neuronalen Netzwerkarchitektur auf das neuromorphische Substrat vorangehen. Eine Neuronale Netzwerkarchitektur wird, auf der Grundlage von neurobiologischen Versuchen und Erkenntnissen aus der Kognitionswissenschaft, als Beschreibung eines Aspekts neuronaler Funktionen aus mathematischen Modellen einzelner Elemente neuronaler und synaptischer Verarbeitung zusammengefügt.

Diese Arbeit gliedert sich wie folgt: Am Anfang steht eine Einführung in das Feld der neuromorphischen Forschung im Kontext neuromorphischer Emulationssysteme. Darauf aufbauend wird ein allgemeines Abbildungsverfahren von Neuronalen Netzwerkarchitekturen für neuromorphische Emulatoren konzipiert. Dies umfasst die Entwicklung eines geeigneten Datenmodells sowie die Beschreibung des Abbildungsprozesses mit dessen Nutzerschnittstelle und algorithmischem Framework. Als Inspiration dienen Abbildungsprozesse aus der Entwurfsautomatisierung elektronischer Systeme. Untersucht wird anschließend eine Beispielimplementierung eines Abbildungsprozesses für ein konkretes Emulatorsystem anhand von Skalierungstests unter Verwendung einer Auswahl von Neuronalen Netzwerkarchitekturen. Die prinzipiellen Funktionsweise des Ablaufs wird zudem mittels Beispielen und unter Verwendung eines Demonstrationsaufbaus sowie einer ausführbaren Systemspezifikation veranschaulicht.

Abstract

In this publication a method for mapping Neural Network Architectures to neuromorphic emulation-systems is developed and analyzed.

Neuromorphic emulators are a novel approach to emulate neural functionality comparatively efficient. They implement regular arrays of freely parameterizable neural and synaptic model equations, connected via a configurable communication network, which is based on neural signal processing. Prior to an emulation of neural functionality a Neural Network Architecture has to be mapped to the neuromorphic substrate. A Neural Network Architecture as a description of an aspect of neural functionality is put together, based on neurobiological experiments and findings from cognition science, from mathematical models of single elements of neural and synaptic processing

This thesis is structured as follows: At the beginning an introduction to the field of neuromorphic research in the context of neuromorphic emulation-systems is given. Based on this a general method to map Neural Network Architectures to neuromorphic emulators is developed for which mapping processes from Electronic Design Automation serve as inspiration. This encompasses the developement of a data model as well as the description of the mapping process along with its user interface and algorithmic framework. The subsequent analysis is carried out with an exemplary implementation of a mapping process for a concrete emulation-system via scaling tests utilizing a selection of Neural Network Architectures. The principal functionality of the process is furthermore demonstrated with examples mapped to a demonstrator setup as well as an executable system specification.

Danksagung

Diese Arbeit ist das Ergebnis meiner Tätigkeit als wissenschaftlicher Mitarbeiter am Stiftungslehrstuhl für Hochparallele VLSI-Systeme und Neuromikroelektronik der Technischen Universität Dresden. Mein Dank geht zuerst an Professor Dr.-Ing. habil. René Schüffny für seine Unterstützung während der gesamten Bearbeitungszeit. Danken möchte ich zudem Professor Dr.-Ing. habil. Wolfgang Reinhold der mich motiviert hat diese Arbeit zu beginnen. Insbesondere danken möchte ich außerdem Dipl.-Phys. Bernhard Vogginger und Dipl.-Ing. Karsten Wendt für ihre Unterstützung bei der Entwicklung und der Implementierung des Konzeptes. Weiterhin geht Dank an Dr.-Ing. Stephan Henker für Diskussionen zu den vielfältigsten Programmiertechniken und an Dr.-Ing. habil. Christian Mayr für seine Anregungen das *Neuromorphic Engineering* betreffend. Weiterhin danke ich auch allen hier nicht genannten Kollegen des Lehrstuhls und den Kollegen der Arbeitsgruppe *Electronic Vision(s)* am Kirchhoff-Institut für Physik in Heidelberg die mich während der Arbeit unterstützt haben.

Für die Bereitstellung der Experimente danke ich den Projektpartnern des *Institut de Neurosciences Cognitives de la Méditerranée (INCM)*, Marseille, Frankreich und der Albert-Ludwigs-Universität Freiburg (ALUF), Freiburg, der *Kungliga Tekniska Högskolan (KTH)*, Stockholm, Schweden sowie der *Integrative and Computational Neuroscience Unit (UNIC)* des *Centre National de la Recherche Scientifique (CNRS)*, Gif-sur-Yvette, Frankreich.

Außerdem danke ich allen, die hier nicht namentlich erwähnt wurden und nicht zuletzt meiner Familie für ihre endlose Geduld.

Die Forschung wurde finanziert von der Europäischen Union durch die Projekte **FACETS** *(grant agreement no. 15879)* und **BrainScaleS** *(grant agreement no. 269921)* des *Framework of the Information Society Technologies Programme.*

Dresden, 2014

Vorwort

Als Vorwort einige Anmerkungen zum Satz der Dissertationsschrift. Fremdwörter, Hervorhebungen und sich im Index wiederfindende Stichwörter sind *kursiv*, Quelltextbeispiele durchgehend in einer diktengleichen Schrift, wie beispielsweise `Courier`, gesetzt. Obwohl die Arbeit in deutscher Sprache verfasst ist, lassen sich fachsprachliche Anglizismen zugunsten der besseren Lesbarkeit nicht umgehen. Diese sind jedoch durch kursiven Satz hervorgehoben und entsprechend übersetzt. Wurde ein solcher Begriff dennoch in einer deutschen Übersetzung verwendet, findet sich bei dessen Einführung auch dieser Begriff im Original.

Ein Glossar erläutert Begriffe, die nicht zum direkten Inhalt der Arbeit gehören aber zum besseren Verständnis beitragen. Begriffe für die ein Eintrag im Glossar existiert sind durch KAPITÄLCHEN hervorgehoben. Das Abkürzungsverzeichnis enthält in der Regel alle Abkürzungen die in der Arbeit an mehr als einer Stelle verwendet werden. Eine Ausnahme bilden Institutionen oder allgemein gebräuchliche Abkürzungen. Diese werden in der Regel über Fußnoten eingeführt und sind somit nicht in diesem Verzeichnis enthalten. Bei den Symbolen werden zeitlich veränderliche Größen, so nicht anders angegeben, grundsätzlich durch Kleinbuchstaben repräsentiert, wie beispielsweise u_M oder i_S, und zeitinvariante, konstante Größen hingegen durch Großbuchstaben gekennzeichnet, hier zum Beispiel U_{Rest}.

Referenzen sind in der Literaturliste nach dem Erscheinen im Text geordnet. Referenzen im Fließtext, wie beispielsweise „siehe [12]" sind als Verweis auf die Publikation zu verstehen. Findet sich ein Argument sinngemäß so in einer referenzierten Publikation, ist die Referenz auf diese Publikation nach dem betreffenden Satz beziehungsweise Abschnitt zu finden. Direkte Zitate sind durch Anführungszeichen mit angegebener Referenz und bei Monographien gegebenenfalls mit Angabe der Seitenzahl gekennzeichnet, zum Beispiel Müller et. al. „. . ." [45].

Inhaltsverzeichnis

Symbolverzeichnis

$\vec{E}$	Elektrische Feldstärke
$\vec{H}$	Magnetische Feldstärke
Ca^{2+}	Calcium-Kationen
Cl^-	Chlorid-Anionen
K^+	Kalium-Kationen
Na^+	Natrium-Kationen
$P^{(-)}$	Protein-Anionen
N_{NrnBM}	Neuronenanzahl in einer Neuronalen Netzwerkarchitektur
N_{PopBM}	Populationsanzahl in einer Neuronalen Netzwerkarchitektur
N_{ProBM}	Projektionenanzahl in einer Neuronalen Netzwerkarchitektur
N_{SynBM}	Synapsenanzahl in einer Neuronalen Netzwerkarchitektur
$N_{SynBM_{exc}}$	Exzitatorische Synapsen einer Neuronalen Netzwerkarchitektur
$N_{SynBM_{inh}}$	Inhibitorische Synapsen einer Neuronalen Netzwerkarchitektur
$r_{SynType}$	Erregungstypenverhältnis der Synapsen einer Neuronalen Netzwerkarchitektur
F_{InBM}	Synaptische Einfächerung in einer Neuronalen Netzwerkarchitektur
F_{OutBM}	Synaptische Ausfächerung in einer Neuronalen Netzwerkarchitektur
ρ_{SynBM}	Synaptische Verbindungsdiche
N_{NrnHM}	Anzahl neuromorphischer Neuronenschaltkreise
N_{SynHM}	Anzahl neuromorphischer Synapsenschaltkreise
F_{InHW}	Synaptische Einfächerung für einen neuromorphischen Schaltkreis
F_{OutHW}	Synaptische Ausfächerung für einen neuromorphischen Schaltkreis
d_{t_d}	Relative Pulsverzögerungsverzerrung
l_{NrnBM}	Relativer Neuronenverlust
d_T	Relative Parameterverzerrung nach Parametertransformation
l_{PR}	Relativer Verlust nach Platzierung und Verbindung
$l_{t_{AP}}$	Relativer Pulsverlust
l_{SynBM}	Relativer Synapsenverlust
e_{HW}	Relative Hardwareeffizienz
q_{Map}	Qualität der Abbildung
q_{PR}	Qualität der Platzierung und Verbindung
q_T	Qualität der Parametertransformation
K_{Accel}	Beschleunigungsfaktor
K_{Scale}	Spannungsskalierungsfaktor
K_{Shift}	Spannungsverschiebungsfaktor
$\alpha(t)$	Alphafunktion
$\delta(t)$	Diracimpuls
$\exp(t)$	Exponentialfunktion
τ_w	Adaptionszeitkonstante der Pulsfrequenzanpassung
w	Adaptionsvariable
C_M	Membrankapazität
i_{ext}	Externe Reizströme
$g_I(u_M)$	Membranspannungsabhängiger Leitwert eines Ionenkanals
i_I	Ionenstrom
$\alpha(u_M), \beta(u_M)$	Anpassungsfunktionen der Ionenkanalöffnung
p_a	Aktivierungsparameter eines Ionenkanals
p_d	Deaktivierungsparameter eines Ionenkanals

U_I	Umkehrpotential eines Ionenkanals
m_a	Aktivierungsvariable eines Ionenkanals
m_d	Deaktivierungsvariable eines Ionenkanals
g_L	Leitwert des Leckstroms
i_L	Membranleckstrom
τ_M	Zeitkonstante der Membranumladung
R_L	Passiver Membranwiderstand
U_L	Umkehrpotential des Leckstroms
U_K	Umkehrpotential des Kaliumionenkanals
U_{Na}	Umkehrpotential des Natriumionenkanals
m	Anstiegsfaktor des AdEx Aktionspotentials
g_{syn}	Synaptische Eingangskonduktanz
i_S	Synaptischer Strom
U_{syn}	Synaptisches Umkehrpotential
τ_{syn}	Synaptische Zeitkonstante
u_M	Membranspannung
U_{Peak}	Pulsdetektionsspannung
U_{Reset}	Rücksetzspannung des Membranpotentials
U_R	Ruhepotential
U_T	Schwellwertspannung
f_{AP}	Pulsfrequenz eines Neurons
T_{ISI}	Interpulseintervall
$T_{Refractory}$	Refraktärzeit eines Neurons
t^{AP}	Pulszeitpunkt
T_{Bio}	Biologische Zeit einer Simulation/Emulation
T_G	Gesamtdauer einer Simulation/Emulation
T_R	Laufzeit einer Simulation/Emulation
T_S	Setupzeit einer Simulation/Emulation
T_{EA}	Dauer der Konfiguration und des Auslesens der Emulationsergebnisse
$T_{Synchro}$	Synchronisationszeit eines Simulationsschritts
T_{Part}	Dauer der Partitionierung
T_{Place}	Dauer des Platzierungsschritts
T_{Route}	Dauer des Verbindungsschritts
$T_{Transform}$	Dauer der Parametertransformation
CV	Variationskoeffizient
λ_{STDF}	Grenzfrequenz des Kurzzeitplastizitätsmodells
θ_{STDF}	Spitzenfrequenz des Kurzzeitplastizitätsmodells
A_{SE}	Synaptische Wirksamkeit des Kurzzeitplastizitätsmodells
$E_{SE}(t)$	Effektive synaptische Wirksamkeit des Kurzzeitplastizitätsmodells
$I_{SE}(t)$	Inaktive synaptische Wirksamkeit des Kurzzeitplastizitätsmodells
$R_{SE}(t)$	Wiedergewonnene synaptische Wirksamkeit des Kurzzeitplastizitätsmodells
$U_{SE}(t)$	Anwendungsfaktor des Kurzzeitplastizitätsmodells
τ_{fac}	Förderungszeitkonstante des Kurzzeitplastizitätsmodells
τ_{inact}	Inaktivierungszeitkonstante des Kurzzeitplastizitätsmodells
τ_{rec}	Erholungszeitkonstante des Kurzzeitplastizitätsmodells
$F(\Delta t)$	Gewichtsmodifkationsfaktor des Langzeitplastizitätsmodells
t^{post}	Postsynaptischer Pulszeitpunkt des Langzeitplastizitätsmodells
$t^{prä}$	Präsynaptischer Pulszeitpunkt des Langzeitplastizitätsmodells

Abkürzungsverzeichnis

AdEx – *Adaptive Exponential Integrate & Fire*
AER – *Address Event Representation*
AI – *Asynchronous Irregular*
ANN – *Artificial Neural Network*
AP – *Abbildungsprozess*
API – *Application Programming Interface*
BGL – *Boost Graph Library*
BM – *Bio Model*
BOLD – *Blood Oxygenation Level Dependent*
CC – *Cortical Column*
CI – *Continuous Integration*
COBA – *Conductance Based*
CUBA – *Current Based*
DAP – *Depolarizing After-Potential*
DNC – *Digital Network Core*
EDA – *Electronic Design Automation*
EEG – Elektroenzephalogramm
EPSP – *Excitatory Postsynaptic Potential*
ERC – *Experiment Runtime Control*
ESS – *Executable System Specification*
FFI – *Feed Forward Inhibition*
fMRT – Magnetresonanzthomographie (funktionelle)
FPGA – *Field Programmable Gate Array*
FPNA – *Field Programmable Neural Array*
FS – *Fast Spiking*
GM – *Graph Model*
GraViTo – *Graph Visualization Tool*
GUI – *Graphical User Interface*
HAP – *Hyperpolarizing After-Potential*
HC – *Hypercolumn*
HDL – *Hardware Description Language*
HH – *Hodgkin & Huxley*
HICANN – *High Input Count Analog Neural Network*
HM – *Hardware Model*
IF – *Integrate & Fire*
IHC – Immunohistochemie
IP – *Internet Protocol*
IPSP – *Inhibitory Postsynaptic Potential*
ISI – *Inter-Spike-Intervall*
JSON – *JavaScript Object Notation*

L1 – *Layer 1*
L2 – *Layer 2*
LFP – Lokales Feldpotential
LIF – *Leaky Integrate & Fire*
LTD – *Long Term Depression*
LTP – *Long Term Potentiation*
MC – *Minicolumn*
MEG – Magnetenzephalogramm
MPSoC – *Multiprocessor System-on-Chip*
MRT – Magnetresonanzthomographie
NC – *Neocortex*
NCR – *Non-Cortical Region*
NNA – Neuronale Netzwerkarchitektur
NNS – *Neural Network Structure*
NPU – *Neural Processing Unit*
NS – Neuronaler Schaltplan
NVS – Nervensystem
PCB – *Printed Circuit Board*
PCNN – *Pulse-Coupled Neural Network*
PCS – *Pulse Communication Subgroup*
PET – Positronenemissionsthomographie
PNS – Peripheres Nervensystem
PSP – *Postsynaptic Potential*
RF – *Receptive Field*
SAT – *SATisfiability*
SDB – *System Demonstrator Board*
SFA – *Spike Frequency Adaptation*
SNN – *Spiking Neural Network*
STA – *Sub-Threshold Adaptation*
STD – *Short Term Depression*
STDF – *Short Term Depression or Facilitation*
STDP – *Spike Timing Dependent Plasticity*
STF – *Short Term Facilitation*
UML – *Unified Modeling Language*
ZNS – Zentrales Nervensystem

Abbildungsverzeichnis

Tabellenverzeichnis

1 Einführung

Das Gehirn stellt die Wissenschaften auch im 21. Jahrhundert noch vor offene Fragen, an deren Beantwortung im Forschungsfeld des neuromorphischen *Engineering* Wissenschaftler der Biologie, der Psychologie, der Mathematik, der Informatik, der Physik und Ingenieure der Elektrotechnik gemeinsam arbeiten. Dabei sind die Einen zum Beispiel auf der Suche nach der Antwort auf die existenzielle Frage „Wo ist das menschliche Bewusstsein zu verorten?", die Anderen sind getrieben von der Idee "Warum nicht Rechenmaschinen konstruieren, die nach den Prinzipien neuronaler Verarbeitung funktionieren?" oder die Natur als Vorlage zu verwenden um eine technisch bessere Antwort zu finden. Am Ende neuromorphischer Forschung stehen somit sowohl Antworten auf metaphysische Fragen des Lebens als auch auf ganz praktische Fragestellungen. Internationale Forschungsverbände von in diesem Feld bisher nicht gekannter Größe wie beispielsweise das *Human Brain Project* [1], das *Human Connectome Project* [2] oder das *Brain Activity Map Project* [3] zeigen zudem das gestiegene Interesse der Öffentlichkeit an diesen Themen. Neue experimentelle Methoden insbesondere in den Bereichen der Neurobiologie und der Kognitionsforschung erlauben immer detailliertere Experimente und sorgen so für ein stetiges Wachstum der Menge an wissenschaftlichen Erkenntnissen zur Funktionsweise neuronaler Strukturen. Gleiches galt bisher für die COMPUTATIONAL NEUROSCIENCE wo die stetige Zunahme der Leistungsfähigkeit herkömmlicher Rechnerarchitekturen immer umfangreichere Studien mit Modellen neuronaler Strukturen auf Grundlage numerischer Simulationen ermöglichte. Da sich für konventionelle Simulationen die Grenzen des technologisch sinnvoll Machbaren abzeichnen, hat die Suche nach neuromorphischen Substraten für die Emulation neuronaler Aktivität begonnen.

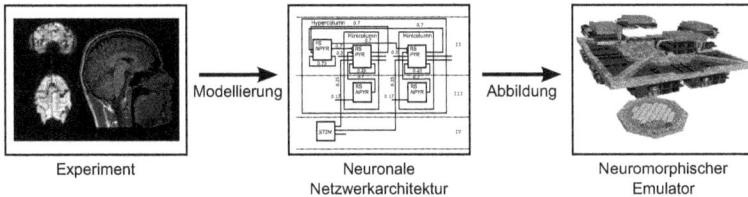

| Experiment | Neuronale Netzwerkarchitektur | Neuromorphischer Emulator |

Abbildung 1.1: Illustration des Übergangs vom Experiment über die Modellierung einer Neuronalen Netzwerkarchitektur hin zur Emulation dieser auf einem neuromorphischen Substrat nach Abbildung auf dieses. Auf der linken Seite abgebildet ist eine Aufnahme einer funktionellen und strukturellen MRT des Autors, mit freundlicher Genehmigung [4]. In der Mitte zu erkennen ist der Neuronale Schaltplan eines neokortikalen Assoziativspeichermodells nach [5] und auf der rechten Seite das wafer-scale Modul des neuromorphischen BrainScaleS Systems aus [6], mit freundlicher Genehmigung des Autors.

In Abbildung 1.1 ist der Übergang von einem Experiment zur Emulation illustriert. Auf der Grundlage neurowissenschaftlicher Experimente werden atomare Elemente neuronaler Verarbeitung mathematisch modelliert und zu strukturellen Beschreibungen Neuronaler

Netzwerkarchitekturen zusammengefügt. Das Standardverfahren für Experimente auf dem Gebiet der COMPUTATIONAL NEUROSCIENCE ist die numerische Simulation dieser Neuronalen Netzwerkarchitekturen. Als eine Alternative werden neuromorphische Substrate zur Emulation dieser Modelle entwickelt. Ein neuromorphisches Substrat implementiert Anordnungen neuronaler und synaptischer Modellgleichungen und ist so als vergleichsweise effizientes Emulationssystem zu verstehen, welches auf Prinzipien neuronaler Informationsverarbeitung basiert. Einer Emulation muss eine Abbildung einer Neuronalen Netzwerkarchitektur auf das neuromorphische Substrat vorangehen.

Für ein neuartiges Emulationssystem, das stellvertretend für eine Reihe vergleichbarer Systeme steht, soll im Rahmen dieser Arbeit ein Verfahren zur Abbildung von strukturellen Beschreibungen Neuronaler Netzwerkarchitekturen auf gleichartige neuromorphische Substrate entwickelt werden. Damit ist die Arbeit thematisch dem Bereich der NEUROINFORMATIK zuzuordnen. Die vorliegende Arbeit geht von der Annahme aus, dass sich durch die strukturelle Ähnlichkeit dieser Emulationssysteme zu *Field Programmable Gate Array* (FPGA) basierten Hardwaresystemen die Prinzipien der Entwurfsautomatisierung für FPGA auf einen Abbildungsprozess von Neuronalen Netzwerkarchitekturen auf neuromorphische Emulatoren übertragen lassen.

Der Entwicklung des Abbildungsprozesses vorangestellt ist ein einführender Überblick zur neurowissenschaftlichen und hier insbesondere der neuromorphischen Forschung. In diesem Kapitel wird nach der anfänglichen Eingrenzung des Begriffs *Neuromorphic Engineering* in Abschnitt 1.1 mit der Einführung in die neurobiologischen Grundlagen neuromorphischer Forschung in Abschnitt 1.2 fortgefahren. Anschließend werden die mathematische Modellierung der neuronalen Strukturen in Abschnitt 1.3 sowie die softwarebasierte Simulation und die hardwarebasierte Emulation großer Netzwerke in Abschnitt 1.4 dargestellt.

Im anschließenden Kapitel wird ein Konzept für einen Abbildungsprozess in Anlehnung an einen vergleichbaren Prozess des Automatisierten Schaltkreisentwurfs entwickelt. Das Konzept wird dann beispielhaft für einen neuromorphischen Emulator implementiert und nach der Vorstellung von Ergebnissen abschließend diskutiert.

1.1 Neuromorphic Engineering

Mit der Entwicklung einer künstlichen Netzhaut nach biologischem Vorbild prägte Carver Mead den Begriff *Neuromorphic Engineering* [7] und bezeichnete damit die Entwicklung neurobiologisch inspirierter VLSI[1] Systeme. In einer ausgeweiteten Definition kann das *Neuromorphic Engineering* als die interdisziplinäre Schnittmenge zwischen den Fachgebieten der Biologie, der Psychologie, der Mathematik, der Informatik, der Physik und der Elektrotechnik verstanden werden. Hier verbindet sich die Erforschung neuronaler Strukturen und Prinzipien mit dem vordergründigen Ziel der Realisierung neuartiger und neurobiologisch inspirierter mikroelektronischer Schaltungen. Das *Neuromorphic Engineering* ist somit ein Teil der BIONIK. Es beinhaltet als solches die Bereitstellung von experimentellen Daten zu Aufbau und Funktion neuronaler Strukturen mit den Mitteln der Neurobiologie beziehungsweise der psychologischen Kognitionsforschung, die mathematische Modellierung der daraus gewonnenen Erkenntnisse sowie der numerischen Simulation Neuronaler Architekturen und letztendlich auch die Entwicklung und Implementierung neuromorphischer[2] Schaltungen.

---

[1] *Very Large Scale Integration*
[2] In der Literatur findet sich keine Übersetzung des Begriffes *neuromorphic* ins Deutsche, daher wird hier *neuromorphisch* als gleichbedeutend zu *neuromorphic* eingeführt.

Standen zu Beginn der neuromorphischen Forschung sensorische und motorische Verarbeitungsstrecken im Fokus der Arbeit [8–10] erweitert sich mit der Forschung an neuen Rechnerarchitekturen und Heilungsmöglichkeiten für Krankheiten wie Epilepsie, das Feld nun zunehmend auch auf kognitive Strukturen und Prozesse [11–13]. Praktische Anwendungen finden die Erkenntnisse neuromorpischer Forschung beispielsweise im Bereich der Schnittstelle zwischen Gehirn und Computer [14] oder in deren weiteren Anwendung als *Neuroprothesen* [15–17].

1.2 Neurobiologie

Den Ausgangspunkt neuromorphischer Forschung bildet die Biologie. Von der ZYTOLOGIE und der MORPHOLOGIE der Nervenzellen über die HISTOLOGIE des Nervenzellgewebes bis hin zu elektrophysiologischen Vorgängen der Signalübertragung zwischen einzelnen Zellen untersucht die Neurobiologie auf mikroskopischer und makroskopischer Ebene den Aufbau und die Struktur des Nervensystems. Biologische Vorlagen sind prinzipiell alle lebenden Organismen, jedoch besteht durch die Nähe zum Menschen ein gesondertes Interesse an der Funktion des Nervensystems der Wirbeltiere.

Der nun folgende Abschnitt beginnt nach einer kurzen Einführung in das Nervensystem der Wirbeltiere in seiner Gesamtheit in Unterabschnitt 1.2.1 mit den notwendigen Begriffen und Mechanismen der Nervenzelle, beschrieben in Unterabschnitt 1.2.2 sowie dem Membranpotential beziehungsweise dem Aktionspotential in Unterabschnitt 1.2.3 als Grundlage der Signalübertragung zwischen den Nervenzellen. Nachfolgend wird in Unterabschnitt 1.2.4 die Verbindung einzelner Nervenzellen über Synapsen und deren Plastizität als Grundlage des Lernens behandelt. Abschließend soll ein kurzer Überblick über die experimentellen Methoden in Unterabschnitt 1.2.6 helfen, die später abzubildenden Neuronalen Netzwerkarchitekturen zu untersuchen.

Den Ausführungen in diesem Abschnitt liegen die Bücher [18] (Kap. 1-5), [19] (Kap. 1) und [20] (Kap. 5-6) für die neurobiologischen Grundlagen sowie die Bücher [21] (Kap. 2) und [22] (Kap. 2) für die experimentellen Methoden zugrunde.

1.2.1 Das Nervensystem

Aus rein funktionaler Sicht ist das *Nervensystem (NVS)* das zentrale Steuer- und Regelorgan eines Organismus. Ihm fällt zu jeder Zeit die Aufgabe zu, aus inneren und äußeren Wahrnehmungen ein räumlich und zeitlich konsistentes Bild seiner Umwelt zu erschaffen, den Organismus selbst darin zu verorten und willkürliche sowie unwillkürliche Handlungen auszulösen. Vereinfachend und mit Beschränkung auf die Verarbeitung externer Reize lässt sich das Funktionsprinzip des NVS mit dem in Abbildung 1.2 dargestellten funktionalen Schema beschreiben. Hier empfängt das NVS über *sensorische* Organe aufgenommene Reizinformationen und generiert nach deren Verarbeitung *motorische* Steuerinformationen für die entsprechenden *Effektoren*. Deren Aktivierung kann von der Umgebung als Handlung wahrgenommen werden.

Man unterscheidet dabei ein *Zentrales Nervensystem (ZNS)* mit räumlicher Lokalisation in Gehirn und Rückenmark sowie ein *Peripheres Nervensystem (PNS)* für die verbleibenden Bereiche. Das Schema in Abbildung 1.2 vernachlässigt neben dem dargestellten hauptsächlich willkürlichen *somatischen* Teil des PNS, den *autonomen* oder auch *vegetativen* Teil des

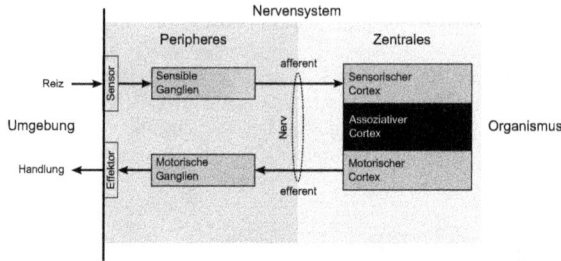

Abbildung 1.2: Vereinfachtes funktionales Schema des menschlichen NVS zur Verarbeitung externer Reize. Reize werden vom PNS aus der Umgebung aufgenommen und über afferente Verbindungen an das ZNS geführt wo eine Verarbeitung dieser stattfindet. Im ZNS erzeugte Handlungsanweisungen werden über efferente Verbindungen durch das PNS an entsprechende Effektoren geleitet.

PNS zur vorrangig unwillkürlichen Steuerung der körpereigenen, funktionserhaltenden Vorgänge [19].

Die vegetative Kontrolle das autonomen PNS erfolgt dabei über eine doppelt ausgeführte Innervierung der Körperorgane. Diese Innervierung ist zum Einen realisiert durch Nerven ausgehend von Hirnstamm und Rückenmark, zur Steuerung vitaler Körperfunktionen im „Normalbetrieb" durch das *parasympathische* System. Zum Anderen verläuft die Reizweiterleitung über einen parallel zum Rückenmark verlaufenden Nervenstrang für die Kontrolle im „Notfall" durch das *sympathische* System.

Das NVS selbst besteht zum größten Teil aus *Nervenzellen*[3] und *Gliazellen*. Die Nervenzellen bilden durch ihre Vernetzung die funktionalen NEURONENSCHALTKREISE des NVS. Die Gliazellen unterstützen die Nervenzellen sowohl strukturell als auch funktional. In *postmortalen*, histologischen Präparationen ist im Schnitt eines Gehirns eine klare Unterscheidung zwischen grauen und weißen Bereichen möglich. Erstere stellen die überwiegend von Nervenzellen beziehungsweise von deren Zellkernen geprägte *Graue Substanz* dar, wohingegen die *Weiße Substanz* hauptsächlich aus Gliazellen und Verbindungen zwischen den Nervenzellen besteht.

In beiden Bereichen des NVS befinden sich lokale Ansammlungen von Nervenzellen in als *Ganglien* bezeichneten Kerngebieten. Im Gehirn befindliche große Kerngebiete in den äußeren Bereichen der gefalteten Oberfläche des Gehirns bezeichnet man zur weiteren Unterscheidung auch als *Cortex*. Die über das gesamte NVS verteilten Ganglien erfüllen jeweils dedizierte Funktionen. So findet in den Sensiblen Ganglien des PNS eine Vorverarbeitung der von der Umwelt aufgenommenen sensorischen Informationen statt. Nach weiterer Verarbeitung in den Bereichen des sensorischen Cortex im ZNS und Bewertung der Information in den assoziativen kortikalen Bereichen erzeugt der motorische Cortex Steuerinformationen, welche nach einer Nachverarbeitung in den motorischen Ganglien eine Reaktion in den entsprechenden Effektoren auslösen.

Eine Verbindung zwischen zwei Kerngebieten wird im Allgemeinen als *Projektion* bezeichnet. Man sagt ein Vorgänger *projiziert* auf seinen Nachfolger, was als Nervenfaser auch strukturell erkennbar ist. Jedem sensorischen Areal des ZNS ist so das geordnete räumli-

---

[3]Die Begriffe Nervenzelle und Zelle werden im Folgenden synonym verwendet.

che Abbild als Projektion der von dem zugeordneten Sinnesorgan und seinen Sinneszellen wahrnehmbaren äußeren Umgebung als *Receptive Field* (RF) (zu dt. Rezeptives Feld) inhärent [18].

Die einlaufenden Verbindungen eines Kerngebietes werden jeweils als *afferent* bezeichnet, im Gegensatz zu *efferenten*, also auslaufenden Verbindungen. Afferente und efferente Verbindungen ziehen, wie auch in Abbildung 1.2 dargestellt, zwischen dem PNS und dem ZNS jeweils als in Nerven gebündelte Nervenfasern von und zu den entsprechenden Bereichen.

Nach dem in diesem Abschnitt ein Überblick über das Nervensystem in seiner Gesamtheit gegeben wurde, sollen nun die einzelnen Bausteine näher betrachtet werden.

1.2.2 Die Nervenzelle

Die Nervenzelle, auch *Neuron* genannt, bildet die atomare Verarbeitungseinheit des ZNS. Wie in Abbildung 1.3 nach [23] schematisch dargestellt, besteht diese aus dem *Soma* als Zellkörper und den *Neuriten* genannten Fortsätzen. Die Neuriten differenziert man in die *Dendriten* für eingehende Signale sowie das *Axon* für ausgehende Signale. Das *intrazelluläre Perikaryon* der Nervenzelle ist dabei vom *extrazellulären* Bereich der Zellumgebung durch die *Nervenzellmembran* getrennt.

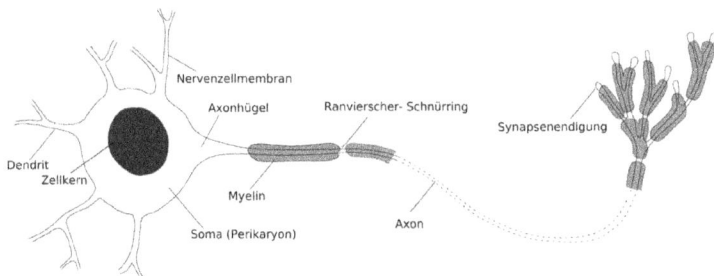

Abbildung 1.3: Aufbau einer Nervenzelle in einer Illustration nach [23], Erläuterung im Text.

Eine (Kommunikations-)Verbindung zu anderen Nervenzellen wird zum überwiegenden Teil an den *Synapsenendigungen* über elektrochemische Synapsen hergestellt [18]. Die Grundlage der Kommunikation bilden dabei elektrische Pulse, deren Generationsmechanismen in Abschnitt 1.2.3 näher erläutert werden. Eine Nervenzelle empfängt von den *Synapsen* einlaufende Signale, die ihren Ursprung in der Synapse selbst haben und daher auch als *postsynaptische* Pulse bezeichnet werden. Gegebenenfalls generiert die Nervenzelle daraufhin Signale welche die Nervenzelle über das Axon in Richtung Synapsen verlassen, diese als einziges Ziel haben und dementsprechend auch als *präsynaptische* Pulse verstanden werden können. Dabei ist Information sowohl innerhalb der einzelnen Pulsfolgen als auch in den Korrelationen zu benachbarten Pulsfolgen kodiert (siehe Abschnitt 1.3).

Die Axone des größten Teils der Nervenzellen von Wirbeltieren sind von einer durch Gliazellen gebildeten Hülle, dem *Myelin*, umgeben. Auf die Funktion des Myelin wird ebenfalls in Abschnitt 1.2.3 noch näher eingegangen.

Im nun folgenden Abschnitt sollen die ursächlichen Mechanismen zur Erzeugung und Weiterleitung der elektrischen Impulse innerhalb einer Nervenzelle erklärt werden.

1.2.3 Das Membranpotential

Wie im vorangegangenen Abschnitt schon erklärt, trennt die Nervenzellmembran das Zellinnere von seiner Umgebung. Sowohl intra- als auch extrazellulär finden sich dabei elektrische Ladungen als Ionen in unterschiedlichen Konzentrationen und sind so Ursache einer als *Membranpotential* bezeichneten Potentialdifferenz. Die halbdurchlässige Zellmembran mit jeweils ionenspezifischer *Permeabilität* verhindert einen vollständigen Konzentrationsausgleich der einzelnen Ionengruppen. So stellt sich ein Gleichgewichtspotential oder *Ruhepotential* U_R als Summe der einzelnen Verschiebungspotentiale im Gleichgewicht zwischen Diffusionskraft und elektrischer Kraft ein. Der elektrische Gradient ist dabei orthogonal zur Zellmembran in Richtung des intrazellulären Bereiches, der resultierende Diffusionsgradient entsprechend entgegengesetzt in Richtung des extrazellulären Bereiches gerichtet. Das gemessene Ruhepotential liegt mit Bezug zur extrazellulären Zellumgebung bei ungefähr $-65\,\text{mV}$.

Grundsätzliche Ursache für sämtliche weitere Ladungsverschiebungen über der Nervenzellmembran im Ruhezustand ist die Undurchlässigkeit der Membran für *Protein-Anionen* $(P^{(-)})$ im Zellinneren [18]. Hauptteilnehmer bei der Pulsgeneration durch die Nervenzelle sind die Kationen des *Natriums* (Na^+) und des *Kaliums* (K^+). Zur Steuerung synaptischer Vorgänge in der präsynaptischen Axonenendigung dienen die Kationen des *Calziums* (Ca^{2+}). Für die Generierung postsynaptischer Pulse sind neben den ersten Drei zudem die Anionen des *Chlors* (Cl^-) notwendig.

Die stattfindenden Verschiebungen der Ionenkonzentrationen, welche zur Depolarisation des Membranpotentials führen, werden durch einen permanenten Abtransport von Na^+ und Antransport von K^+ aus beziehungsweise in die Zelle ausgeglichen. Dies wird von einem als *Ionenpumpe* bezeichneten Mechanismus bewerkstelligt und macht sich als *Leckstrom* bemerkbar. Da dieser Transport gegen die elektrische Kraft stattfindet, ist die Ionenpumpe die Hauptursache des durch neuronale Aktivität entstehenden Energieverbrauchs.

Die Aktionspotentiale

Die Informationsübermittlung selbst erfolgt in neuronalen Strukturen grundsätzlich über Spannungspulse. Diese Spannungspulse sind Abweichungen des Membranpotentials vom Ruhezustand und werden als *Aktionspotentiale* bezeichnet. Das sind zum einen aus der Nervenzelle auslaufende präsynaptische Aktionspotentiale und zum anderen die in die Zelle einlaufenden und in Abschnitt 1.2.4 näher betrachteten postsynaptischen Aktionspotentiale, auch *Synapsenpotentiale* genannt.

Ursache dieser Spannungspulse sind jeweils dynamische Ladungsverschiebungen der elektrisch geladenen Ionen. Ermöglicht werden solche Ladungsverschiebungen durch *Ionenkanäle*. Diese Ionenkanäle durchdringen die Zellmembran, sind ionentypspezifisch und steuerbar. Man unterscheidet *spannungsgesteuerte* und *bindungsgesteuerte* Kanäle. Ein spannungsgesteuerter Ionenkanal wird durch Veränderung der Spannung über dem ihn umgebenden Membran beeinflusst, bindungsgesteuert hingegen bedeutet in diesem Zusammenhang die Aktivierung des Kanals durch einen als *Liganden* bezeichneten Botenstoff, wonach man diesen Kanal auch als *ligandgesteuert* bezeichnet.

Prinzipiell sind beide Kanäle an der Erzeugung und Weiterleitung von Spannungspulsen beteiligt, jedoch sind bindungsgesteuerte Ionenkanäle lediglich in der postsynaptischen Zellmembran des synaptischen Spalts zu finden (siehe Abschnitt 1.2.4).

Die Auslösung eines Aktionspotentials lässt sich dabei wie folgt erklären: Empfängt eine Nervenzelle Impulse, verändert sich durch die Spannungsänderung über der Zellmembran gleichzeitig die Leitfähigkeit der einzelnen Ionenkanäle. Durch die nun veränderten Permeabilitäten kommt es zu Ladungsverschiebungen zwischen dem Zellinnenraum und dessen Umgebung. Da dieser Ladungstransport durch Diffusionskräfte getrieben wird, ist hier, im Gegensatz zum Rücktransport durch die im vorangegangenen Abschnitt erwähnten Ladungspumpe, keine zusätzliche Energie notwendig.

Durch den vergleichsweise langsamen Transport der Ladungen durch die Ladungspumpe bleiben die Verschiebungen zeitlich begrenzt bestehen, was als zeitliche und räumliche Integration von Ladungen über der Zellmembran interpretiert werden kann. Wird dabei betragsmäßig ein bestimmter negativer Spannungswert, die *Schwellwertspannung* U_T, unterschritten, setzt ein autoregenerativer Prozess positiver Rückkopplung in Bezug auf die Aktivierung der spannungsgesteuerten Ionenkanäle ein.

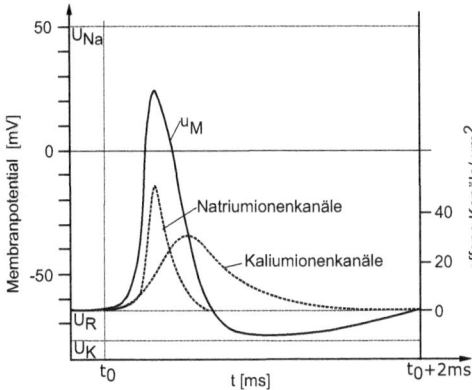

Abbildung 1.4: Permeabilitätsänderung der Natriumionenkanäle und der Kaliumionenkanäle auf der rechten Abszisse in [offene Kanäle/μm^2] während eines Aktionspotentials mit dem Membranpotentialverlauf u_M auf der linken Abszisse in [mV], in einer Illustration nach [20].

In Abbildung 1.4 nach [20] sind die Permeabilitätsverläufe der Leitwerte der Na^+- und K^+- Kanäle während eines Aktionspotentials, basierend auf Messwerten von *Hodgkin* und *Huxley* [24] am Axon eines Tintenfisches, dargestellt. Zu erkennen ist der Verlauf der lokalen Spannungsänderung des Membranpotentials u_M, dessen Ruhepotential U_R sowie den UM-KEHRPOTENTIALen U_{Na} und U_K des Na^+-, beziehungsweise des K^+- Kanals mit der Skala auf der linken Abszisse. Außerdem erkennbar sind die Kurvenverläufe für die Anzahl offener Kanäle pro μm^2. Durch unterschiedliche Kanalkombinationen und Kanalabhängigkeiten ist eine Vielzahl an Aktionspotentialverläufen möglich [20].

Abbildung 1.5 illustriert die einzelnen Phasen eines Aktionspotentials. In das Neuron einlaufende Erregungsimpulse *depolarisieren* die Zellmembran, wird durch deren Aufintegration das Schwellwertpotential zum Reizzeitpunkt betragsmäßig unterschritten, verursacht der autoregenerative Prozess der Na^+- Kanalöffnung in der Phase des *Depolarizing After-Potential* (DAP) eine Membrandepolarisation bis zum Erreichen von ungefähr $40mV$. Beim Erreichen dieses Membranspannungsniveaus findet durch die einsetzende Öffnung der K^+-Kanäle eine Umkehrung des Prozesses statt, in dessen Folge die Zellmembran anfänglich *re-*

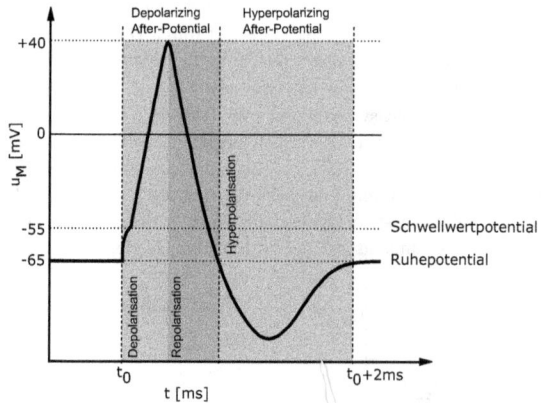

Abbildung 1.5: Illustration der Phasen eines Aktionspotentials vom Reizzeitpunkt bis zum Ruhepotential.

polarisiert und anschließend sogar in der Phase des *Hyperpolarizing After-Potential* (HAP) unter das eigentliche Ruhepotential *hyperpolarisiert*.

Dieser einmal ausgelöste Vorgang setzt sich ungehindert vom Beginn des Axons bis zu dessen Ende als axial in Richtung der präsynaptischen Axonenendigung laufender radialsymetrischer Spannungspuls fort. Die Erregungsweiterleitung innerhalb der Zelle erfolgt dabei ELEKTROTONISCH. Von entscheidender Bedeutung für die Geschwindigkeit der Erregungsweiterleitung ist daher die Ummantelung des Axons mit *Myelin*. Durch die isolierende Wirkung der *Myelinhülle* ist eine Depolarisation der Zellmembran nur an den Stellen fehlender Ummantelung, den *Ranvierschen Schnürringen*, möglich und notwendig. Das Aktionspotential bewegt sich dadurch scheinbar „springend" fort, man spricht von *saltatorischer* Fortpflanzung.

Innerhalb einer Generation eines Aktionspotentials ist die Membran im Zeitraum einer *Refraktärzeit* nur bedingt oder nicht erregbar. Im Bereich der Depolarisation direkt nach Einsetzen des Aktionspotentials ist die Zellmembran *absolut refraktär*, also nicht erregbar, in der daran anschließenden Hyperpolarisationsphase dann *relativ refraktär*.

Nach der Beschreibung der Erregungsleitung innerhalb der Nervenzelle soll nun die Übertragung zwischen den Nervenzellen erläutert werden.

1.2.4 Die Synapse

Die Verbindung zwischen zwei elektrisch voneinander isolierten Nervenzellen wird grundsätzlich, wie in Abbildung 1.6 nach [23] dargestellt, über eine *Synapse* elektrochemisch hergestellt.

Das Aktionspotential läuft dabei von präsynaptischer Seite in das Axonterminal ein und löst damit die Abgabe von sogenannten *Botenstoffen* aus. Diese diffundieren dann über den *synaptischen Spalt* und binden an entsprechend affinen Rezeptoren auf der gegenüberliegenden postsynaptischen Seite. Die *galvanische* Trennung wirkt begrenzend und verhindert so gegebenenfalls die ungehinderte Fortpflanzung „überschießender" Nervenpulse.

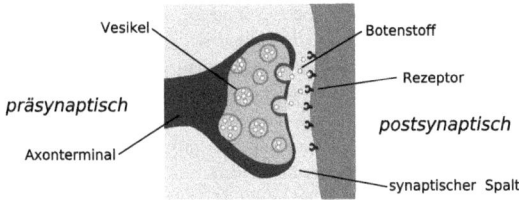

Abbildung 1.6: Illustration einer Synapse nach [23], Erläuterung im Text.

Alternativ dazu existieren auch Verbindungen über rein elektrische Synapsen. In diesem Fall erfolgt die Beeinflussung der postsynaptischen Seite durch kapazitive Kopplung an die präsynaptische Seite des synaptischen Spalts oder durch die ohmsche Kopplung der beiden Seiten über spezielle Ionenkanäle, die *Konnexonen* [25]. Diese Art der Synapse tritt jedoch bei Wirbeltieren weit weniger häufig auf als der elektrochemische Synapsentyp [18].

Wie eine Synapse ein einlaufendes Aktionspotential weiterleitet, ist unter anderem abhängig von Art und Menge des präsynaptisch ausgeschütteten Neurotransmitters sowie von Art und Anzahl der auf der postsynaptischen Gegenstelle vorhandenen Rezeptoren. So kann eine Synapse *exzitatorische*, also erregende, aber auch *inhibitorische*, entsprechend vermindernde Wirkung in Bezug auf das Membranpotential haben und gleichzeitig ihre Eigenschaften in Abhängigkeit von der Beanspruchung dynamisch verändern. Da letztere Eigenschaft von entscheidender Bedeutung für das Lernen ist, wird darauf in Abschnitt 1.2.4 noch näher eingegangen.

Synaptische Verbindungen können von den präsynaptischen Endungen des Senderneurons zu fast jedem Bereich eines Empfangsneurons hergestellt werden. Jedoch laufen exzitatorische Verbindungen eher über die Dendriten in das Empfangsneuron ein, wohingegen inhibitorische Verbindungen am Soma direkt oder sogar am Axon ansetzen [20, 26].

Die Botenstoffe synaptischer Übertragung

Unter dem Oberbegriff Botenstoffe wird eine Reihe von Molekülen zusammengefasst, die an der synaptischen Übertragung beteiligt sind. Botenstoffe werden im Neuron selbst synthetisiert, wie zum Beispiel Glutamat und ACh[4], oder gelangen über die Blutbahn in das NVS, wie zum Beispiel die körperfremden Rauschmittel Nikotin und Morphium.

Entsprechend der Wirkgeschwindigkeit eines Botenstoffes spricht man bei ansonsten chemisch gleichen Stoffen im Falle einer schnellen Wirkung von NEUROTRANSMITTERn, sonst von *Neuromodulatoren*. Die zeitliche Trennungsgrenze verläuft hier bei ungefähr $1ms$, gemessen von der Ausschüttung bis zur einsetzenden Wirkung [18].

Einige der grundlegenden und für die weitere Abhandlung der vorliegenden Arbeit bedeutenden synaptischen Vorgänge sollen am Beispiel des Botenstoffes *Glutamat* illustriert werden. Glutamat war der wichtigste exzitatorische Neurotransmitter des ZNS, dessen Untergruppen GABA[5] und *Glycin* jedoch schnell inhibitorisch wirken [18].

So zeigt Glutamat im Zusammenhang mit dem AMPA[6]-Rezeptor seine Wirkung als schneller exzitatorischer Neurotransmitter. Mit dem nach seinem *Agonisten* benannten NM-

---

[4]Acetylcholin
[5]γ-Aminobuttersäure
[6]α-Amino-3-Hydroxy-5-Methyl-4-Isoxazol-Propionsäure

DA[7]-Rezeptor verhält sich Glutamat jedoch als langsamer Neuromodulator, welcher im Falle einer kurzzeitigen, stark hochfrequenten Erregung der synaptischen Verbindung eine dauerhafte Erhöhung der Amplitude des postsynaptischen Pulses verursacht. Man spricht im Zusammenhang mit der letztgenannten Wirkung sinngemäß von *Long Term Potentiation* (LTP). Bei synchroner Stimulierung der Nervenzellmembran über mehrere Synapsen verändert sich durch Einwirkung eines *metabotropen* Rezeptors der Zellmetabolismus dergestalt, dass sich die Amplitude des postsynaptischen Pulses nun dauerhaft verringert. Diese Modulation bezeichnet man als *Long Term Depression* (LTD).

Im Zusammenhang mit der Beschreibung des Membranpotentials und der Aktionspotentiale wurden Synapsenpotentiale oder *Postsynaptic Potentials* (PSPs) bereits erwähnt. Die hier stattfindende synaptische Übertragung und Wirkungsweise in der Ausbildung von Synapsenpotentialen soll nun noch einmal näher betrachtet werden.

Die Synapsenpotentiale

Hinsichtlich der schnellen synaptischen Wirkung kann man verallgemeinernd sagen, dass exzitatorische Synapsen durch die Erhöhung der Leitfähigkeit der Na^+-Kanäle eine Depolarisation der postsynaptischen Zellmembran verursachen, was sich daraufhin im sogenannten *Excitatory Postsynaptic Potential* (EPSP) äußert. Die direkte schnelle Wirkung inhibitorischer Synapsen ist je nach Beeinflussung von K^+- oder Cl^--Kanälen mit dem *Inhibitory Postsynaptic Potential* (IPSP) depolarisierend oder polarisierend. Die indirekte schnelle Wirkung der inhibitorischen Synapsen verursacht eine Verminderung der schnellen Wirkung der exzitatorischen Synapsen durch „absaugen" intrazellulärer Na^+-Ionen in einer Art Kurzschluss.

Bei der Aufintegration der in das Soma einlaufenden Synapsenpotentiale kommt es durch einen vergleichsweise geringen Membranwiderstand des Axonhügels zu einer schnelleren Depolarisation dieses Bereiches. Dieser Effekt bedingt zusammen mit der hier im Vergleich mit der übrigen Nervenzellmembran vergleichsweise geringen Schwellspannung eine Auslösung des Aktionspotentials an dieser Stelle [18].

Synaptische Plastizität

Im Zusammenhang mit den Botenstoffen wurde die zeitlich begrenzte Veränderung der synaptischen Eigenschaften bereits erwähnt. Diese synaptische Plastizität verändert durch Lernprozesse dynamisch die Verbindungsstruktur eines neuralen Netzwerks. Es wird unterschieden zwischen kurzzeitigen Effekten der Kurzzeitplastizität (engl.: *short-term palasticity*) und langanhaltenden Auswirkungen der Langzeitplastizität (engl.: *long-term palasticity*).

Die Kurzzeitplastizität bewirkt eine kurzzeitige Förderung als *Short Term Facilitation* (STF) oder kurzzeitige Verminderung *Short Term Depression* (STD) der Signalverstärkung an der Synapse. Für eine ausführliche Betrachtung der biophysischen Mechanismen der Kurzzeitplastizität wird auf [27] verwiesen.

1.2.5 Typen von Nervenzellen

Man unterscheidet Nervenzellen nach ihrer Funktion im Nervensystem, ihren morphologischen Eigenschaften oder ihrem elektrophysiologischen Verhalten.

---

[7]N-Methyl-D-Aspartat

Funktionell lässt sich zum Einen zwischen *sensorischen* Neuronen und *motorischen* Neuronen , welche die Sensoren und Effektoren mit dem NVS verbinden, unterscheiden. Zum Anderen differenziert man *Hauptneuronen*, wie in [28] oder auch wie in [18] zu finden in *Projektionsneuronen* (Golgi I), deren Axone zur Projektion in andere Areale des ZNS lange Distanzen überbrücken, und den *Interneuronen* (Golgi II) mit eher lokalen Axonverbindungen. Im speziellen Fall wird auch nach Nervenzellen mit dedizierten Aufgaben abgegrenzt, zum Beispiel *Spiegelneuronen* [29].

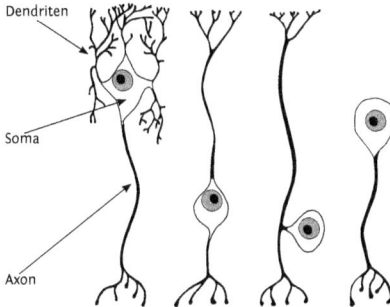

Abbildung 1.7: Morphologische Unterscheidung von Nervenzellen in einer Illustration nach [19]. Von links nach rechts sind im Bild folgende Zelltypen differenziert: *multipolar* - mit mehreren Dendriten und einem stark ausgeprägten Axon, *bipolar* - mit einem Dendriten und einem Axon, *pseudounipolar* - mit einem Dendriten und einem Axon mit einem direkten Übergang von Dendrit zu Axon, *unipolar* - lediglich mit einem Axon.

In Abbildung 1.7 ist eine erste in der Literatur häufig verwendete Unterscheidung nach morphologischen Kriterien zu sehen, siehe [19, 28]. Es werden hier Typen von Nervenzellen nach ihrer Anzahl an Dendriten und der Art des Übergangs in das Axon unterschieden. Nach [19] sind die vier dargestellten morphologischen Klassen grundsätzlich wie folgt funktionell korreliert: multipolare oder *stellate* Zellen sind hauptsächlich motorisch, bipolare Zellen fungieren als Relayzellen sensorieller Information in den Ganglien des PNS; pseudounipolare Zellen dienen der schnellen Weiterleitung von Pulsen in den sensiblen Ganglien und unipolare Zellen finden sich als Sinneszellen wieder.

Unter Berücksichtigung der hinsichtlich Reizverarbeitung und Form unterscheidbaren Bereiche wie den Dendriten, dem Soma und dem Axon ist diese erste Einteilung entsprechend erweiterbar. Dies trifft insbesondere auf das Axon sowie dessen Verbindungsstruktur zu den im Signalverarbeitungspfad nachfolgenden Zellen zu [30–33].

Prinzipiell wird zwischen *pyramidalen* Nervenzellen mit pyramidenförmigem Soma und *nicht-pyramidalen* Zellen unterschieden. Es ist dabei erwähnenswert, dass der *Neocortex* (NC) zu $70-80\%$ aus exzitatorischen, pyramidalen Zellen[8] besteht (nach [30] in [33] und [31]). Die morphologische Diversität inhibitorischer Neuronen bedingt eine Anzahl an entsprechenden Unterklassen. Für eine ausführliche Darstellung sei hier jedoch auf [32] verwiesen.

Die dritte Möglichkeit der Unterscheidung in elektrophysiologische Klassen ergibt sich nach dem spezifischen Pulsverhalten. [33–35] Elektrophysiologische Klassen begründen sich

---

[8]Der Erregungstyp einer Nervenzelle wird bestimmt durch seine Erregungswirkung als präsynaptisches Neuron auf eine postsynaptische Zelle.

in der Variation von Art und Anzahl der Ionenkanäle sowie deren Lage und Verteilung in der Nervenzellmembran und sind mit der Lokalisierung bestimmter Zelltypen im ZNS korreliert [33]. Die Klassen ergeben sich nach Connors & Gutnick [34] anhand der Charakteristiken eines Komplexes aus Aktionspotential-Folgepotential-Zusammenhängen. Dabei wird die Antwort auf einen stimulierenden intrazellulären Strompuls sowie die Antwort auf einen anhaltenden intrazellulären Stromstimulus berücksichtigt, welche das Membranpotential über den Schwellwert anheben.

Die hier angeführten elektrophysiologischen Phänotypen sind als Hilfsmittel auf dem Weg zum Verständnis der Funktion kortikaler Strukturen unerlässlich, sind jedoch weder eindeutig erwiesen noch „...umfassend, exklusiv oder definitiv..." [34]. Es ist ausserdem darauf hinzuweisen, dass andere Studien weitere Unterklassen insbesondere im Bereich der inhibitorischen Nervenzellen eröffnen (siehe zum Beispiel [32]).

Zum Abschluss der Einführung in die Grundlagen der Neurobiologie soll nun ein Überblick über die wichtigsten experimentellen Verfahren gegeben werden, um gegebenenfalls die Qualität der Datenbasis von später darzustellenden Modellen entsprechend beurteilen zu können.

1.2.6 Experimentelle Methoden

Im nun folgenden Abschnitt werden nach einer Unterscheidung der experimentellen Methoden die grundlegenden Messverfahren erläutert. Zudem wird auf die Auswahl der Versuchsobjekte eingegangen. Den Ausführungen in diesem Abschnitt liegen, so nicht entsprechend anderweitig referenziert, die Bücher [21] (Kap. 2) und [22] (Kap. 3) zugrunde.

Die experimentellen Methoden können anhand des *Zustands des Messobjekts* oder der *Messmethodik* differenziert werden. Bei der Unterscheidung nach dem Zustand des Messobjekts bezieht sich dies auf die Lebendigkeit sowie die Wahrnehmungsfähigkeit des Messobjekts als Subjekt selbst. Folgende Zustände sind zu unterscheiden: *in-vivo* – im Falle eines lebenden, voll oder eingeschränkt wahrnehmungsfähigen Objekts, *in-vitro* – für eine lebende jedoch nicht wahrnehmungsfähige Zelle oder Zellkultur des NVS eines Organismus in der Petrischale sowie *post-mortem* im Falle unbelebter Nervenzellen. Methodisch lassen sich die *elektrophysiologischen* und die *Bild gebenden* Verfahren unterscheiden. Die Methoden der *Elektrophysiologie* kommen bei der direkten Untersuchung von elektrischen Prinzipien der Erregungsleitung an lebenden neuronalen Strukturen zur Anwendung. Die Experimente werden zumeist *invasiv*, teilweise aber auch *nicht-invasiv* durchgeführt. Die Messgrößen sind Strom und Spannung beziehungsweise die Feldgrößen $\vec{E}$ und $\vec{H}$ der magnetischen und elektrischen Felder, welche bei neuronalen Aktivitäten durch die Ladungsverschiebungen entstehen (siehe Abschnitt 1.2.3). Die Bild gebenden Verfahren werden für morphologische Untersuchungen zur Klassifizierung von Zelltypen angewandt. Eine weitere Anwendung findet sich in histologischen Analysen für die Vernetzung neuronaler Schaltkreise in allen Zuständen eines Organismus und seiner Nervenzellen sowie dem CORTICAL MAPPING.

Die elektrophysiologischen Verfahren

Elektrophysiologische Untersuchungen liefern Erkenntnisse über die elektrischen Grundlagen der neuronalen Erregungsleitung durch Messung von Strom- und Spannungsverläufen oder nutzen die sekundären Feldeffekte der Erregungsleitung, um Erkenntnisse über die Vernetzung von Nervenzellen zu erlangen.

Das wohl bekannteste elektrophysiologische Experiment zur Aufnahme der Ionenströme durch die Nervenzellmembran wurde 1952 von Hodgkin & Huxley [24] durchgeführt. Für die Messungen verwendeten sie die VOLTAGE-CLAMP (zu dt. Spannungsklemme). Die Technik der Spannungsklemme wurde von Neher & Sakmann [36] 1976 zur PATCH-CLAMP oder (Membran-)Fleckenklemme weiterentwickelt, welche heutzutage am häufigsten Anwendung findet.

Zu den elektrophysiologischen Verfahren, die die sekundären Feldeffekte der Erregungsleitung nutzen, zählen das ELEKTROENZEPHALOGRAMM (EEG) und das MAGNETENZEPHALOGRAMM (MEG). Beide Verfahren dienen der nicht-invasiven Messung der durch Hirnaktivität hervorgerufenen veränderlichen Felder. Aus diesen zwei Grundprinzipien ergeben sich weitere Verfahren [22, 37, 38]. Im lokalen intrakranialen EEG wird beispielsweise mittels einer Mikroelektrode im extrazellulären Bereich die Veränderungen des Potentials gemessen und als synchrones postsynaptisches Eingangssignal der umgebenden Neuronen interpretiert. Diese von Legatta et al. [38] beschriebene Methode wird auch als LOKALES FELDPOTENTIAL (LFP) bezeichnet.

Die Bild gebenden Verfahren

Die Bild gebenden Verfahren lassen sich in zwei Untergruppen teilen. Die erste Gruppe macht sich die mit neuraler Aktivität einhergehenden hämodynamischen beziehungsweise metabolischen Vorgänge zu Nutze. Die zweite Gruppe bilden die Färbungen.

Für in-vivo Aufzeichnungen der Hirnaktivität auf der Hirnoberfläche stehen als Vertreter der ersten Gruppe beispielsweise passives OPTICAL IMAGING [39] sowie das INTRINSIC SIGNAL OPTICAL IMAGING zur Verfügung [40]. In die erste Gruppe der Bild gebenden Verfahren lässt sich weiterhin die POSITRONENEMISSIONSTHOMOGRAPHIE (PET) einordnen. Die PET, welche mit Strahlungsaufnahmen von nuklear markierten Stoffen arbeitet, wird jedoch nach und nach von dem Verfahren MAGNETRESONANZTHOMOGRAPHIE (FUNKTIONELLE) (fMRT) [41] abgelöst. Anwendung finden diese Verfahren vor allem im CORTICAL MAPPING [42, 43]. Die zweite Gruppe der Bild gebenden Verfahren bilden die *Färbungen*. Das FÄRBEN wird in der Neurobiologie zum Einen für histologische oder morphologische Untersuchungen [44, 45] und zum Anderen für physiologische Experimente [45, 46] eingesetzt.

Die Auswahl der Versuchsobjekte

Bei der Planung eines Experiments können ethische Gesichtspunkte bezüglich des Zustands eines Messobjektes während der Versuchsdurchführung die Auswahlmöglichkeiten an Messverfahren beschränken. Aus diesem Grund sind ethische Gutachten ein fester Bestandteil in der Beschreibung neurobiologischer Forschungsvorhaben [47].

Da menschliche Versuchsobjekte für invasive in-vivo Experimente grundsätzlich ausscheiden, kommen im Kontext neuromorphischer Forschung jene Wirbeltiere in Frage, deren Gehirne dem menschlichen ähnlich in ihrer neuralen Organisation sind. Dies sind beispielsweise Primaten [40, 48], Katzen [49] und Nagetiere wie Ratten oder Mäuse [50, 51]. Für in-vitro Versuche werden ebenfalls keine menschlichen Zellen eingesetzt, für post-mortem Untersuchungen gilt diese Einschränkung jedoch nicht [52].

Zusammenfassung

Bei den hier aufgeführten experimentellen Verfahren wurde sich auf Methoden beschränkt, die für die neuromorphische Forschung relevant sind. Es bleibt zu erwähnen, dass die hier vorgenommene Zuordnung der einzelnen Verfahren nicht in jedem Fall eindeutig möglich ist. Weiterhin variieren diese in der räumlichen beziehungsweise zeitlichen Auflösung. In Zukunft ist eine Konvergenz der Verfahren durch Kombination der einzelnen Methoden zu erwarten. Als Beispiele solcher Kombinationen findet man die Patch-Clamp in Kombination mit dem Färben [53] oder es werden wie in [54] die elektrophysiologischen Messungen des LFP mit dem *Blood Oxygenation Level Dependent* (BOLD) Signal der fMRT korreliert. Neue Verfahren wie *Nanoprobes* [55] erhöhen zudem die räumliche Auflösung.

1.3 Modellierung

Im nun folgenden Abschnitt soll der Stand der Forschung im Bereich der Modellierung neuronaler Strukturen von den mikroskopischen Elementen, als Grundbausteine zur Modellierung, bis hin zu makroskopischen Modellen umrissen werden.

Modelle der Neuronen, der Synapsen und der synaptischen Plastizität sind die Grundbausteine für größere Modelle neuronaler Strukturen. Die Neuronenmodelle beschreiben das Verhalten einer Zelle anhand ionischer Grundlagen als elektrophysiologische Modelle oder basierend auf dem Membranpotentialverlauf als phänomenologische Modelle. Gleichermaßen wird das Verhalten der synaptischen Übertragung und der synaptischen Plastizität modelliert. Bei der Modellierung größerer neuronaler Strukturen ist der Fokus dagegen auf die Untersuchung der Netzwerkdynamik gerichtet.

1.3.1 Die elektrophysiologischen Neuronenmodelle

Die in Abschnitt 1.2.6 beschriebenen Experimente von *Hodgkin & Huxley* (HH) an einzelnen Ionenkanälen bilden die Grundlage für eine Reihe gleichnamiger, elektrophysiologisch realistischer Modelle.

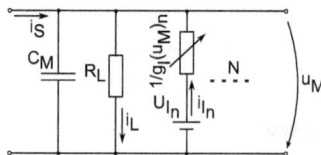

Abbildung 1.8: Prinzipschaltbild des HH Neuronenmodells in einer Illustration nach [56], Erläuterung im Text.

Das HH Prinzipschaltbild in Abbildung 1.8 in einer Illustration nach [56] wird durch die Gleichungen 1.1 und 1.2 beschrieben [56]. Die zeitliche Veränderung der Spannung u_M über der Membrankapazität C_M wird nach Gleichung 1.1 verursacht durch einen synaptischen Strom i_S, einen Leckstrom i_L durch den passiven Widerstand R_L und der Summe über N Ionenströme i_I.[9] Der Ionenstrom i_{I_n} eines Ionenkanals n ist nach Gleichung 1.2 bestimmt

---

[9]Hier und auch im Folgenden werden extern eingespeiste Reizströme i_{ext} vernachlässigt.

durch den von der Membranspannung abhängigen Leitwert $g_I(u_M)$ und dem Kanalumkehrpotential U_I.

$$C_M \dot{u}_M = i_S - i_L + \sum_{n=1}^{N} i_{I_n} \tag{1.1}$$

$$i_{I_n} = g_I(u_M)_n(u_M - U_{I_n}) \tag{1.2}$$

Die Modellierung von $g_I(u_M)_n$ eines Ionenkanals n erfolgt entsprechend Gleichung 1.3; $g_I(u_M)$ wird bestimmt durch den maximalen Leitwert $\hat{g}_I$, die Aktivierungsvariable m_a sowie die Inaktivierungsvariable m_d und die Parameter p_a und p_d zur Bestimmung der Geschwindigkeit der spezifischen Kanalaktivierung beziehungsweise Kanalinaktivierung.

$$g_I(u_M)_n = \hat{g}_{I_n} m_{a_n}{}^{p_{a_n}} m_{d_n}{}^{p_{d_n}} \tag{1.3}$$

Der Wert der sogenannten *Gating*-Variablen m_{a_n,d_n} ist veränderlich über der Zeit und wird durch Gleichung 1.4 beschrieben. Die Anpassungsfunktionen $\alpha(u_M)$, $\beta(u_M)$ werden auf Grundlage von Daten aus elektrophysiologischen Experimenten modelliert.

$$\dot{m}_{a_n,d_n} = \alpha(u_M)_{a_n,d_n}(1 - m_{a_n,d_n}) - \beta(u_M)_{a_n,d_n} m_{a_n,d_n} \tag{1.4}$$

Das HH Modell eignet sich zum Studium der elektrophysiologischen Eigenschaften eines Neurons, es ist skalierbar über die Anzahl der Ionenkanäle und über die Modifikation der *Gating-Variablen* anpassbar für verschiedene Neuronentypen [56].

1.3.2 Die phänomenologischen Neuronenmodelle

Wird das Neuron als dynamisches Element verstanden „...welches einen Puls aussendet sobald die Erregung einen bestimmten Schwellwert erreicht" [56], kann das elektrophysiologisch begründete HH Modell, welches über große Bereiche seines Parameterraums ein konstantes Pulsverhalten zeigt [57], phänomenologisch vereinfacht werden. Die numerisch effizienteren Alternativen zu den Modellen auf strikt elektrophysiologischer Grundlage werden über die Stimulus-Membranpotential-Beziehung entwickelt. Die exakte Trajektorie des Membranpotentials wird dabei unterschiedlich stark vereinfacht.

Das Integrate & Fire Modell

Das phänomenologische Prinzip wird grundlegend durch das *Integrate & Fire* (IF) Modell beschrieben. Das IF Modell reduziert die Dynamiken das HH Modells auf die kapazitive Zellmembran auf welcher synaptische Ströme integriert werden. Aktionspotentiale werden durch Rechteckspannungspulse abstrahiert, welche ein Pulsgenerationsmechanimus beim Erreichen einer Schwellwertspannung auslöst. Im Abbildung 1.9 ist dieses Prinzip, erweitert um einen Ladungsabfluß von der Zellmembran, als *Leaky Integrate & Fire* (LIF) dargestellt. Die Gleichung 1.5 beschreibt u_M über C_M als Summe der Ströme i_L und i_S entsprechend der Schaltung links in Abbildung 1.9. Die Zeitkonstante τ_M der Membranumladedynamik über R_L ergibt sich zu $\tau_M = C_M R_L$.

$$C_M \dot{u}_M = i_S - i_L \tag{1.5}$$

Das Schaltungselement rechts in Abbildung 1.9 vergleicht u_M mit einer festen Schwellwertspannung U_T. Wenn $u_M \geq U_T$ dann wird ein Puls ausgelöst. Zu diesem Feuerzeitpunkt t^{AP}

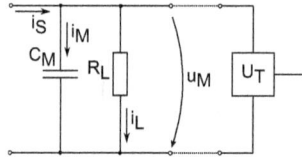

Abbildung 1.9: Prinzipschaltbild des Leaky I&F Neuronenmodells in einer Illustration
nach [56], Erläuterung im Text.

wird u_M gleichzeitig auf eine Spannung U_{Reset} zurückgesetzt und für die Dauer des Pulses
$T_{Refractory}$ als absolute Refraktärphase dort gehalten.

Das IF Prinzip, welches sich in einer Vielzahl von Modellen wiederfindet [58], kann in
dieser Form nur eine begrenzte Anzahl relevanter Pulsmuster wiedergeben [59]. Eine bessere qualitative Übereinstimmung mit elektrophysiologischen Messungen lässt sich durch die
Verwendung zweidimensionaler, parametrisierbarer Modelle erreichen.

Das Neuronenmodell von Izhikevich

Izhikevich entwickelt in [60] ein zweidimensionales, rein phänomenologisches Modell entsprechend der Gleichung 1.6 zur Beschreibung der Membranspannungsdynamik u und der
Gleichung 1.7 für eine Adaptionsvariable w.

$$\dot{u} = i_S + 0.04u^2 + 5u + 140 - w \qquad (1.6)$$

$$\dot{w} = a(bu - w) \qquad (1.7)$$

Die als Membranpotential interpretierte Variable u ist einheitenlos. Über die experimentell ermittelten Koeffizienten der Membranspannungsgleichung 1.6 wird die Dynamik von u
räumlich im [mV] Bereich und zeitlich im [ms] Bereich eingestellt. Überschreitet u_M einen
Maximalwert $\hat{u}$ erfolgt eine Modifikation der Zustandsvariablen u und w nach den Gleichungen 1.8 und 1.9. Durch Modifikation der Modellparameter a, b, c, d lässt sich das Pulsverhalten verändern.

$$u \quad \rightarrow \quad c \qquad (1.8)$$

$$w \quad \rightarrow \quad w + d \qquad (1.9)$$

Der quadratische Term zur Modellierung des Pulsübergangs ermöglicht im Gegensatz zum
eindimensionalen LIF Prinzip die Nachbildung der häufigsten Pulsmuster des ZNS [61]. Im
Anhang I ist eine Übersicht der vom Izhikevich Modell erzeugten Pulsmuster zu finden.
Für eine Herleitung und Analyse der dynamischen Eigenschaften des Izhikevich Modells
sei auf [62] verwiesen. Das Izhikevich Modell eignet sich insbesondere zur Simulation mit
numerischen Simulatoren [58].

Das Adaptive Exponential Integrate & Fire Neuronenmodell

Das zweidimensionale *Adaptive Exponential Integrate & Fire* (AdEx) Modell von Brette &
Gerstner [57] lässt sich, im Gegensatz zum Izhikevich Modell [60], welches sich ausschließlich
auf die Membranpotential-Stimulus Beziehung stützt, partiell aus den elektrophysiologischen

Grundlagen ableiten [59]. Das AdEx Modell, beschrieben durch die Gleichungen 1.10 und 1.11 nach [57], modelliert den Pulsübergang mit einem exponentiellen Term nach [63] und erreicht so im Vergleich zum Izhikevich Modell, welches den Pulszeitpunkt verzögert, eine bessere Übereinstimmung mit Messungen an kortikalen Neuronen [61].

$$C_M' \dot{u}_M = i_S - g_L(u_M - U_L) + g_L m e^{\left(\frac{u_M - U_T}{m}\right)} - w \tag{1.10}$$

$$-\tau_w \dot{w} = a(u_M - U_L) - w \tag{1.11}$$

Die Gleichung 1.10 zur Beschreibung der Membranspannung u_M über der *normierten* Zellmembran C_M' besteht aus einem Beitrag für synaptische Ströme, einem linearen Term für den Beitrag eines Leckstroms, dessen Stärke bestimmt durch den Leitwert g_L, und das Umkehrpotential für den Leckstrom U_L, einem exponentiellen Term zur Beschreibung des Aktionspotentials, sowie einem Adaptionsanteil w. Die Steilheit des Aktionspotentials bestimmt der Anstiegsfaktor m. Die Dynamik der *Sub-Threshold Adaptation* (STA) der Adaptionsvariablen w in Gleichung 1.11 wird durch den Adaptionsfaktor a und die Adaptionszeitkonstante τ_w bestimmt.

$$u_M \rightarrow U_{Reset} \tag{1.12}$$

$$w \rightarrow w + b \tag{1.13}$$

Überschreitet u_M die Schwellwertspannung U_T, wird ein Aktionspotential ausgelöst. Erreicht u_M nachfolgend die Pulsdetektionsspannung U_{Peak} wird entsprechend Gleichung 1.12 u_M instantan auf das Resetpotential U_{Reset} zurückgesetzt und über den Zeitraum einer Refraktärperiode $T_{Refractory}$ dort gehalten. Die Adaptionsvariable w wird nach Gleichung 1.13 zum gleichen Zeitpunkt um einen Betrag b zur Modellierung einer *Spike Frequency Adaptation* (SFA) inkrementiert. Über den Parameter b lässt sich die Stärke der SFA regulieren.

1.3.3 Modellierung der synaptischen Übertragung

Synapsen werden *leitwertbasiert* als *Conductance Based* (COBA) Modelle oder alternativ *strombasiert* als *Current Based* (CUBA) Modelle beschrieben [64]. Eine näherungsweise lineare Strom-Spannungs-Beziehung an bindungsgesteuerten Ionenkanälen der Zellmembran ermöglicht in COBA Modellen die Modellierung des synaptischen Stromes i_S über einen synaptischen Leitwert g_S der stromtreibenden Spannungsdifferenz aus der postsynaptischen Membranspannung und einem synaptischen Umkehrpotential U_S wie beschrieben in Gleichung 1.14 nach [65]. Der Strom wird durch einen präsynaptischen Puls zum Zeitpunkt t^{AP} aktiviert.

$$i_S = g_S(u_M - U_S)\delta\left(t - t^{AP}\right) \qquad (COBA) \tag{1.14}$$

$$i_S = g_S(U_R - U_S)\delta\left(t - t^{AP}\right) \qquad (CUBA) \tag{1.15}$$

Ist der zu erwartende Einfluß des synaptischen Stromes auf das postsynaptische Membranpotential vernachlässigbar gering, kann u_M durch einen konstanten Wert wie das Ruhepotential U_R ersetzt und damit die zeitliche synaptische Stromdynamik zum CUBA Modell entsprechend Gleichung 1.15 vereinfacht werden. Die Zeitverläufe der Konduktanzen werden durch die Kombination von Exponentialfunktionen $\exp(t)$ oder über die Alphafunktion $\alpha(t)$ modelliert [65].

$$\tau_S \dot{g}_S = -g_S + \hat{g}_S \delta \left(t - t^{AP} \right) \tag{1.16}$$

Die synaptischen Eingangströme i_S des AdEx Modells beispielsweise werden nach [66] leitwertbasiert beschrieben und über stochastische Hintergrundprozesse zusätzlich ein Einfluss von Potentialschwankungen der Zellumgebung modelliert. Der Zeitverlauf der synaptischen Konduktanz g_S folgt Gleichung 1.16.

1.3.4 Synaptische Plastizität

Den synaptischen Plastizitätsmodellen der in Abschnitt 1.2.4 eingeführten synaptischen Plastizität ist eine Modellierung über lokal an der Synapse vorhandene Aktivitätsparameter gemein. Als Aktivitätsparameter können der aktuelle synaptische Gewichtswert, der Wert der Membrandepolarisierung oder die präsynaptischen und postsynaptischen Pulszeitpunkte beziehungsweise Pulsraten in das Modell eingehen [67]. Als Plastizitätsmodelle sollen an dieser Stelle für die Kurzzeitplastizität das *Short Term Depression or Facilitation* (STDF) Modell und für die Langzeitplastizität das *Spike Timing Dependent Plasticity* (STDP) Modell erläutert werden. Für eine ausführlichere Behandlung und Klassifizierung von Plastizitätsmodellen wird auf [67] verwiesen.

Kurzzeitplastizität

Das STDF Modell der Kurzzeitplastizität verwendet als Aktivitätsparameter ausschließlich die präsynaptische Pulsaktivität [68]. Die präsynaptisch insgesamt verfügbare Menge an Neurotransmittern, als der *absoluten* synaptischen Wirksamkeit (engl: *efficacy*) A_{SE}, wird nach [69] partitioniert in die Untermengen der *effektiven* synaptischen Wirksamkeit $E_{SE}(t)$, der *inaktiven* synaptischen Wirksamkeit $I_{SE}(t)$ sowie der *wiedergewonnenen* (engl: *recovered*) synaptischen Wirksamkeit $R_{SE}(t)$. Die kinetischen Gleichungen 1.17–1.20, hier reformuliert nach [69, 70], modellieren die zeitlichen Änderungen der Mengenverhältnisse der drei Partitionen $R_{SE}(t)$, $E_{SE}(t)$ und $I_{SE}(t)$.

$$\frac{dR_{SE}(t)}{dt} = \frac{I_{SE}(t)}{\tau_{rec}} - U_{SE}(t)R_{SE}(t)\delta\left(t - t^{AP}\right) \qquad , R_{SE}(t_0) = A_{SE} \tag{1.17}$$

$$\frac{dE_{SE}(t)}{dt} = -\frac{E_{SE}(t)}{\tau_{inact}} + U_{SE}(t)R_{SE}(t)\delta\left(t - t^{AP}\right) \qquad , E_{SE}(t_0) = 0 \tag{1.18}$$

$$\frac{dI_{SE}(t)}{dt} = \frac{E_{SE}(t)}{\tau_{inact}} - \frac{I_{SE}(t)}{\tau_{rec}} \qquad , I_{SE}(t_0) = 0 \tag{1.19}$$

$$A_{SE} = R_{SE}(t) + E_{SE}(t) + I_{SE}(t) \tag{1.20}$$

Nach Gleichung 1.17 nimmt $R_{SE}(t)$ mit der Geschwindigkeit entsprechend der Zeitkonstante τ_{rec} durch Anteile aus $I_{SE}(t)$ zu. Zum Zeitpunkt eines Aktionspotentials t^{AP} werden der Menge $R_{SE}(t)$, modelliert über die Dirac-Funktion $\delta(t)$ und anteilig dem Anwendungsfaktor (engl: *utilisation*) der synaptischen Wirksamkeit $U_{SE}(t)$, Anteile entnommen. Diese der Partition $R_{SE}(t)$ zu t^{AP} entnommenen Anteile werden entsprechend der Gleichung 1.18 zum gleichen Zeitpunkt der effektiven Partition $E_{SE}(t)$ hinzugefügt. Gleichzeitig verringert sich die Partition $E_{SE}(t)$ kontinuierlich um Anteile, mit der Geschwindigkeit entsprechend der Zeitkonstante τ_{inact}. Die aus $E_{SE}(t)$ mit der Zeitkonstante τ_{inact} abfließenden Anteile vergrößern wiederum nach Gleichung 1.19 entsprechend die inaktive Partition $I_{SE}(t)$, welche sich gleichzeitig durch die in $R_{SE}(t)$ mit der Zeitkonstante τ_{inact} abfließenden Anteile verringert. Die zeitlich invariante Gesamttransmittermenge A_{SE} besteht schließlich nach Gleichung 1.20 aus den Transmittermengenanteilen $R_{SE}(t)$, $E_{SE}(t)$ und $I_{SE}(t)$. Der Mengenanteil, welcher zu t^{AP} proportional zu $U_{SE}(t)$ der Transmittermenge $R_{SE}(t)$ entnommen wird, steht durch den Übergang zu $I_{SE}(t)$ der synaptischen Wirkung vorübergehend nicht zur Verfügung. Diese temporäre Nichtverfügbarkeit wird als STD bezeichnet und verringert sich mit der Zeitkonstante τ_{rec}.

$$\frac{dU_{SE}(t)}{dt} = \frac{U_{SE}(t)}{\tau_{fac}} - U_{SE0}(1 - U_{SE}(t))\delta\left(t - t^{AP}\right), U_{SE}(t_0) = U_{SE0} \qquad (1.21)$$

Der Anwendungsfaktor $U_{SE}(t)$ ist wie die Partitionierung von A_{SE} nach Gleichung 1.21 aus [70] zeitlich veränderlich. Damit wird der zu t^{AP} aus $R_{SE}(t)$ entnommene Anteil, welcher von $U_{SE}(t)$ abhängig ist, zu jedem t^{AP} gefördert (engl: *facilitation*). Mit der Zeitkonstante τ_{fac} nähert sich $U_{SE}(t)$ kontinuierlich dem Ausgangswert U_{SE0} an. Gleichung 1.22 beschreibt den Einfluss der Transmitterteilmengen auf das EPSP nach [68].

$$EPSP \propto A_{SE}R_{SE}(t)U_{SE}(t) \qquad (1.22)$$

Über die Zeitkonstanten der kinetischen Gleichungen und der Dynamik von $U_{SE}(t)$ ergibt sich eine Frequenzabhängigkeit der Auswirkung von STDF auf das EPSP mit der *Spitzenfrequenz* θ_{STDF} mit $1/\sqrt{U_{SE0}\tau_{fac}\tau_{rec}}$ an der Stelle der maximalen Amplitude des EPSP und der *Grenzfrequenz* λ_{STDF}, ab der sich die Amplitude des EPSP proportional zu $1/f_{AP}$ verringert [71].

Langzeitplastizität

Das von Gerstner et al. formulierte pulsbasierte STDP Modell [72] der Langzeitplastizität verwendet Pulspaarungen präsynaptischer und postsynaptischer Pulse. Es wurde von Markram experimentell nachgewiesen [73] und korreliert kausal *prä-post* Pulspaarungen und akausal in *post-prä* Pulspaarungen.

Die Gleichung 1.23 nach [74] beschreibt die Veränderung eines Gewichtsmodifkationsfaktors $F\left(\Delta t\right)$ in Abhängigkeit von der Zeitdifferenz $\Delta t = t^{prä} - t^{post}$ zwischen einem präsynaptischen Pulszeitpunkt $t^{prä}$ und einem postsynaptischen Pulszeitpunkt t^{post} für den kausalen Fall von $\Delta t < 0$ sowie den akausalen Fall von $\Delta t > 0$.

$$F\left(\Delta t\right) = \begin{cases} A_+ e^{\frac{\Delta t}{\tau_+}} & ,wenn \quad \Delta t < 0 \\ -A_- e^{-\frac{\Delta t}{\tau_-}} & ,wenn \quad \Delta t > 0 \end{cases} \qquad (1.23)$$

Mit geringer werdendem Δt nähert sich $F\left(\Delta t\right)$ dem Maximalwert A_+ für den kausalen Fall beziehungsweise $-A_-$ für den akausalen Fall an. Mit betragsmäßig größer werdendem Δt nähert sich $F\left(\Delta t\right)$ asymptotisch dem Wert Null. Die Zeitkonstanten für die asymptotische Annäherung sind τ_+ für den kausalen Fall und τ_- für den akausalen Fall.

Nach [74] führt der kausale Fall als LTP prinzipiell zur Erhöhung des synaptischen Gewichts und der akausale Fall als LTD zu dessen Verringerung; doch sowohl für $F\left(\Delta t\right)$ als auch für dessen Einfluss auf die Gewichtsmodifikation existieren alternative Funktionen [75].

1.3.5 Neuronale Netzwerkarchitekturen

In diesem Abschnitt sollen makroskopische Modellierungsansätze vorgestellt werden. Ein Modell einer neuronalen Netzwerkstruktur beschreibt in abstrakter Art und Weise ein funktionelles Prinzip des ZNS. Unter der Annahme einer kortexzentrierten Modellierung mit dem Schwerpunkt auf (thalamo-)kortikalen Bereichen [76–78] sind andere Bereiche *Non-Cortical Regions* (NCRs).

Aus zytologischer Sicht ist der Kortex eine Struktur aus perpendikulär zur Oberfläche angeordneten Zellschichten. Diese Schichten werden anhand der morphologischen Unterschiede der Nervenzellen sowie ihrer Verbindungsstruktur unterschieden [79] und beginnen unter der Großhirnrinde mit Schicht I aufsteigend nummeriert, während man sich abwärts in die Substanz des Kortex bewegt. Schicht VI repräsentiert die unterste Schicht am Übergang zur Weißen Substanz.

Die Oberfläche des Kortex wurde von Brodmann [80], basierend auf histologischen Kriterien, in *Areale* unterteilt. Ein funktioneller Bezug der Einteilung, welche kontinuierlich verfeinert wird, wurde später nachgewiesen [81]. Spezifische Areale bearbeiten eine dedizierte Aufgabe der Informationsverarbeitung. Zwischen den Arealen besteht eine Hierarchie entsprechend der Komplexität ihrer Aufgabe, beginnend mit den niederen kortikalen Arealen für die Vorverarbeitung von Informationen zu den höheren Arealen für assoziative Aufgaben.

Teile des Kortex oder von NCRs können für die Modellierung zu funktionale Einheiten gruppiert werden, welche ein Areal oder eine NCR unterteilen dürfen. Diese *Microcircuits* (zu dt. Mikroschaltkreise) sind kanonische hierarchische Elemente und können damit Ober- oder Untereinheiten anderer Mikroschaltkreise sein. Durch kanonische Modellierung lassen sich diese Mikroschaltkreise zu größeren Modellen verbinden [82, 83].

Beispiel eines Mikroschaltkreises ist die *Kortikale Säule* (engl: *Cortical Column* (CC)). Untersuchungen am somatischen Kortex legen die CC „...als elementare (strukturelle und funktionale) Organisationseinheit des somatischen Kortex (nahe), bestehend aus vorwiegend vertikal vernetzten Gruppen von Zellen, welche sich über alle kortikalen Schichten erstreckt..." [84].

Ein Verbund von funktional zusammengehörigen Neuronen die zur gleichen morphologischen und elektrophysiologischen Zellgruppe gehören können in einem Modell als *Population* zusammengefasst werden, wie zum Beispiel in [85, 86]. Die Populationen sind über Projektionen verbunden. Eine Projektion verlässt eine Population als *efferent* und läuft in eine Population als *afferent* ein. Eine Projektion bündelt synaptische Verbindungen zwischen Neuronen von Populationen. Alle synaptischen Verbindungen einer Projektion sind vom selben Erregungstyp, welcher entweder *exzitatorisch* oder *inhibitorisch* ist.

Populationen und Projektionen können weitere Attribute haben. Zusätzliche Attribute einer Population sind beispielsweise die Parameter des Neuronenmodells und die räumliche Verteilung der Neuronen. Eine Projektion kann als weitere Attribute zum Beispiel die synaptischen Gewichte und die Verbindungsdichte haben.

Die zeitliche Abfolge der aufeinander folgenden Pulse wird *pulsintervallbasiert* oder *pulsratenbasiert* beschrieben. Pulsintervallbasierte Modelle berücksichtigen die Dauer zwischen zwei Pulsen T_{ISI}, als dem *Inter-Spike-Intervall* (ISI) wohingegen pulsratenbasierte Modelle durch den Übergang zur Pulsrate oder Pulsfrequenz $f_{AP} = (1/T_{ISI})/\hat{f}_{AP}$ als einer Funktion des ISI bezogen auf die maximale Pulsrate $\hat{f}_{AP}$ vereinfachen.

Die beschriebenen Ansätze zur Informationsauswertung führen zu den makroskopischen Modellen der pulsintervallbasierten *Pulse-Coupled Neural Networks* (PCNNs) [87, 88] oder

Spiking Neural Networks (SNNs) [56] und den pulsratenbasierten Modellen wie den *Bayesian-Netzwerken* [89].

Die Beschreibung Neuronaler Netzwerkarchitekturen

Als Abgrenzung zu den *Artificial Neural Networks* (ANNs) (zu dt. Künstliche Neuronale Netzwerke) einerseits sowie den biologischen Neuronalen Netzwerkstrukturen andererseits wird die Neuronale Netzwerkarchitektur (NNA) für Modelle neuronaler Strukturen, basierend auf experimentellen Daten mit prinzipiell phänomenologischer Beschreibung mikroskopischer Vorgänge und abstrakter Pulskommunikation, eingeführt.

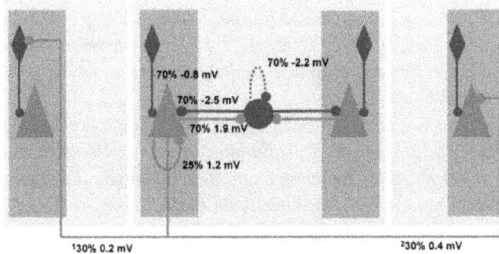

Abbildung 1.10: Schema einer Neuronalen Netzwerkarchitektur eines Assoziativspeichermodells für die neokortikalen Schichten II/III aus [5]. Das Modell besteht aus Populationen in organisatorischen Einheiten in mehreren Schichten mit exzitatorischen und inhibitorischen Projektionen zwischen den Populationen. Die kortikalen Schichten sind hier implizit dargestellt und nur in der Referenz benamt. Die höheren kortikalen Schichten II/III befinden sich oben und die afferenten Projektionen aus Schicht IV unten. Die Richtungen der Projektionen sind durch Kreise an den Enden der Projektionslinien gekennzeichnet. Exzitatorische Projektionen sind rot dargestellt, inhibitorische Projektionen blau. Die Projektionen sind mit der Verbindungsdichte und den mittleren am Soma gemessenen PSP Amplituden beschriftet. Füllungen in verschiedenen Graustufen kennzeichnen funktionale Einheiten.

Ein Beispiel für eine NNA eines Assoziativspeichermodells für die neokortikalen Schichten II/III basierend auf CCs [90] ist in Abbildung 1.10 dargestellt. Diese NNA und weitere Beispiele werden im darauf folgenden Kapitel behandelt. Im letzten Abschnitt dieses Kapitels sollen die Möglichkeiten zur Simulation beziehungsweise Emulation einer NNA beschrieben und miteinander verglichen werden.

1.4 Simulation & Emulation

Die Möglichkeiten zur Untersuchung der elektrophysiologischen Vorgänge an einzelnen Zellen als auch der Informationsverarbeitung in Zellgruppen oder funktionalen Arealen sind, wie in Abschnitt 1.2.6 bereits erläutert, bei lebenden Objekten bedingt durch ethische Grundsätze und die technische Realisierbarkeit begrenzt. Diese Beschränkungen begründen die Notwendigkeit von Simulationen beziehungsweise Emulationen[10], sowohl für die Skalierung

---

[10]Im Folgenden wird unterschieden in Emulation auf neuromorphischer Hardware als *in-silico* Emulator und numerischer Simulation auf *von-Neumann*-Architekturen als *in-computo* Simulator.

von elektrophysiologischen Versuchen als auch für die Untersuchung großer NNA. Im nun folgenden Abschnitt sollen Beispiele von Simulatoren und Emulatoren vorgestellt und gegenübergestellt werden. Zum Abschluss dieses Kapitels wird die neuartige generische Modellierungsprache PyNN [91] vorgestellt, welche gleichzeitig als *Application Programming Interface* (API) für Simulatoren und Emulatoren dient.

1.4.1 Die numerische Simulation neuronalen Verhaltens

Die Simulation von pulsintervallbasierten Modellen erfolgt mittels hybriden Simulatoren wie PCSIM [92], NEURON [93], NEST [94] oder Brian [95]. Die Modell- und Experimentbeschreibung wird unter Verwendung simulatorspezifischer Skriptsprachen oder der im Folgenden noch zu beschreibenden PyNN vorgenommen. Alternativ dazu wird der Simulatorkern mit der Beschreibung einer spezifischen NNA kombiniert wie beispielsweise bei den Simulationen neokortikaler Bereiche von Lansner et al. [77] und Djurfeld et al. [96] oder thalamokortikaler Modelle von Izhikevich [97].

Hybride Simulatoren vereinigen digitale und analoge Simulationsmethoden durch Pulskopplung numerischer Integratoren. Für die Simulation einer NNA wird die systembeschreibende Matrix des Makromodells bestehend aus den Instanzen der Mikromodelle neuronaler und synaptischer Funktionen gegebenenfalls partitioniert und verteilt simuliert. Simulationsplattformen sind HPC[11] Rechner, wie (*Beowulf-*)Cluster, bestehend konventionellen CPU[12] [97, 98] beziehungsweise GPGPU[13] [99–101] Rechenknoten oder dem *IBM Blue Gene*^{TM} [77, 102].

1.4.2 Die Emulation neuronalen Verhaltens mit neuromorpischer Hardware

Unter Emulation versteht man die Nachahmung des Verhaltens einer NNA durch neuromorphische Hardware. Lag der Schwerpunkt neuromorphischer Forschung bisher auf der Entwicklung sensorieller Systeme [103] mit neuromorphischer Nachverarbeitung in der Größenordnung von 10^4 Neuronen, erfordert die Emulation assoziativer kortikaler Bereiche nun jedoch hochintegrierte und konfigurierbare Anordnungen. Das Substrat einer Emulation sind Anordnungen von Schaltungsimplementierungen der in Abschnitt 1.3 beschriebenen Neuronen- [104–108] und Synapsenmodelle [104, 109, 110]. Diese Schaltungen werden in *Arrays* integriert [111, 112] welche sich unter dem von Farquhar et al. [113] eingeführten Begriff des *Field Programmable Neural Array* (FPNA) zusammenfassen lassen. Einzelne FPNA-Module werden über das Kommunikationsprotokoll *Address Event Representation* (AER) [10, 114, 115] zu größeren Systemen verbunden [116–118]. Beispiele für Projekte mit auf FPNAs basierenden Systemen sind Neurogrid [119], IFAT 3G [120], FACETS [12] oder SyNAPSE [121].

Einen hybriden Ansatz stellt das SpiNNaker Projekt [122] dar, welches CPUs auf SoC ICs[14] als Simulatoren über das AER Protokoll verbindet und somit per Definition keinen reinen Emulator darstellt.

1.4.3 Gegenüberstellung von Simulation und Emulation

Eine qualitative Gegenüberstellung von Simulation und Emulation hinsichtlich der zeitlichen Kosten für die Setupzeit T_S, der Laufzeit T_R und der Gesamtdauer T_G bei der Skalierung der

---

[11] *High Performance Computing*
[12] *Central Processing Unit*
[13] *General Purpose Computation on Graphics Processing Unit*
[14] *System-On-Chip Integrated Circuits*

Anzahl an Neuronen $\#N$ soll die Unterschiede zwischen den beiden Methoden dahingehend verdeutlichen.

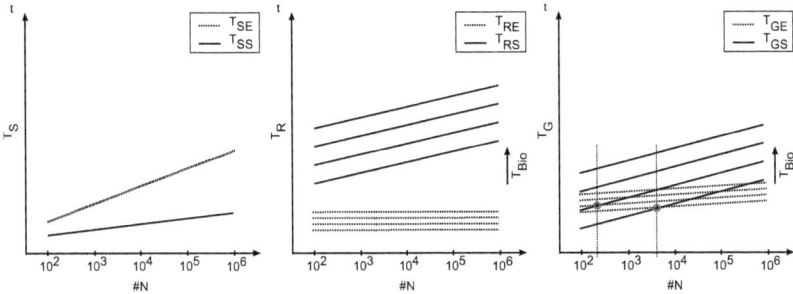

Abbildung 1.11: Qualitative Gegenüberstellung von Simulation und Emulation hinsichtlich der Setupzeit T_S links, der Laufzeit T_R mittig und der Gesamtdauer T_G rechts über der Anzahl an Neuronen $\#N$ einer NNA.

In Abbildung 1.11 links sind die T_S für die Simulation T_{SS} und die Emulation T_{SE} über $\#N$ dargestellt. Es ist zu erkennen, dass proportional zu $\#N$ die T_S stetig steigt und unabhängig von $\#N$ gilt $T_{SE} > T_{SS}$. Die Gleichungen 1.24 für $T_{SS}(\#N)$ und 1.25 für $T_{SE}(\#N)$ verdeutlichen dies. Die Zeit T_{SS} für das Aufsetzen einer Simulation wird hauptsächlich bestimmt durch T_{Part} als der Zeit für die Partitionierung der systembeschreibenden Matrix einer NNA entsprechend der Anzahl an verfügbaren Hardwareressourcen. Im Gegensatz dazu setzt sich T_{SE} zusammen aus einer Zeit T_{Place} welche für die Partitionierung der NNA Struktur entsprechend der vorhandenen Hardwareelemente benötigt wird, einer Zeit T_{Route} welche für die Allozierung der Ressourcen für die Konnektivität der NNA aufgewandt werden muss und einer Zeit $T_{Transform}$ für die Transformation der Modellparameter der NNA in den Dynamikbereich und den Konfigurationsraum des Emulators sowie einer Zeit T_{EA} für Konfiguration des Emulators und dem Auslesen der Ergebnisse des Experiments.

$$T_{SS}(\#N) \approx T_{Part}(\#N) \tag{1.24}$$

$$T_{SE}(\#N) \approx T_{Place}(\#N) + T_{Route}(\#N) + T_{Transform}(\#N) + T_{EA}(\#N) \tag{1.25}$$

Unter der Annahme das die Zeit T_{Part} in etwa der Zeit T_{Place} entspricht und die einzelnen Zeiten in erster Näherung linear mit $\#N$ skaliert sind die für die Emulation im Gegensatz zu einer Simulation zusätzlich erforderlichen Abbildungsschritte der Grund für einen höheren Zeitaufwand für das Aufsetzen einer Emulation.

$$T_{RS}(\#N) = T_{Bio}/K_{Accel_S} + T_{Synchro}(\#N) \tag{1.26}$$

$$T_{RE} = T_{Bio}/K_{Accel_E} \tag{1.27}$$

In Abbildung 1.11 mittig ist T_R als Kurvenschar für eine nach oben zunehmende, simulierte beziehungsweise emulierte biologische Zeitspanne T_{Bio} jeweils für die Simulation T_{RS} und die Emulation T_{RE} über $\#N$ dargestellt. Grundlage bilden die Gleichungen 1.26 für $T_{RS}(\#N)$und 1.27 für T_{RE}. $T_{RS}(\#N)$ setzt sich zusammen aus T_{Bio}, einem Beschleunigungsfaktor $K_{Accel_S} > 1$ der Simulation und dem Zeitaufwand für die Synchronisation der

Integratoren $T_{Synchro}(\#N)$, welcher mit zunehmender $\#N$ ansteigt. Für die Emulation ergibt sich T_{RE} aus T_{Bio} und einem Beschleunigungsfaktor K_{Accel_E}, für den gilt $K_{Accel_E} > K_{Accel_S}$. Ein $T_{Synchro}$ entfällt für die Emulation durch das in Echtzeit operierende AER-Pulskommunikationsnetzwerk einer Emulationsplattform.

Abbildung 1.11 rechts zeigt T_G der simulierten beziehungsweise emulierten realen Zeit T_{Bio} für die Simulation T_{GS} und die Emulation T_{GE} über $\#N$. Es ist zu erkennen, dass T_S über $\#N$ im Vergleich zu T_{GE} stark ansteigt. Dadurch ergibt sich das hinsichtlich der zeitlichen Kosten für ein Experiment für NNA mit kleinen $\#N$ über kurze T_{Bio} die Simulation vorzuziehen ist jedoch für NNA mit großen $\#N$ über lange T_{Bio} die Emulation.

1.4.4 Die Beschreibung eines Experiments

Die Beschreibung einer Versuchsanordnung erfolgt grundsätzlich über Skripte für den Modellaufbau einer NNA und der Beschreibung des Experiments. Die im Vorangegangenen eingeführte Verquickung von Modellbeschreibung, Versuchsablauf und Simulator wird im Hinblick auf die späteren Betrachtungen außer Acht gelassen.

Die Skriptsprache *PyNN* ist der entstehende[15] *de-facto* Standard einer universellen, simulatorunabhängigen Skriptsprache als Schnittstelle zu Simulatoren und Emulatoren [91], 123]. PyNN ist als Python Paket frei und quelloffen verfügbar [124].

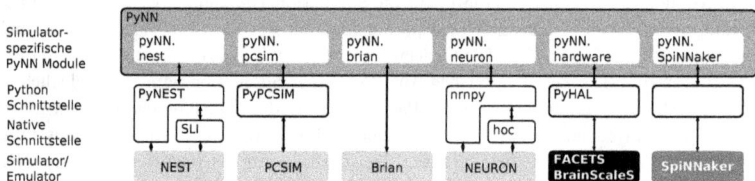

Abbildung 1.12: Schematische Darstellung des strukturellen Aufbaus der Skriptsprache PyNN, nach [91], Erläuterung im Text.

Abbildung 1.12 zeigt den strukturellen Aufbau der PyNN API. Die unterste Schicht bilden die bereits vorgestellten Simulatoren, hellgrau unterlegt und die Emulatoren, schwarz unterlegt. Das SpiNNaker System, welches ebenfalls über ein PyNN Modul verfügt [125], ist als hybrides System dunkelgrau unterlegt. Dabei stellen die hier angeführten Systeme lediglich eine Auswahl der insgesamt verfügbaren dar. In den zwei darüber liegenden Schichten ist dargestellt, für welches System neben der Python Schnittstelle eine eigene API zur Simulationssteuerung existiert. Für jedes System implementiert ein spezifisches PyNN Modul sowohl Elemente zur Erstellung von NNAen als auch Elemente zur Ablaufsteuerung eines Versuchs. Für eine vollständige Darstellung der PyNN Struktur sei auf [91] und [123] verwiesen.

In Anhang II zeigt das Listing II.1 die grundlegende Struktur eines PyNN Skripts. Das Beispiel modelliert ein über Poisson-Pulsquellen stimuliertes AdEx Neuron nach [57] dessen Membranpotential und Pulsereignisse aufgezeichnet werden. Weitere Details der PyNN Syntax sind in der *PyNN 0.7 Kurzreferenz* im Anhang II zu finden.

---

[15]Zum Zeitpunkt der Anfertigung der Arbeit vorliegend in der Version 0.7

2 Entwicklung eines Abbildungsprozesses

Aus den vorangegangenen Ausführungen erwächst die Fragestellung, wie eine Neuronale Netzwerkarchitektur (NNA) mit ihrer Netzwerktopologie und den spezifischen Anforderungen hinsichtlich Hardwareressourcen auf ein rekonfigurierbares neuromorphisches Hardwaresystem abgebildet werden kann. Für die Beantwortung dieser Frage werden zunächst eine Reihe von NNAen in Abschnitt 2.1 erläutert und deren gemeinsame Merkmale herausgearbeitet. Anschließend wird in Abschnitt 2.2 ein aktuelles neuromorphisches Emulatorsystem stellvertretend für die Klasse auf FPNA basierender neuromorphischer Substrate als beispielhaftes Zielsystem einer Abbildung beschrieben. Ausgehend davon kann schrittweise eine Methode zur Abbildung von NNAen auf einen dedizierten Emulator entwickelt werden, welche sich an vergleichbaren Abbildungsprozessen des automatisierten Schaltkreisentwurfs orientiert.

Beginnend mit der allgemeinen Beschreibung einer neuartigen und weitgehend generischen Methode für die beschriebene Abbildung in Abschnitt 2.3 werden einführend die Teilaspekte des Prozesses betrachtet. Die einzelnen Aspekte werden anschließend konzeptionell soweit entworfen, dass es im Folgenden möglich wird, einen speziellen Abbildungsprozess für den vorgestellten Emulator zu implementieren. Das Verfahren wird anhand der Beispielimplementierung und durch Abbildung von NNAen verifiziert und untersucht.

Im Einzelnen werden einer eingehenden Untersuchung unterzogen: *i)* die *Nutzerschnittstelle* eines Abbildungsprozesses in Abschnitt 2.4, *ii)* mögliche Datenmodelle in Abschnitt 2.5, *iii)* Kennzahlen und Statistiken als Metriken zur Bewertung der Abbildungsqualität und der Steuerung des Abbildungsprozesses in Abschnitt 2.6, *iv)* die Aufteilung des Abbildungsablaufes in eine Vorverarbeitung in Abschnitt 2.7, eine Abbildung in Abschnitt 2.8 und eine Nachverarbeitung in Abschnitt 2.9 sowie *v)* die Algorithmensequenz in Abschnitt 2.10.

2.1 Neuronale Netzwerkarchitekturen

Im nun folgenden Abschnitt sollen ausgewählte NNAen vorgestellt und hinsichtlich gemeinsamer Charakteristika untersucht werden. Die untersuchten NNAen basieren auf den in Abschnitt 1.3.5 beschriebenen Modellierungsansätzen und sind Bestandteil von *Experimenten* welche aus der Beschreibung einer NNA sowie Stimuli und gegebenenfalls Auswertungsfunktionen bestehen. Bei der Auswahl zu untersuchender NNAen wurde beachtet dass diese in PyNN implementiert vorliegen und damit grundsätzlich *kompatibel* zu mindestens einem der in der Einleitung beschriebenen Simulatoren sowie zu der zur Verfügung stehenden Emulationsplattform sind. Für ausführliche Ausführungen zur Anpassung von Parametern und der Analyse der Robustheit der hier vorgestellten NNAen sei auf Petrovici et al. [126] verwiesen. Die konkreten Folgen gegebenenfalls auftretender Verluste für die NNA werden ebenfalls an jener Stelle analysiert. Es werden untersucht:

- *Synfire Chain mit Feed Forward Inhibition* basierend auf [127], zur Verfügung gestellt vom INCM[1], Marseille, Frankreich und erstellt in Zusammenarbeit mit der ALUF[2],

---

[1] *Institut de Neurosciences Cognitives de la Méditerranée (INCM)*
[2] Albert-Ludwigs-Universität Freiburg (ALUF)

Freiburg, Deutschland

- *Assoziativspeicher Neokortex Schicht II/III* nach [128], zur Verfügung gestellt von der KTH[3], Stockholm, Schweden
- *Selbsthaltende Asynchrone Unregelmäßige Zustände* entsprechend [78], zur Verfügung gestellt von der UNIC[4] des CNRS[5], Gif-sur-Yvette, Frankreich

Die verfügbaren Modelle werden jeweils vorgestellt und dann hinsichtlich ihrer logischen Struktur, dem Stimulus sowie den funktionalistischen Kriterien für die Robustheit untersucht. Abschließend werden die NNAen in einer Gegenüberstellung verglichen.

2.1.1 Die Synfire Chain mit Feed Forward Inhibition

Die *Synfire Chain* ist ein von Abeles [129] vorgestelltes *feed-forward* (zu dt. vorwärtskoppelndes) Netzwerk bestehend aus Neuronengruppen, welche in einer Kette angereiht, aufeinander projizieren. Eine hohe Divergenz der synaptischen Verbindungen präsynaptischer Neuronen innerhalb der vorwärtskoppelnden Projektionen führt zu einer hohen Korrelation der Eingangspulse postsynaptischer Neuronen und ermöglicht so die Fortpflanzung synchroner Pulse durch die Kette [130].

Die Synfire Chain wird von Kremkow [127] um einen Mechanismus zur *Feed Forward Inhibition* (FFI) erweitert, welcher die Pulsintegration zeitlich begrenzt und dadurch eine zeitliche Divergenz einzelner Pulspakete beim Fortschreiten durch die Kette verhindert. Das Funktionsprinzip der FFI wurde im ZNS an verschiedenen Stellen nachgewiesen [127] und stellt damit einen elementaren kortikalen Mikroschaltkreis dar. Das Experiment wurde ursprünglich für den Simulator NEST entworfen.

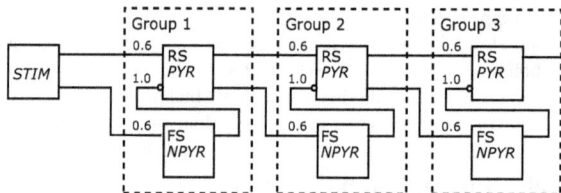

Abbildung 2.1: Der Neuronale Schaltplan der NNA einer Synfire Chain mit FFI nach [127]. Die Synfire Chain mit FFI besteht aus einer STIM Population und drei Kettengliedern. Die Glieder der Kette bilden sich jeweils aus einer Population von RS/PYR Neuronen und einer Population FS/NPYR Neuronen.

In Abbildung 2.1 dargestellt ist ein Neuronaler Schaltplan (NS) [6] des strukturellen Aufbaus der Synfire Chain mit FFI. Stimuliert wird die NNA durch Pulspakete mit gaußverteilten ISIs [127].

Als Maß für die Stabilität der Synfire Chain werden die *Pulsanzahl* eines Pulspakets und die zeitliche Divergenz des Pulspakets festgelegt. Die zeitliche Divergenz des Pulspakets wird repräsentiert durch die *Pulszeitabweichung*.

---

[3] *Kungliga Tekniska Högskolan (KTH)*
[4] *Integrative and Computational Neuroscience Unit (UNIC)*
[5] *Centre National de la Recherche Scientifique (CNRS)*
[6] Das Konzept der *Neuronalen Schaltpläne* wurde vom Autor der vorliegenden Arbeit in [131] entwickelt. Eine Beschreibung der Elemente der *Neuronalen Schaltpläne* befindet sich im Anhang I.

2.1.2 Das Assoziativspeichermodell in Neokortex Schicht II/III

Die im Abschnitt 1.3.5 eingeführte CC dient als Grundlage eines auf Attraktorzuständen basierenden ASSOZIATIVSPEICHERS. Das Modell ist in der Lage, Muster zu erkennen, zu vervollständigen und zu selektieren [128]. Vor der Bearbeitung wurden der Benchmark von einer nativen C++ Beschreibung [132] nach PyNN portiert und die multi-compartment [128] in single-compartment Neuronenmodelle überführt [126].

In Abbildung 2.2 ist die säulenartige Struktur des Assoziativspeichermodells als NS nach [5, 77, 90] dargestellt. Zu erkennen sind die neokortikalen Areale zweier exemplarischer *Minicolumns* (MCs), welche sich zu einer *Hypercolumn* (HC)[7] zusammensetzen. Eine MC repräsentiert jeweils ein Fragment eines größeren Musters. Die HC vereinigt mit den MCs Fragmente verschiedener Muster für einen Teil des rezeptiven Feldes einer NNA. Die Menge der HCs repräsentiert das gesamte rezeptive Feld einer NNA.

Die Stimulation der NNA erfolgt durch die *STIM* Population aus Schicht IV deren Verbindungen vertikal als Afferenzen zu den RS/PYR Zellpopulationen der Schicht II/III ziehen. Eine Population von RS/PYR Zellen einer MC erregt über horizontale Projektionen die Population von RS/PYR Zellen in den MCs der übrigen HCs, welche auf das gleiche Muster ansprechen. Eine Erregung der RS/PYR Zellen in den MCs der übrigen HCs, welche auf andere Muster ansprechen, werden indirekt über vertikal projizierende RS/NPYR Zellpopulationen aus Schicht II/III unterdrückt. Die horizontal projizierende FS/NPYR Population einer HC begrenzt die Erregung innerhalb dieser [5].

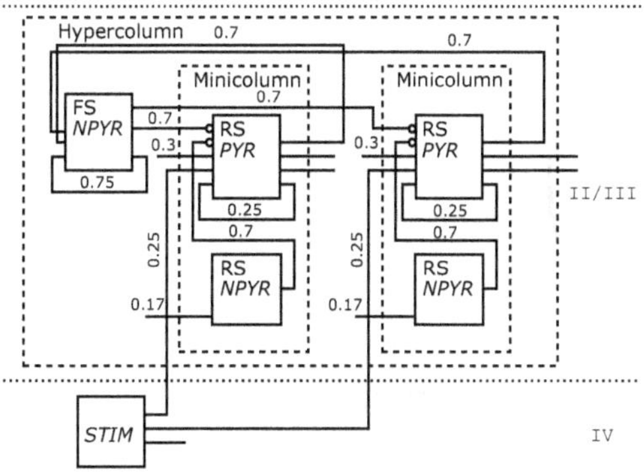

Abbildung 2.2: Der Neuronale Schaltplan der NNA eines Assoziativspeichermodells für die neokortikalen Schichten II/III nach [5, 77, 90], Erläuterung im Text.

Der Zustand erhöhter Erregung ist durch eine unterschwellige Depolarisation der Membranspannung in der Größenordnung von einigen 10^1mV und eine Erhöhung der Pulsfrequenz um einige 10^1Hz über einen Zeitraum von einigen 10^2ms gekennzeichnet und steht als *UP* Zustand einem als Ruhezustand definierten *DOWN* Zustand gegenüber. Der vom Stimulus abhängige *UP* Zustand wird im Assoziativspeichermodell interpretiert als Attraktor der einem Muster assoziiert ist [128].

---

[7]Der Begriff *Hypercolumn* bezeichnete ursprünglich eine Untergruppe der Kortikalen Säulen im visuellen Cortex und wird synonym für die CC verwendet [133].

Entsprechend [134] nach [128] ist eine Erinnerung durch ihren Attraktor repräsentiert und nicht in der Verbindungsstruktur der NNA. Damit werden die Eigenschaften des Attraktors zum Maß für die Stabilität der NNA. Nach Petrovici et al. [126] werden die *Attraktorverweildauer* und die *Attraktorstärke* zur Feststellung der Stabilität herangezogen. Die *Attraktorstärke* ist indirekt repräsentiert über die mittlere Membranspannung und die mittlere Pulsrate der zu einem Attraktor zugehörigen Zellen.

2.1.3 Die Selbsthaltenden Asynchronen Irregulären Zustände

Folgend Destexhe [78] zeigen Neuronen (talamo-)kortikaler NNAen nach anfänglicher Stimulierung auch nach Abbruch des Stimulus selbsthaltend, asynchron und unregelmäßig Pulsaktivität. Dieses Verhalten der *self-sustained Asynchronous Irregular* (AI) *States*, wird im Zusammenhang mit gleichzeitig auftretenden UP und DOWN Zuständen, siehe Abschnitt 2.1.2, und spezifischen Eigenschaften von nichtlinearen IF Neuronenmodellen, wie dem in der Einleitung beschrieben AdEx Modell, untersucht. Das vorliegende Experiment wurde ursprünglich für den Simulator NEURON entworfen.

Als konkretes Beispiel wurde die in Abbildung 2.3 als NS dargestellte NNA eines kortikalen Schnittes[8] ausgewählt. Stimuliert werden hier 10% der Neuronen der NNA über Pulsfolgen mit zufälligen ISI.

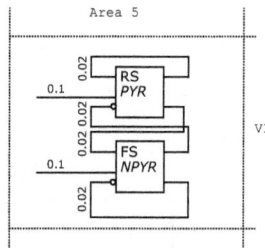

Abbildung 2.3: Neuronaler Schaltplan einer kortikalen NNA nach [78]. Die NNA besteht aus einer Population von RS/PYR Zellen und einer Population von FS/NPYR Zellen. Die RS/PYR Population projiziert exzitatorisch auf sich selbst und auf die FS/NPYR Population, welche ihrerseits inhibitorisch auf sich selbst und auf die RS/PYR projiziert. Die Stimulation erfolgt durch Afferenzen zur dargestellten NNA. Die NNA beschreibt eine Struktur in *Layer VI* des kortikalen *Areals 5* [78].

Desthexe definiert in [78] den mittleren Variationskoeffizient CV der ISI aller Zellen als Maß für die Regelmäßigkeit der ISIe. Je höher der CV desto unregelmäßiger sind die Erregungszustände. Per Definition gilt das System ab einem CV von 1 als irregulär [78]. Die paarweise Kreuzkorrelation zwischen Pulsfolgen von Zellpaaren ist das Maß für die Synchronizität im System, die Korrelation geht gegen 0 für voneinander unabhängige Pulsfolgen und ist 1 für identische Pulsfolgen. Ein Wert mit einem Betrag < 0.1 gilt per Definition als Indikator für ein asynchrones System [78].

---

[8]Ein kortikaler Schnitt ist eine durch Resektion gewonnene dünne Schicht kortikalen Gewebes.

2.1.4 Gegenüberstellung der Neuronalen Netzwerkarchitekturen

Zum Vergleich von Eigenschaften der NNAen der vorgestellten Experimente werden diese in Tabelle 2.1 gegenübergestellt. Zur Vollständigkeit sind auch die Stabilitätskriterien aufgeführt, diese sind nicht miteinander vergleichbar.

Tabelle 2.1: Gegenüberstellung der vorgestellten Experimente hinsichtlich der enthaltenen zeitlichen und räumlichen Information, der synaptischen Plastizitätsmechanismen, des Adaptionsverhaltens des Neuronenmodells sowie der Stabilitätskriterien hinsichtlich der Funktionalität der NNA. Die Symbole geben an ob dahingehend Informationen vorhanden sind (●) oder nicht vorhanden sind (○).

Benchmark	räumlich	zeitlich	kurzzeitig	langzeitig	Adaption	Stabilität
Synfire Chain FFI	○	●	○	○	○	Paketpulszahl, Pulsdivergenz
Assoziativspeicher	●	●	●	○	○	Attraktorverweildauer, Attraktorstärke
AI Zustände	●	○	○	○	○	Synchronität, Regularität

Je nach den Möglichkeiten des Pulskommunikationsnetzwerks eines Emulators dienen die zeitlichen Informationen als Vorgabe für die zu konfigurierenden Verzögerungszeiten. Die räumlichen Informationen zu einer NNA sind für eine Visualisierung der NNA Struktur von Belang. Aus den räumlichen Koordinaten lassen sich keine Rückschlüsse auf die Verzögerungszeiten ziehen und *vice versa*[9]. Informationen zur zeitlichen und zur räumlichen Struktur enthält nur die NNA des Assoziativspeichermodells. Für die Synfire Chain sind lediglich Informationen zur zeitlichen Struktur verfügbar, Informationen zur räumlichen Struktur sind nicht vorhanden. Für die NNA der AI Zustände sind ausschließlich Informationen zur räumlichen Struktur gegeben.

Bei den Plastizitätseffekten wird zwischen kurzzeitig und langzeitig unterschieden. (siehe Abschnitt 1.3.4 der Einführung) Im Hinblick auf die synaptische Plastizität wir diese nur für den Assoziativspeicher und hier auch ausschließlich die Kurzzeitplastizität modelliert. Wie diese Informationen bei der Abbildung zu berücksichtigen sind, wird im Folgenden beim Entwurf eines Abbildungsprozesses beschrieben.

Keine der NNAen verwendet Adaptionsmechanismen der Neuronenmodelle. Somit sind sie vergleichsweise robust gegenüber NNAen welche mit dem vollständigen AdEx Modell beschrieben werden.

2.2 Eine neuromorphische Emulatorarchitektur

Als Beispiel einer großen (engl: *large-scale*) neuromorphischen Hardwarearchitektur soll das rekonfigurierbare *wafer-scale*[10] Modul des *BrainScaleS* Projekts [12], [6] in diesem Abschnitt vorgestellt werden. Das Modul bildet als FPNA Verbund in den Größenordnungen von 10^5 Neuronen und 10^7 Synapsen die Grundlage für modulare Anordnungen. Bei der Einführung des zugrunde liegenden FPNAs wird sich grundsätzlich auf den HICANN[11] V2 entsprechend

---

[9]Persönliche Kommunikation Mihai Petrovici
[10]In der Größenordnung eines Wafers
[11]*High Input Count Analog Neural Network*

der Spezifikation [135] bezogen. Die Beschreibung der Architektur beschränkt sich auf Details, welche für die Abbildung von NNAen relevant sind.

2.2.1 Das neuromorphische *wafer-scale* System

Abbildung 2.4 zeigt das Konzept eines *wafer-scale* Moduls des BrainScaleS Systems. Trägerelemente fixieren einen ungeschnittenen Wafer neuromorphischer Schaltkreise. Eine nach der Herstellung des Wafers in einem Nachbearbeitungsschritt aufgebrachte Verdrahtungsebene verbindet die einzelnen FPNAs miteinander [6]. Die Leiterplatte versorgt das Modul elektrisch und trägt digitale Netzwerkkomponenten für die Kommunikation mit Steuerrechnern und gleichartigen Modulen.

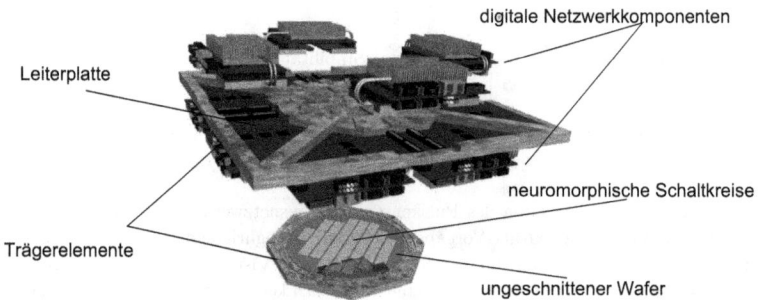

Abbildung 2.4: Konzept eines *wafer-scale* Moduls des BrainScaleS Systems aus [6], Abbildung mit Erlaubnis des Autors. Ein Wafer neuromorphischer Schaltkreise wird von Trägerelementen fixiert und über eine Leiterplatte elektrisch versorgt. Die Kommunikation zwischen weiteren Modulen und externen Steuerrechnern erfolgt über digitale Netzwerkkomponenten, Erläuterung im Text.

Abbildung 2.5 abstrahiert die Draufsicht auf ein *wafer-scale* Modul. Die Dimensionen entsprechen nicht dem realen System, sind aber zur Erläuterung der Architektur der Kommunikationsnetzwerke genügend. Die unterste Schicht bildet eine Anordnung von *Retikeln*, von denen jedes eine bestimmte Anzahl neuromorphischer FPNAs [6], [108] beherbergt. Diese an der UHEI[12] entwickelten HICANN FPNAs implementieren neuromorpische Funktionalität von Neuronen, Synapsen und Plastizitätsmechanismen. Die darüber liegende Schicht repräsentiert an der TUD[13] entworfene digitale Schaltkreise [136], sogenannte *Digital Network Cores* (DNCs) für das synchrone AER Pulsrouting. In der obersten Schicht befinden sich FPGA. Nicht verwendete Elemente sind weiß gekennzeichnet.

Auf der rechten Seite in Abbildung 2.5 ist die Hierarchie und Verbindungsstruktur der verfügbaren Kommunikationsnetzwerke dargestellt. Die verwendeten Symbole sind gleich der linken Abbildung. Es werden zwei Netzwerke unterschieden: ein *Layer 1* (L1) genanntes asynchrones AER Netzwerk und ein als *Layer 2* (L2) bezeichnetes synchrones AER Netzwerk. Das L1 Netzwerk dient auf der untersten Ebene zur *intra-wafer* Kommunikation zwischen den FPNA und das L2 Netzwerk vorrangig zur *inter-wafer* Kommunikation zwischen den *wafer-scale* Modulen sowie zur Steuerung der Emulationsabläufe. Entsprechend der hierarchischen

---

[12]Ruprecht-Karls-Universität Heidelberg
[13]Technische Universität Dresden

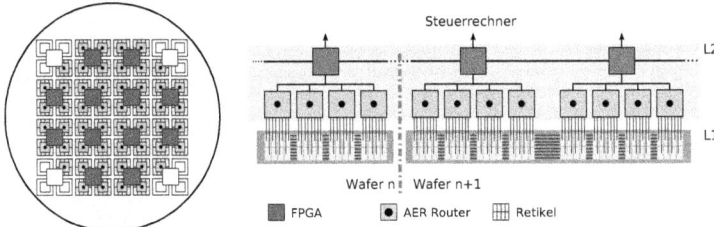

Abbildung 2.5: Abstrakte Darstellung eines BrainScaleS *wafer-scale* Elements mit Retikeln, AER Routern und FPGAs in der Draufsicht links und der Kommunikationshierarchie des BrainScaleS Systems rechts, Erläuterung im Text.

Anordnung der Kommunikationsteilnehmer wird für das L2 Netzwerk die Richtung vom Steuerrechner über den FPGA und den DNC zum HICANN als *downstream* definiert und in der entgegengesetzten Richtung als *upstream*.

2.2.2 Der HICANN, ein Field Programmable Neuromorphic Array

Das HICANN FPNA beherbergt die neuromorphischen Baugruppen des Systems. In Abbildung 2.6 ist ein vereinfachtes funktionales Schema dieses Schaltkreises ohne Elemente zur Pulskommunikation nach [6] abgebildet.

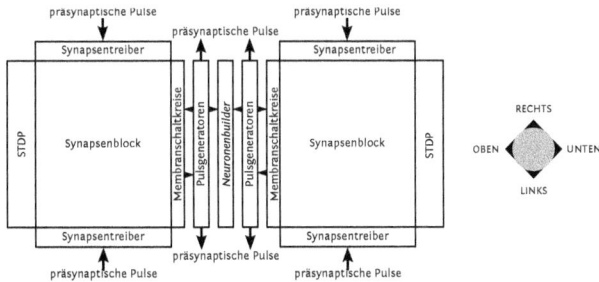

Abbildung 2.6: Vereinfachte schematische Darstellung des HICANN FPNA mit dem Fokus auf neuromorphische Funktionalität nach [6]. Der HICANN ist eine symmetrische Anordnung neuromorphischer Elemente. Die Membranschaltkreise sind mit Pulsgeneratoren verbunden und lassen sich über einen *Neuronenbuilder* miteinander verschalten. Die Pulsgeneratoren erzeugen präsynaptische Pulse, welche über die Synapsentreiber und den Synapsenblock an die Membranschaltkreise geführt werden. Die Synapsen sind mit Funktionsblöcken für STDP verbunden, Erläuterung im Text.

Das Schema zeigt eine symmetrische Anordnung von Funktionsblöcken. Die Membranschaltkreise implementieren die Funktionalität des in Abschnitt 1.3.2 beschriebenen AdEx Neuronenmodells und können über einen *Neuronenbuilder* miteinander verbunden werden. Konfigurierte Membranschaltkreise emulieren das Verhalten von Neuronen. Generiert ein Neuron ein Aktionspotential, wird im zugehörigen *Pulsgenerator* ein präsynaptisches Ereignis ausgelöst.

Über konfigurierte Punkt-zu-Punkt Verbindungen werden Pulse als AER kodierte Ereignisse geschaltet an die *Synapsentreiber* der Synapsen ihrer Zielneuronen herangeführt. Die *Synapsentreiber*, der *Synapsenblock* und die *STDP* Schaltungsblöcke implementieren die Funktionalität zur Modellierung synaptischer Modelldynamiken und der Plastizität. Über das synchrone AER Netzwerk können zudem Pulsereignisse an das FPNA herangeführt oder vom FPNA weggeführt werden.

2.2.3 Der Membranschaltkreis als Hardwareimplementierung des AdEx Neuronenmodells

Im Prinzipschaltbild in Abbildung 2.7 ist das vereinfachte Blockschaltbild des Membranschaltkreises dargestellt. Zu erkennen sind die Membrankapazität C_M und die Schaltungsblöcke der einzelnen Terme der AdEx Gleichungen aus Abschnitt 1.3.2 für den *Leckstrom*, externe *E/A* Ströme, zwei synaptische Eingangskanäle *SynIn*, die exponentielle Aktionspotentialsdynamik *Exp*, die pulsgetriggerte *Adaption* und das Rücksetzen der Membranspannung auf U_{Reset}.

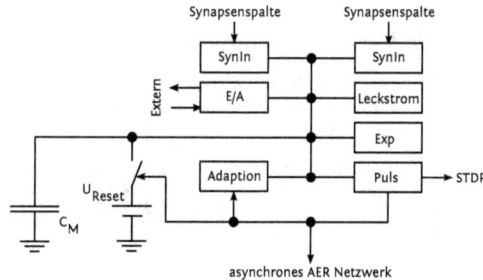

Abbildung 2.7: Vereinfachte schematische Darstellung der HICANN Implementierung eines AdEx Neurons mit Funktionsblöcken entsprechend den Termen der Modellgleichung nach [108], Erläuterung im Text.

Entsprechend der Modellgleichung werden auf C_M synaptische und externe Ströme integriert. Beim Erreichen einer Schwellwertspannung bildet der Funktionsblock *Exp* auf der Membran ein Aktionspotential nach, die Membranspannung wird zurückgesetzt und die Empfindlichkeit der Membran über die *Adaption* modifiziert. Ein *Pulsmechanismus* generiert bei Erfüllung der Pulsbedingung, neben dem Triggersignal für die Adaption und das Rücksetzen der Membranspannung, ein asynchrones Pulsereignis mit der dem Sendeneuron entsprechenden Adresse.

Durch die Verbindung benachbarter und gegenüberliegender Membranschaltkreise lässt sich die Anzahl synaptischer Eingänge eines Hardwareneurons variieren oder es können unterschiedlich konfigurierte Membranabschnitte kombiniert werden.

Die gegenüber dem biologischen Vorbild verringerte Membrankapazität C_M und ein variabler Leckstromleitwert g_L bedingen eine Beschleunigung (engl. *speed-up*) der zeitlichen Dynamik des Membranverhaltens, einstellbar zwischen 10^3 und 10^5 [6]. Der Membranschaltkreis des HICANN ist über 21 analoge Parameter konfigurierbar, deren Werte auf *single-poly floating-gate* Analogspeicherzellen bereitgestellt werden [6].

Die Zeitverläufe der synaptischen Eingangskonduktanzen g_{syn}, siehe Abschnitt 1.3.2 werden in den $SynIn$ Funktionsblöcken über die $\exp(t)$ Exponentialfunktion entsprechend Gleichung 2.1 modelliert [137].

$$\dot{g}_{syn_{e,i}} = -g_{syn_{e,i}}/\tau_{syn_{e,i}} \tag{2.1}$$

Für jeden synaptischen Eingangsschaltkreis können dessen τ_{syn} und das Umkehrpotential U_{syn} individuell eingestellt werden.

2.2.4 Das Pulskommunikationsnetzwerk

Über die AER Netzwerke werden präsynaptische Pulse inter-wafer synchron und intra-wafer asynchron kommuniziert. Quellen präsynaptischer Pulse sind Pulsgeneratoren von Membranschaltkreisen, Pulsgeneratoren für Hintergrundereignisse oder externe[14] Pulsquellen. Die Pulse der Membranschaltkreise werden durch Prioritätsenkoder in Blöcken priorisiert und als Addressereignis enkodiert. Nachfolgend werden diese mit den ebenfalls enkodierten Ereignissen der BEGs und den externen Ereignissen über einen *Merger-Tree* zusammengeführt. Die Verteilung der vereinigten Adressereignisse erfolgt über das asynchrone intra-wafer AER Netzwerk direkt an die Synapsentreiber der FPNAs oder indirekt über das synchrone inter-wafer AER Netzwerk.

Der Prioritätsenkoder

Die HICANN Prioritätsenkoderstruktur nach [135] ist in Abbildung 2.8 abgebildet. Pulsereignisse von 64 Membranschaltkreisen, in Blöcken von jeweils 32 der gegenüberliegenden Membranschaltkreisreihen werden über einen *Prioritätsenkoder (PE)* mit einer 6 Bit Adresse enkodiert.

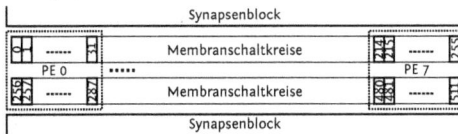

Abbildung 2.8: Illustration der Prioritätsenkoderstruktur nach [135]. Gruppen von Membranschaltkreisen werden über *Prioritätsenkoder (PE)* AER enkodiert. Erläuterung im Text.

Die Pulsgeneratoren für Hintergrundereignisse

Als zusätzliche Hardware-Pulsquellen stehen Pulsgeneratoren für Hintergrundereignisse zur Verfügung. Ein solcher Pulsgenerator identifiziert sich als Neuron des FPNA und generiert Pulsereignisse mit regulären oder pseudo-zufälligen ISI einer einstellbaren (mittleren) Pulsrate.

---

[14]Pulse deren Ursache keine FPNA internen Pulsgeneratoren sind

Der Merger-Tree

Der *Merger-Tree* führt Pulsereignisse der Membranschaltkreise, der BEGs und externer Pulsquellen zusammen und schaltet diese auf einen AER Bus auf. Abbildung 2.9 zeigt den vereinfachten schematischen Aufbau des Merger-Tree.

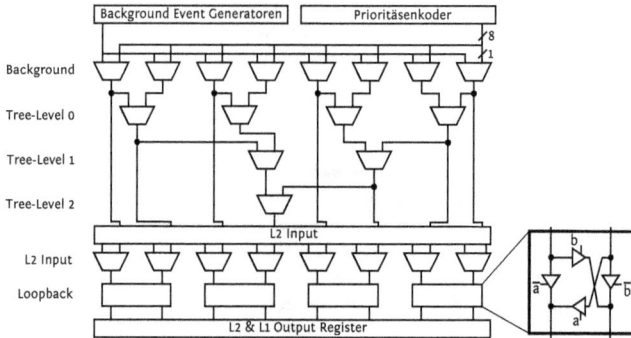

Abbildung 2.9: Illustration des *Merger-Tree* zur stufenweisen Zusammenführung von FPNA internen und externen Pulsereignissen in einem Schema nach [135], Erläuterung im Text.

In der obersten Ebene führen die BEGs und die Prioritätsenkoder FPNA interne AER Ereignisse über Adressbusse an den Merger-Tree. Stufenweise werden die Busse entsprechend der Konfiguration von *Background* und *Tree-Level 0 – 2* zusammengeführt oder selektiert. In der Stufe *L2 Input* werden FPNA externe und synchrone AER Ereignisse selektiv aufgeschaltet oder hinzugefügt. Durch eine nachfolgende *Loopback* Stufe können die Ereignisse eines Busses auf einen benachbarten Bus geschaltet und damit externe AER Ereignisse zurückgeführt werden. Ausgangsregister für das L1 Netzwerk und das L2 Netzwerk halten abschließend die AER Ereignisse bis zur Verarbeitung durch die Bussysteme.

Die synchrone Pulskommunikationsstrecke

Das synchrone AER Netzwerk führt externe Pulsereignisse zur Stimulation an die HICANNs heran und transportiert Pulse in der inter-wafer Kommunikation zwischen den *wafer-scale* Modulen. Auf den FPGAs vorkonfigurierte Pulssequenzen werden während einer Emulation als externe Pulsereignisse in den downstream Pulsverkehr eingefügt.

Bild 2.10 zeigt die Kommunikationsstrecke des synchronen AER Netzwerks zwischen HICANNs. Die Kommunikationsrichtung verläuft von der Quelle links in der Darstellung zu der Senke auf der rechten Seite. Der HICANN erstellt ein AER Paket welches sich aus der Adresse des sendenden Neurons und einer dem Pulszeitpunkt t_{Puls} entsprechenden Zeitmarke zusammensetzt. Das Paket wird anschließend an den DNC übermittelt und dort um eine dem HICANN des Quellneurons entsprechende Adresse erweitert. Der DNC fügt dem Pulszeitpunkt zudem eine Verzögerungszeit t_{d1} hinzu und übergibt das Paket an den FPGA. Der FPGA ersetzt den Adresskopf des Pakets durch ein von der Senke bestimmtes *Label* und leitet das modifizierte Paket an den der Senke zugeordneten FPGA weiter.

Der FPGA der Senke ersetzt das Label des Pakets nachfolgend durch die Adresse von HICANN und Neuron der Senke und fügt eine weitere Verzögerungszeit t_{d2} hinzu. Im letzten

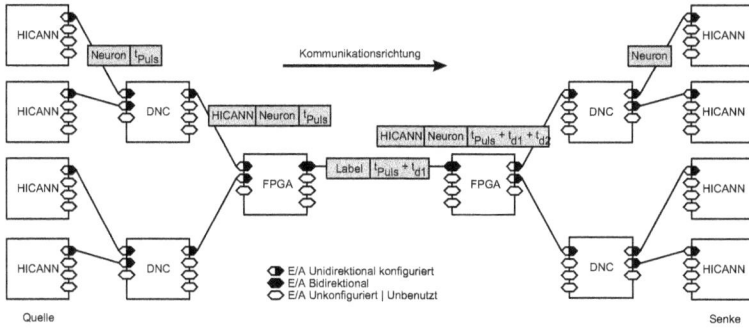

Abbildung 2.10: Illustration der Kommunikationsstrecke des synchronen AER Bussystems (L2) nach [136], die Kommunikationsrichtung verläuft von der Quelle links zur Senke rechts, Erläuterung im Text.

Schritt wird das Paket vor der Auslieferung entsprechend der Gesamtverzögerungszeit t_{d1} + t_{d2} gehalten.

Das asynchrone Pulskommunikationsnetzwerk

Das asynchrone AER Kommunikationsnetzwerk L1 eines HICANN FPNAs ist schematisch in Abbildung 2.11 dargestellt. Das L1 Netzwerk besteht aus horizontalen und vertikalen Busabschnitten welche an den Kreuzungen über Schaltermatritzen und an den Schaltkreisgrenzen über Repeater miteinander verbunden werden können. Weitere Schaltermatritzen in den vertikalen Bussen ermöglichen die Anbindung der synaptischen Funktionsblöcke des eigenen und des angrenzenden FPNAs.

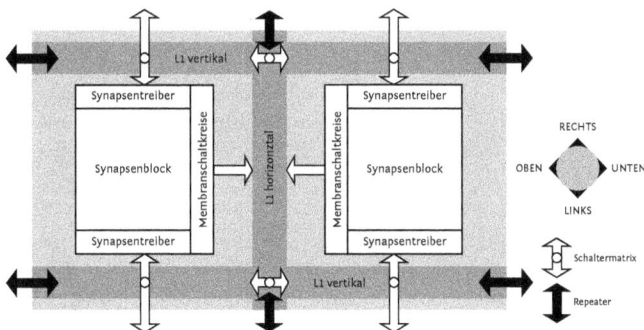

Abbildung 2.11: Schematische Darstellung des asynchronen AER Bussystems (L1) des HICANN nach [6] mit *Repeatern* und *Schaltermatritzen*, Erläuterung im Text.

Die Repeater

Die an den FPNA Grenzen implementierten *Repeater* erneuern die Signalpegel des asynchronen AER Netzwerks und verbinden die Busabschnitte des L1 Netzwerks unidirektional entsprechend ihrer Konfiguration.

Der HICANN implementiert die Repeater an den in Abbildung 2.11 dargestellten Positionen für L1 Busse mit ungerader Kennung „links" und „unten", und für L1 Busse mit gerader Kennung „rechts" und „oben". Die Repeater verstärken entweder L1 Signale oder trennen die zwei L1 Busleitungen, welche sie in Teiberkonfiguration verbinden.

„Spezielle" Repeater mit festen Buskennungen schalten die präsynaptischen Ereignisse nach dem Passieren des Merger-Trees auf horizontale Busse des L1 Bussystem auf. Die feste Positionierung dieser Repeater macht ein Verschieben der Busleitungen an den Verbindungsstellen notwendig.

Die Schaltermatritzen

Die in Abbildung 2.11 zu erkennenden Schaltermatritzen werden nach Funktion in *Cross-Bars* zur selektiven Verbindung horizontaler und vertikaler L1 Busse und in *Select-Switches* zur selektiven Anbindung des asynchronen AER Netzwerks an die Synapsentreiber unterschieden.

2.2.5 Die synaptische Dynamik

Die Implementierung der synaptischen Dynamik ist auf mehrere Funktionsblöcke des HICANN FPNA verteilt. Die Funktionalität der Kurzzeitplastizität befindet sich in den Schaltungen der Synapsentreiber, das Modell der Langzeitplastizität ist in die Schaltungen der Synapsen integriert und der synaptische Konduktanzverlauf wird in den synaptischen Eingangsschaltkreisen des Membranschaltkreises generiert.

Die synaptische Übertragungsstrecke wird hier insoweit erläutert, als es für das grundsätzliche Verständnis notwendig ist. Eine exakte Beschreibung ist nicht möglich, da die entsprechenden Schaltungen zum Zeitpunkt der Anfertigung der vorliegenden Arbeit noch nicht publiziert wurden.

Die Gewichtsmodifikation

Der Zeitverlauf des synaptischen Leitwerts g_{syn} ist eine Funktion der synaptischen Gewichtsfaktoren ω_{STP} als dem Einfluss der Kurzzeitplastizität und ω_{syn} als dem diskreten synaptischen Gewichtswert der Synapse.

$$g_{syn}(\omega_{STP}, \omega_{syn})$$

Der Einfluss des Gewichts auf den synaptischen Leitwert ist in Darstellung 2.12 illustriert. Der in den Synapsentreiber einlaufende präsynaptische AER Puls triggert im Synapsentreiber einen Spannungspuls u_{syn}, dessen Pulsdauer T abhängig von ω_{STP} moduliert wird.

In der Synapse wird dieser Spannungspuls in einen Strompuls i_{syn} gewandelt, dessen Amplitude A sich durch $\hat{g}_{syn}$ und ω_{syn} bestimmt.

$$\dot{g}_{syn} = -g_{syn}/\tau_{syn} + \omega\delta\left(t - t^{AP}\right) \tag{2.2}$$

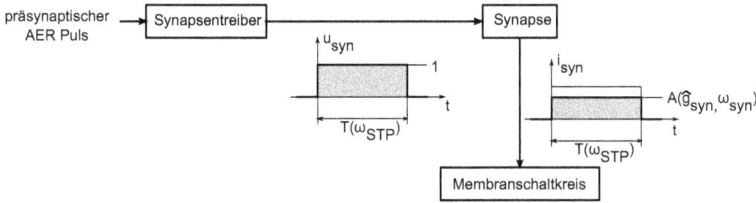

Abbildung 2.12: Illustration der Übertragungsstrecke synaptischer Pulse des HICANN FPNA vom Synapsentreiber über die Synapse zum Membranschaltkreis, Erläuterung im Text.

Als ω zum Zeitpunkt t^{AP} beeinflusst dieser Strompuls entsprechend Gleichung 2.2 nach [138] den synaptischen Leitwert g_{syn}.

Die Synapsentreiber

Getriggert durch asynchrone präsynaptische AER Pulsereignisse generiert der Synapsentreiber einen Spannungspuls, dessen Dauer durch den Kurzzeitplastizitätsmechanismus moduliert wird. Die Synapsentreiber sind, wie in Abbildung 2.13 dargestellt, seitlich des Synapsenfeldes angeordnet.

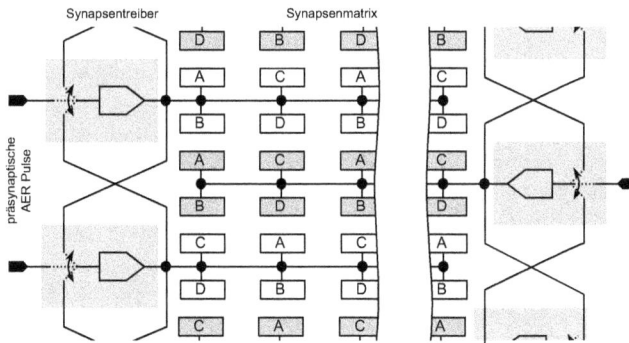

Abbildung 2.13: Darstellung der Anordnung der Synapsentreiber und der Synapsenmatrix nach [139]. Synapsentreiber links und rechts der Synapsenmatrix können vertikal miteinander verschaltet werden und treiben von alternierenden Seiten jeweils zwei Synapsenzeilen, Erläuterung im Text.

Ein Synapsentreiber treibt jeweils zwei Synapsenreihen und kann jeweils mit seinem Nachbarn verbunden werden. Die Synapsen einer der Gruppen A, B, C, D können jeweils für 1/4 des Adressraums eines asynchronen Busses im Synapsentreiber konfiguriert werden.

Das Modell der Kurzzeitplastizität, welches wie in Abschnitt 1.3.3 erläutert nur die präsynaptische Pulsaktivität berücksichtigt, ist in vereinfachter Form im Synapsentreiber implementiert [140]. Das HICANN Modell verwendet eine *Inactive Partition* $I_{SE}(t)$ und eine *Recovered Partition* $R_{SE}(t)$ entsprechend Gleichungen 2.3 und 2.4 mit der Zeitkonstante τ_{rec}

für die Erholung von R_{SE} aus I_{SE} und einer Entnahme von Anteilen aus R_{SE} zum Zeitpunkt t^{AP} abhängig von U_{SE}.

$$\frac{dI_{SE}(t)}{dt} = -\frac{I_{SE}(t)}{\tau_{rec}} + U_{SE}(1 - I_{SE}(t))\delta\left(t - t^{AP}\right) ; I_{SE}(t_0) = I_{SE0} = 0.0 \qquad (2.3)$$

$$R_{SE}(t) = 1 - I(t) \qquad (2.4)$$

Das im HICANN implementierte Modell erlaubt im Gegensatz zur ursprünglichen Formulierung entweder *facilitation* oder *depression* mit Gewichtsmodifikation mit den zwei Skalierungsfaktoren λ und N entsprechend Gleichung 2.5.

$$\omega_{STP} \propto \begin{cases} [1 + \lambda(I(t) - N)] & (facilitation) \\ [1 - \lambda I(t)] & (depression) \end{cases} \qquad (2.5)$$

Die Modifikation des Gewichts durch die Kurzzeitplastizität wird für alle in den Synapsentreiber eingehenden präsynaptischen Neuronen individuell ermittelt.

Die STP Parameter λ, τ_{rec} und N sind für alle Synapsentreiber eines HICANN Quadranten einstellbar. Der Wert von U_{SE} ist digital über 3 bit in jedem Synapsentreiber konfigurierbar. Der maximale synaptische Leitwert $\hat{g}_{syn}$ wird für jede Synapsenzeile aus einem analogen Wert und einem von vier möglichen Teilerfaktoren kombiniert.

Die Synapsen

Die Adressierung einer Synapse erfolgt über den Vergleich von einer in einem SRAM[15] konfigurierten 4 Bit Adresse mit den Bits [2 : 5] der Adresse eines präsynaptischen Neurons, wie im vereinfachten Prinzipschaltbild einer Synapse in Abbildung 2.14 nach [6] dargestellt. Die Werte der Bits [0 : 1] der präsynaptischen Pulsadresse zur Aktivierung des Komparators sind für alle Synapsen einer Synapsenzeile folgend dem Muster in Abbildung 2.13 durch den Synapsentreiber kodiert. Einer Synapse stehen damit 1/4 der Pulse des asynchronen AER Busses zur Verfügung. Der in einem SRAM mit 4 Bit Auflösung bereitgestellte Gewichtswert ω_{syn} moduliert die Amplitude des von der Synapse generierten Strompulses, hier *Strobe* genannt. Der Strompuls wird bei übereinstimmender Adresse über Schalter A in Abbildung 2.14 auf die synaptischen Eingangschaltkreise des Membranschaltkreises aufgeschaltet. Mit welchem Eingangsschaltkreis des zugehörigen Membranschaltkreises eine Synapse verbunden ist bestimmt der Schalter B. Die maximale synaptische Konduktanz $\hat{g}_{syn}$ wird zeilenweise im Synapsentreiber konfiguriert.

Der Langzeitplastizitätsmechanismus, siehe auch Abschnitt 1.3.3, kann für Synapsenzeilen aktiviert werden. Die Pulskorrelationsmessung wird jedoch in jeder Synapse individuell durchgeführt. Eine Synapse verfügt dafür, wie in Abbildung 2.14 dargestellt, über eine paarweise kausale und akausale Korrelationsmessung mit Ermittlung von $F(\Delta t)$, aufbauend auf der exponentiellen Regel nach [74]. Ein interner oder externer STDP Controller[16] aktualisiert periodisch das Gewicht nach einer Modifikationsfunktion $F(\Delta t)$ für das Synapsengewicht [140].

---

[15] *Static Random Access Memory*
[16] Im verfügbaren System nicht vorhanden

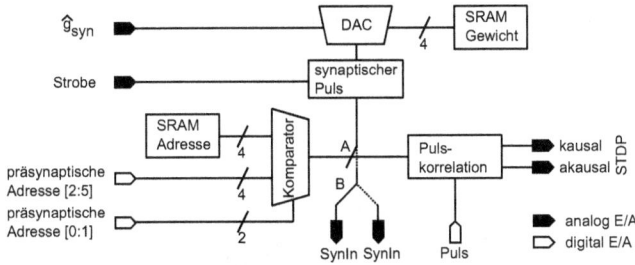

Abbildung 2.14: Vereinfachtes Prinzipschaltbild einer Synapse nach [6]. Der Synapsenschaltkreis wird über einen präsynaptischen Puls adressiert und erzeugt aus dem *Strobe*-Signal
des Synapsentreibers das Eingangssignal für einen der synaptischen Eingangschaltkreise *SynIn* des Membranschaltkreises. Zur Ermittelung der STDP Gewichtsmodifikation
korreliert der Synapsenschaltkreis paarweise den Pulszeitpunkt des zugehörigen Neurons
mit dessen präsynaptischen Pulsen, Erläuterung im Text.

2.2.6 Die floating-gate Analogspeicherzellen

Für die Parameterwerte der Konfiguration der Funktionsblöcke implementiert der HICANN
FPNA floating-gate Analogspeicherzellen [141]. Die Analogspeicherzelle hat einen Dynamikbereich von 1.8 V für Werte zwischen 0 V − 1.8 V mit einer Genauigkeit von ±0.4 mV [142].
Die Zellen sind entsprechend der Darstellung in Abbildung 2.15 in Feldern mit 24 Zeilen
×129 Spalten angeordnet [142].

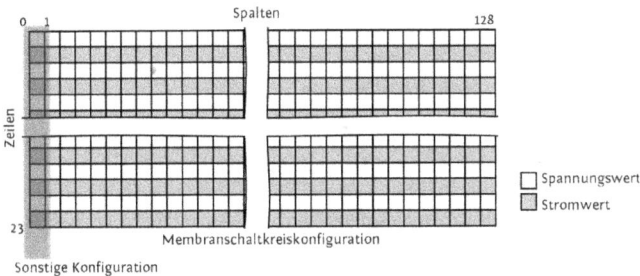

Abbildung 2.15: Vereinfachte schematische Darstellung der Anordnung der Analogspeicherzellen eines Zellenblocks des HICANN. Die baugleichen Zellen eines Blocks halten die
Werte der analogen Konfigurationsparameter, Erläuterung im Text.

Spalten > 0 enthalten die Parameterwerte der Konfiguration der Membranschaltkreise.
Die Spalte 0 beinhaltet die Parameterwerte zur Konfiguration sonstiger Funktionsblöcke. Die
Speicherzellen der Zeilen stellen abwechselnd Werte für Stromparameter in den ungeraden
Zeilen und Werte für Spannungsparameter in den geraden Zeilen bereit.

2.2.7 Dimensionierung eines BrainScaleS *wafer-scale* Moduls

Zum Abschluss des Kapitels soll das BrainScaleS *wafer-scale* Modul in der Konfiguration zum Zeitpunkt der Anfertigung der Arbeit zum Überblick in Zahlen zusammengefasst werden. Ein Modul erlaubt den Zugriff auf 48 Retikel mit jeweils 8 HICANN FPNAs. In einer Konfiguration mit 8 HICANNs pro DNC ergeben sich mit 48 DNCs und mit 4 DNCs pro FPGA entsprechend 12 FPGAs pro Modul [6, 108].

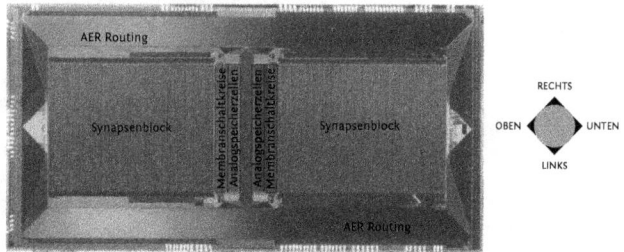

Abbildung 2.16: Bild eines HICANN aus [6]. Gekennzeichnet sind Membranschaltkreise, Synapsenblöcke, Analogspeicherzellen und AER Routing, Abbildung mit Erlaubnis des Autors.

Jedes HICANN FPNA verfügt über 2×2^8 Membranschaltkreise, von denen jeder mit 224 Synapsen verbunden ist. Pulsereignisse von jeweils 2^6 Membranschaltkreisen werden über einen gemeinsamen PE und einen speziellen Repeater in die AER Bussysteme eingespeist. Pro PE ist ein BEG als interne Pulsqelle implementiert. Das asynchrone AER Bussystem besteht aus 2^6 horizontalen und 2×2^7 vertikalen Bussen. Die Anzahl an Membranschaltkreisen pro PE bestimmt die Adresslänge des asynchronen AER Bussystems von 6-Bit. Die analogen Parameterwerte werden über jeweils einen floating-gate Speicherzellenblock für jeden Quadranten des HICANN FPNA bereitgestellt.

2.3 Beschreibung eines Abbildungsprozesses

Auf der Grundlage von Abbildungsprozessen der Entwurfsautomatisierung elektronischer Systeme wird ein Abbildungsprozess (AP) zur Abbildung entworfen. Ausgehend von einer einführenden allgemeinen Beschreibung des AP, dessen genereller Anforderungen und der dazu in Bezug stehenden Softwarekomponenten erfolgt in den weiteren Abschnitten die schrittweise Entwicklung des AP.

In Abbildung 2.17 ist ein Entwurf eines solchen AP für FPNAs dargestellt. Der grundsätzliche Ablauf der Abbildungsprozesse der Entwurfsautomatisierung elektronischer Systeme ist Stand der Technik, siehe auch [143–147]. Die einzelnen Algorithmen für Platzierung & Verbindung sind bei kommerziellen Anbietern entsprechender Implementierungen generell proprietär und nicht frei verfügbar. Im Gegensatz dazu sind akademische Ansätze offen zugänglich [148–152], jedoch im Allgemeinen auf die spezielle Anwendung anzupassen.

Folgend dem Prozessablauf in Abbildung 2.17 bildet ein vom Experimentator erstelltes Eingabeskript die Nutzerschnittstelle zum AP. Das Eingabeskript enthält die Definition der NNA, die Auswahl der Emulationsplattform, die Parameter zur Prozesskonfiguration und die weitere allgemeine Beschreibung eines Experiments.

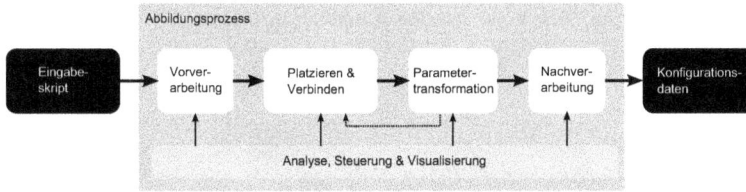

Abbildung 2.17: Konzept eines Abbildungsprozesses vom Eingabeskript als Nutzerschnittstelle links zu den Konfigurationsdaten rechts. Die weitere Prozessumgebung ist hier nicht dargestellt. Der AP folgt prinzipiell der vom Autor in [153] veröffentlichten Darstellung, wurde jedoch für die vorliegenden Ausführungen überarbeitet.

Für die folgenden Ausführungen wird die Sprache des Eingabeskripts repräsentiert durch die bereits in der Einführung in Abschnitt 1.4.4 vorgestellte Skriptsprache PyNN. Der erste Verarbeitungschritt ist die Vorverarbeitung (engl. *Pre-Processing*). In der Vorverarbeitung wird zuerst aus den Nutzervorgaben eine interne Datenstruktur erstellt. Zur algorithmischen Behandlung sind die NNA und das neuromorphische Emulationssystem in einen Graphen $G = (V, E)$ zu überführen. Es werden die zwei Graphen des *Hardware Model* (HM) und des *Bio Model* (BM) unterschieden und die korrespondierenden Graphen dementsprechend als $G_B = (V_B, E_B)$ und $G_H = (V_H, E_H)$ bezeichnet. Anschließend wird die prinzipielle Abbildbarkeit der NNA *a-priori* überprüft und gegebenenfalls der AP entsprechend konfiguriert.

In Anlehnung an APe des Schaltkreisentwurfs mit denen *Hardware Description Language* (HDL)-Beschreibungen von Hardwarearchitekturen auf einen FPGA abgebildet oder in einen $ASIC^{17}$ synthetisiert werden, enthält der zu entwerfende AP gleichfalls Schritte zur Platzierung (engl. *Place*) der einzelnen neuromorphischen Elemente der NNA und Schritte zur Schaltung der Verbindungen (engl. *Route*) zwischen den platzierten Elementen. Das Platzieren und Verbinden erfolgt nicht notwendigerweise in zwei getrennten Prozessschritten, sondern kann aus einer Folge von sich abwechselnden Unterschritten bestehen.

Die *Parametertransformation* überträgt die Parameter des biologischen Modells der NNA in den Parameterraum der neuromorphischen Hardware. Die Transformation der Parameter erfolgt unter Anwendung vorher ermittelter Kalibrationsdaten so diese verfügbar sind, ansonsten ideal. Es ist vorzusehen das Ergebnis der Abbildung iterativ zu optimieren und dies sowohl innerhalb der einzelnen Prozessschritte als auch zwischen diesen. In einem Schritt der Nachverarbeitung (engl. *Post-Processing*) sind optional zusätzliche Schritte möglich, wie beispielsweise die Extraktion einer NNA nach der Abbildung, welche die mögliche strukturelle Veränderung dieser durch den AP enthält. Während des AP kann der Anwender steuernd eingreifen, um informiert Entscheidungen treffen zu können. Dazu werden dem Anwender die Daten des AP zur manuellen Analyse visualisiert. Zwischen den Schritten des AP soll es möglich sein, den aktuellen Zustand zu sichern und wiederherzustellen.

Abschließend werden aus den internen Datenstrukturen und der Abbildung zwischen diesen die Konfigurationsdaten entweder für die Emulationsplattform oder deren Systemsimulation extrahiert und die Kontrolle an die *Experiment Runtime Control* (ERC) übergeben.

---
[17] *Application Specific Integrated Circuit*

2.3.1 Generelle Anforderungen an den Abbildungsprozess

Durch begrenzte Ressourcen einer neuromorphischen Hardwareplattform können bei der Abbildung einer NNA und deren Emulation Verluste entstehen. Generell soll ein AP eine NNA möglichst vollständig auf das neuromorphische Substrat abbilden. Begründet durch die Robustheit von NNAen muss die Abbildung nicht notwendigerweise vollständig sein, sondern kann als Optimierungsproblem verstanden werden, mit dem Ziel, das biologische Modell weitestgehend auf die Hardware abzubilden, also gegebenenfalls entstehende Abbildungsverluste zu minimieren. Das heißt die durch begrenzte Ressourcen eventuell auftretenden Verluste von Neuronen und Synapsen und die durch begrenzte Auflösung der Parameterspeicher gegebenenfalls entstehende Parameterverzerrung zu minimieren und dies mit dem geringst möglichen Hardwareaufwand zu realisieren.

Verluste können zum Einen statische Verluste sein, welche eine strukturelle Modifikation der NNA darstellen. Dazu zählen Neuronen- oder Synapsenverlust durch die limitierte Anzahl an Hardwareressourcen sowie Parameterverzerrung durch eine Diskretisierung und begrenzte Auflösung der Hardwareparameter. Und zum Anderen dynamische Verluste, welche während der Emulation entstehen. Dazu gehören Pulsverluste und Pulszeitpunktverschiebungen durch bandbreitenbegrenzte Hardwarekomponenten.

Statische Verluste lassen sich mit steigendem Abbildungsaufwand begrenzt minimieren. Der Optimierungsspielraum hinsichtlich der Verlustminimierung ist für spezifische Abbildungsalgorithmen nicht feststellbar, da die Abbildung mit den minimal möglichen Verlusten nicht bekannt ist. Die statischen Verluste, welche ausschließlich durch die Hardwarestruktur entstehen, stehen nach abgeschlossenem AP fest.

Dynamische Verluste können während des AP ebenfalls begrenzt minimiert werden. Somit gilt mit Bezug auf die Abbildungsalgorithmen gleiches wie für die statischen Verluste. Die Informationen zu Bandbreiten der Hardwarearchitektur stehen während des AP zur Verfügung, die Aktivität einer NNA lässt sich jedoch nur näherungsweise abschätzen, damit lässt sich die Höhe der dynamischen Verluste nach einem abgeschlossenem AP nur ungefähr bestimmen.

Bei der Abbildung einer NNA sind also Verluste prinzipiell möglich und im Gegensatz zu APe der Entwurfsautomatisierung elektronischer Systeme vertretbar. Die Rechtfertigung für die Vertretbarkeit von Verlusten ist im biologischen Vorbild zu suchen. Das ZNS ist zur Aufrechterhaltung seiner Funktion beispielsweise in der Lage durch Alterung bedingten Verlust an Nervenzellen oder metabolische Veränderungen der synaptischen Übertragung begrenzt auszugleichen [154]. Die konkreten Auswirkungen von Verlusten lassen sich durch Simulation untersuchen. Für die Simulation von Auswirkungen statischer Verluste werden herkömmliche numerische Simulatoren eingesetzt, für die Untersuchung dynamischer Verluste ist eine Systemsimulation eines neuromorphischen Emulationssystems, wie beispielsweise die *Executable System Specification* (ESS) [126], geeignet.

Als akzeptabel sollen Verluste gelten, welche die statische Struktur und die dynamische Funktion der NNA nicht so weit verändern, dass sich die Funktionalität grundlegend ändert. Die maximal vertretbaren Verluste und entsprechende Kompensationsstrategien sind NNA spezifisch. Werden die maximal vertretbaren Verluste überschritten, kann beispielsweise versucht werden durch eine Anpassung der synaptischen Gewichte, entsprechend entgegenzuwirken, siehe auch Petrovici et al. [126]. Für die maximal vertretbaren Verluste sind Verlustgrenzen vorzugeben.

Die Algorithmensequenz soll in Bezug auf die Abbildungsalgorithmen *modular* aufgebaut sein, so dass Algorithmen einzelner Abbildungsschritte flexibel zu einem AP zusammengesetzt werden können.

Hinsichtlich des Zeitaufwands für einen AP gibt es keine Vorgaben jedoch sollte dieser so *skalieren* dass die Abbildung in „akzeptabler" Zeit abgeschlossen ist (siehe Abschnitt 1.4.3).

2.3.2 Die Kalibration der Hardwarekomponenten

Störeinflüsse verursachen eine Abweichung realer analoger Hardwareparameter von deren idealen Werten. Für die Parametertransformation sind Abweichungsinformationen als Kalibrationsdaten von Belang, welche von einem externen Kalibrationsprozess ermittelt werden. Diese Störungen setzen sich zusammen aus statischen und dynamischen Einflüssen. Der zeitlich nicht veränderliche Anteil wird durch Variationen der Dimensionierungsparameter der mikroelektronischen Bauelemente durch den Halbleiterherstellungsprozess verursacht. Das zeitlich veränderliche dynamische Rauschen wird dagegen durch verschiedene physikalische Effekte hervorgerufen, welche in [155] beschrieben und deren Auswirkungen auf die Emulation ebenda bereits untersucht wurden.

Mit einer Kalibration der Hardware kann die in Herstellungsvarianzen begründete statische Abweichung der einzelnen Parameterwerte gemessen und während der Parametertransformation teilweise kompensiert werden. Die Abweichungen, welche durch dynamisches Rauschen verursacht werden, können nur während einer Emulation ermittelt werden und lassen sich somit bei der Parametertransformation nicht reduzieren.

Zur Kalibration der neuromorphischen Komponente werden bei Inbetriebnahme des Emulators die biologischen Parameter zu Beginn nach dem in [108] beschriebenen Ablauf in die entsprechenden Hardwareparameter übertragen. Für diese Transformation finden ideale Transformationsvorschriften Anwendung. Die Transformationsvorschriften zur idealen Parametertransformation sind auf Grundlage von Simulationen der Schaltungen neuromorphischer Komponenten auf Transistorebene entwickelt worden [156]. Anschließend wird die Hardware mit den transformierten Parametern konfiguriert. Nach wiederholtem Durchfahren des Dynamikbereichs eines Parameters werden anhand des Abweichungsverlaufs des gemessenen Membranpotentials vom Erwartungswert [157] Polynomkoeffizienten für Korrekturkurven zur Parameteranpassung bestimmt. Der Kalibrationsprozess ermittelt zudem die Verfügbarkeit der einzelnen Systemkomponenten und stellt diese Informationen zusammen mit den Koeffizienten der Anpassungskurven in einer Datenbank zur Verfügung.

2.3.3 Die Systemsimulation als Ausführbare Systemspezifikation

Die Systemsimulation oder ESS [126] ist als virtuelles Hardwaresystem [157, 158] ein ausführbares Softwaremodell des Emulators. Zur Verifikation des AP und zur Illustration spezifischer Charakteristika des neuromorphischen Systems bildet die ESS sowohl die Dimensionen als auch den Konfigurationsraum des Emulators nach. Die ESS abstrahiert grundsätzlich auf der Ebene der in Abschnitt 2.2 eingeführten Funktionsblöcke [158] und gestattet das Zuschalten von Modellen der Parametervariation auf Transistorebene durch den Herstellungsprozess [126]. In Bezug auf das Aufzeichnen systeminterner Variablen während der Emulation unterliegt die ESS nicht den Beschränkungen des Hardwaresystems und eignet sich zur Untersuchung des Einflusses von Entwurfsparametern auf die dynamischen Verluste einer NNA.

Im folgenden Abschnitt 2.4 wird untersucht, wie der AP in die Experimentbeschreibung zu integrieren ist. In Abschnitt 2.5 werden mögliche Datenmodelle analysiert. In Abschnitt 2.6

werden mögliche Kennzahlen zur Bewertung und Steuerung des AP identifiziert. Die verbleibenden Abschnitte des Konzepts behandeln die einzelnen Schritte des einleitend allgemein beschriebenen AP mit der Vorverarbeitung in Abschnitt 2.7, der Abbildung in Abschnitt 2.8 und der Nachverarbeitung in Abschnitt 2.9 sowie die Algorithmensequenz und Abbildungsteuerung in Abschnitt 2.10.

2.4 Experimentbeschreibung und Nutzerschnittstelle des Abbildungsprozesses

Die Beschreibung eines Experiments steht in Abbildung 2.17 als Anwenderskript am Beginn des AP. Zur Formulierung eines Experiments wird die in Abschnitt 1.4.4 eingeführte simulatorunabhängige Beschreibungssprache für neuromorphische Experimente – PyNN [91] verwendet. Es wird nun untersucht, wie die von der PyNN API definierten Konstrukte für einen emulatorspezifischen AP zu implementieren sind. Dies erfolgt exemplarisch für PyNN, da grundsätzlich auch andere Beschreibungsformen denkbar sind.

Anhand eines mit PyNN beschriebenen prototypischen Experiments wird der Ablauf eines solchen erläutert und untersucht. Dazu gehören die verfügbaren PyNN Elemente zur Ablaufsteuerung eines Experiments, zur strukturellen Beschreibung einer NNA sowie der Formulierung eines Experiments. Im Hinblick auf eine Beispielimplementierung des AP wird in einer Analyse insbesondere auf die dafür notwendigen API Konstrukte eingegangen. Die Beispielimplementierung soll für die Abbildung der in Abschnitt 2.1 vorgestellten NNAen auf die in Abschnitt 2.2 eingeführte Emulatorplattform durchgeführt werden. Einschränkend werden keine prozeduralen und nur die für einen AP relevanten Elemente der PyNN API[18] betrachtet. Eine weitergehende Beschreibung der einzelnen Elemente der PyNN API findet sich in der *PyNN Kurzreferenz* im Anhang II.

2.4.1 Ablaufsteuerung eines Experiments

Die Konfiguration eines Simulators/Emulators und die Ablaufsteuerung eines Experiments erfolgen über die PyNN API Elemente zur Steuerung des Simulators/Emulators, siehe auch Kurzreferenz im Anhang II – *Setup & Control*. Der Quelltext 2.1 zeigt den prinzipiellen Aufbau eines mit PyNN formulierten Experiments.

Quelltext 2.1: Prinzipieller Aufbau eines mit PyNN formulierten Experiments mit den Elementen der PyNN API zur Ablaufsteuerung, Erläuterungen im Text.

```
1  import pyNN.<Simulator/Emulator> as pynn
2  pynn.setup(...)
3  #Beschreibung der NNA Struktur
4  #Formulierung des Experiments
5  pynn.run(...)
6  #Verarbeitung von Messergebnissen
7  pynn.end()
```

Nach der am Beginn stehenden Auswahl eines **Simulators/Emulators** wird dieser über die **pynn.setup(...)** Funktion initialisiert. Anschließend erfolgt die Beschreibung der Struktur einer NNA und der Formulierung des Experiments. Mit **pynn.run(...)** wird das Experiment ausgeführt. Die anschließende Verarbeitung der Messergebnisse umfasst das Speichern,

---

[18]Nicht relevante Elemente der PyNN API für einen AP sind im Kontext der vorliegenden Arbeit die Utility & Exceptions Elemente oder die Files Klassen, siehe auch [124].

das Auswerten oder das Visualisieren der erhaltenen Messergebnissen. Mit dem Aufruf der Funktion pynn.end() wird das Experiment beendet. Der Aufruf der Funktionen setup, run und end hat in dieser Reihenfolge zu erfolgen.

2.4.2 Die strukturelle Beschreibung Neuronaler Netzwerkarchitekturen

Die grundlegende Struktur einer NNA ist über die PyNN Klassen pynn.Population() und pynn.Projection() beschreibbar.

Populationen und Neuronen

Ein Objekt der Klasse pynn.Population besteht aus einer bestimmten Anzahl Neuronen einer Modellklasse mit einem gemeinsamen Basisparametersatz. Zur Verwaltung von Populationen stellt die PyNN API außerdem die Klassen pynn.PopulationView und pynn.Assembly zur Verfügung. Über den pynn.PopulationView kann eine Teilmenge der Neuronen einer Population verwaltet werden, die pynn.Assembly kann Populationen oder deren Untermengen umfassen.

Projektionen und Synapsen

Populationen werden über Objekte der Klasse pynn.Projection verbunden. Eine Projektion enthält als Container synaptische Verbindungen gleichen Typs zwischen den Zellen einer Population als Pulsquellen und den Zellen einer Population als Pulssenken. Die Art der Projektion ist über mehrere Attribute zu definieren. So wird die Verbindungsstruktur zwischen den zwei verbundenen Populationen durch ein Verbindungsobjekt bestimmt. Das Verbindungsobjekt beschreibt die Methode der strukturellen Verbindung, hier beispielsweise eine zufällige Verbindungsstruktur gegebener Verbindungswahrscheinlichkeit oder auch eine feste deterministische Struktur, sowie Gewichte und Pulsverzögerungszeiten für die einzelnen Verbindungen der Projektionen. Die synaptische Dynamik wird ebenfalls durch ein separates Objekt beschrieben. Mit einem fast Attribut für die Mechanismen der Kurzzeitplastizität, also mit schneller Dynamik und einem entsprechenden slow Attribut für die Mechanismen der Langzeitplastizität.

2.4.3 Beschreibung eines Experiments

Zur Formulierung eines Experiments wird die NNA gegebenenfalls stimuliert und es wird spezifiziert, welche Ereignisse und Systemvariablen während des Experiments aufzuzeichnen sind. Die Laufzeit eines Experiments in biologischer Zeit wird der run Funktion als Parameter übergeben.

Stimulation einer Neuronalen Netzwerkarchitektur

Für die Stimulierung einer NNA während eines Experiments stehen mit Stromquelle und Pulsquelle zwei verschiedene PyNN Klassentypen zur Verfügung. Eine Stromquelle stimuliert die Membran des Neurons direkt, eine Pulsquelle, welche formal zu den PyNN Standardzellklassen gehört, erregt die Membran des Neurons indirekt über dessen synaptische Eingänge. Der Stimulus einer Stromquelle wird über die Amplitude und die Dauer des Stimulus bestimmt, die uniformen Pulse einer Pulsquelle hingegen über den Pulszeitpunkt. Die zeitliche

Abfolge der Pulse einer Pulsquelle wird durch eine Generatorfunktion erzeugt oder ist vom
Nutzer vorzugeben.

Aufzeichnung von Messergebnissen

Während eines Experiments können selektiv neuronale Pulse oder Systemvariablen wie der
synaptische Leitwert oder das Membranpotential aufgezeichnet werden. Die Auswahl wird
über entsprechende **record** Funktionen festgelegt, siehe PyNN Kurzreferenz im Anhang II
Abschnitt *Specify Probes*. Das Auslesen der Ergebnisse des Experiment erfolgt dann über **get**
und **print** Funktionen, siehe PyNN Kurzreferenz Abschnitt *Obtaining Experiment Data*.

2.4.4 Analyse der Experimentbeschreibung hinsichtlich der Integration des Abbildungsprozesses

Es ist nun zu untersuchen, welche der einzelnen Elemente der PyNN API für den AP relevant
sind, und wie diese gegebenenfalls mit dem AP Konzept korrespondieren. Der Schwerpunkt
wird auf eine Zuordnung zu den in Abbildung 2.17 dargestellten Prozessschritten gelegt.
Darauf aufbauend wird im anschließenden Kapitel eine detaillierte Algorithmensequenz entwickelt. Vereinfachend wird für die Analyse eines Experiments von einem nicht iterativen
Versuchsablauf ausgegangen. Bei einem nicht iterativen Experiment ist eine NNA abzubilden, das Experiment einmalig mit dieser NNA Konfiguration auszuführen und anschließend
zu beenden.

Die Ablaufsteuerung des Abbildungsprozesses

Die Initialisierung, Durchführung und Fertigstellung des AP ist über die PyNN Elemente zur Ablaufsteuerung zu realisieren. Die Initialisierung erfolgt über die Schnittstelle der
setup Funktion. Die PyNN API erlaubt für die **setup** Funktion eine beliebige Anzahl an
freien Nutzerparametern in der Form von Schlüsselwörtern, wodurch hier die für den AP
spezifischen Konfigurationsparameter übergeben werden können. Die **setup** Funktion startet zudem die Vorverarbeitung des AP. Mit dem Aufruf der Funktion **run** sind zuerst die
Vorverarbeitung mit dem Aufbau eines Hardwaremodells, die Durchführung von Abbildbar-
keitstests und die Konfiguration des AP abzuschließen und anschließend die Prozessschritte
Platzieren & Verbinden sowie die Parametertransformation des AP durchzuführen. Mit der
Nachverarbeitung ist der AP abgeschlossen. Die Kontrolle wird an die ERC übergeben, welche das Experiment auf dem Emulator ausführt und die Simulationsdaten aufzeichnet. Diese
dem AP nachfolgenden Schritte sowie die Verarbeitung der Messergebnisse sind für den AP
nicht von Belang. Mit dem Aufruf der Funktion **end** sind abschließend alle für den und durch
den AP erzeugten Datenstrukturen zu löschen.

Die strukturelle Beschreibung Neuronaler Netzwerkarchitekturen

Nach abgeschlossener Initialisierung des AP ist mit dem sequentiellen Aufruf der PyNN
Konstrukte zur strukturellen Beschreibung einer NNA eine interne Datenstruktur als biolo-
gisches Modell zu erstellen. Für die Implementierung der PyNN Klassen zur strukturellen
Beschreibung einer NNA ist eine Auswahl aus den in PyNN verfügbaren Elementen zu treffen. Die Auswahl erfolgt entsprechend den Anforderungen der NNAen in Abschnitt 2.1 und
dem Funktionsumfang des in Abschnitt 2.2 eingeführten Emulators.

Werden im Prozessschritt der Platzierung die Neuronen oder Populationen den neuro-morphischen Komponenten des Emulators zugeordnet, ist die durch die synaptischen Verbindungen der Projektionen beschriebene Verbindungsstruktur einer NNA durch den AP im Prozessschritt der Verbindung abzubilden. Die synaptischen Gewichte werden vom AP entsprechend transformiert. Pulsverzögerungszeiten abzubilden ist prinzipiell ebenfalls erforderlich, da diese Information von den NNAen nach Tabelle 2.1 vorgegeben wird. Der Entwicklungsstand des verfügbaren Emulatorsystems lässt die Konfiguration von Pulsverzögerungszeiten zum Zeitpunkt der Anfertigung der Arbeit noch nicht zu, daher wird dies als Vereinfachung für die spätere Implementierung des AP nicht berücksichtigt. Topologische Informationen sind für den AP nicht relevant.

Für die Klassen **PopulationView** und **Assembly** bietet PyNN eine simulatorunabhängige Implementierung. Eine emulatorspezifische Implementierung von **PopulationView** und **Assembly** kann abhängig von einer konkreten Implementierung eines AP von Vorteil sein, um beispielsweise Partitionierungsinformationen des Platzierungsschrittes zu halten, wird aber zur Vereinfachung für die nachfolgenden Betrachtungen ebenfalls außer acht gelassen.

Von den PyNN Standardzellklassen für Neuronenmodelle, siehe PyNN Kurzreferenz im Anhang II – *Neuron Models*, entsprechen **pynn.EIF_cond_exp_isfa_ista**[19] dem AdEx Modell, und **pynn.IF_cond_exp** als dessen Vereinfachung dem IF Neuronenmodell. Diese beiden Neuronenmodelle sind auf den in Abschnitt 2.2.1 vorgestellten Emulator abbildbar und somit für die nachfolgenden Betrachtungen von Relevanz.

Der in Abschnitt 2.2 beschriebene STDF Mechanismus ist in den Synapsentreibern des FPNA implementiert und wird von mindestens einer der verfügbaren NNAen verwendet. Damit wird dieser Kurzzeitplastizitätsmechanismus für die Beispielimplementierung eines AP berücksichtigt und ist für die Synapsentreiberschaltkreise zu transformieren. Für den STDP Mechanismus der Langzeitplastizität kann die Korrelation zwischen prä- und postsynaptischen Pulsen grundsätzlich in den Synapsenschaltkreisen des in Abschnitt 2.2.1 beschriebenen Emulators ermittelt werden.

Stellt der FPNA einen STDP Controller zur Abbildung bereit, lässt sich aus den Korrelationswerten periodisch ein aktueller Gewichtswert ermitteln und aktualisieren. Der AP platziert die Synapsen dann gruppiert entsprechend ihrer STDP Parameter. Die Aktivierung und Konfiguration des STDP Controllers ist nicht Teil des APes. Dies wird nach abgeschlossenem AP mithilfe der Abbildungsinformation durch die ERC durchgeführt.

Die Beschreibung eines Experiments

Der in Abschnitt 2.2 in Abbildung 2.7 dargestellte Neuronenschaltkreis verfügt über einen konfigurierbaren Stromeingang. Um diesen dem Anwender zur Verfügung zu stellen, ist die PyNN API um die Stromquelle **PeriodicCurrentSource** zu erweitern. Damit wird die direkte und periodische Stimulation der Neuronenmembran über Strompulse mit variabel einstellbarer Amplitude und Pulsdauer innerhalb einer begrenzten Periode ermöglicht.

Pulse, welche von den Pulsquellen **SpikeSourceArray** oder **SpikeSourcePoisson** für die Dauer eines Experiments erzeugt werden, sind vom AP grundsätzlich auf einen FPGA des in Abbildung 2.5 in Abschnitt 2.2.1 skizzierten L2 AER Netzwerks abzubilden. Als Spezialfall können einzelne **SpikeSourcePoisson** Pulsquellen über den AP auf die in Abschnitt 2.2.1 beschriebenen Pulsquellen des FPNA platziert werden.

---

[19]IF Neuron mit exponentieller Pulsdynamik (**E**) sowie leitwertbasierten Synapsen (**cond**) mit exponentieller Synapsenleitwertdynamik (**exp**) und den Stromadaptionsmechanismen SFA (**isfa**) und STA (**ista**)

Information über die Aufzeichnung von Experimentdaten ist prinzipiell in den vom AP erzeugten Datenstrukturen zu halten, jedoch ist die Verwaltung der Messergebnisse Aufgabe der ERC.

2.5 Auswahl eines geeigneten Datenmodells

Für die Abbildung sind die Neuronale Netzerwerkarchitektur und die Emulator-Plattform in Datenmodelle zur algorithmischen Verarbeitung zu überführen. In diesem Abschnitt sollen dazu die Anforderungen und Möglichkeiten der Datenhaltung während eines Abbildungsprozesses untersucht werden. Dazu sind zuerst die Anforderungen der einzelnen Informations- „Bausteine" für einen Abbildungsprozess zu analysieren und anschließend Entwürfe für ein separiertes Datenmodell und eine integrierte Datenstruktur anzufertigen. Abschließend werden die Vorteile und die Nachteile der beiden Ansätze diskutiert, um über einen Vergleich der möglichen Datenstrukturen unter Berücksichtigung der Kostenvorgaben eine geeignete Datenstruktur für eine Beispielimplementierung auszuwählen.

2.5.1 Eine Anforderungsanalyse des Datenmodells

Eine Anforderungsanalyse dient als Entscheidungsgrundlage für ein bestimmtes Datenmodell. Der AP benötigt die Informationen darüber *was* abgebildet werden soll, *worauf* dies abgebildet werden soll, und *wie* abgebildet werden soll. Das Was entspricht einer gegebeneen NNA, das Worauf der Hardwarestruktur eines Emulators und das Wie der Konfiguration des AP. Als Ergebnis liefert der AP die Abbildung als Relationsinformation zwischen dem Modell der NNA und dem Hardwaremodell. Generell gilt, dass ein Modell serialisierbar sein muss, somit dessen Zustand gespeichert und wiederhergestellt werden kann.

Die Anforderungen der Neuronalen Netzwerkarchitektur

Die Struktur einer NNA wird vor Beginn des AP dynamisch erzeugt. Somit steht dessen Größe vor Beginn des AP nicht fest. Die Beschreibung einer NNA kann durch den in Abschnitt 1.3.5 vorgestellten Ansatz der kanonischen Modellierung eine Hierarchie enthalten. Hierarchische Beziehungen existieren außerdem an den Übergängen von Arealen zu Populationen oder von Populationen zu Neuronen. Grundsätzlich können sich Elemente einer NNA einzelne Parametersätze teilen.

Daraus ergibt sich für die Element- und Verbindungsstruktur des Datenmodells für eine NNA, dass diese je nach Modellansatz: *a)* nicht hierarchisch und homogen oder *b)* hierarchisch und inhomogen sein kann. So wäre beispielsweise eine Struktur, welche lediglich aus Populationen und Projektionen oder lediglich aus Neuronen und synaptischen Verbindungen besteht, homogen. Eine Vermischung beider Darstellungen lässt eine inhomogene Struktur entstehen, welche zudem hierarchische Beziehungen enthält.

Die Anforderungen des neuromorphischen Emulators

Der neuromorphische Emulator enthält eine statische und hierarchische Struktur seiner verschiedenen Komponenten und eine teilweise flexible und nicht-hierarchische Verbindungsstruktur zwischen diesen Komponenten. Die Verbindungen des vorgestellten FPNA sind beispielsweise unveränderlich, die Verbindungsstruktur der Komponenten des synchronen AER

Netzwerks und des Konfigurationsnetzwerkes aber teilweise veränderbar. Die Elementstruktur und die Verbindungsstruktur des Emulators ist somit heterogen.

Die Anforderungen des Abbildungsprozesses

Der AP erstellt relationale Verbindungen zwischen dem Hardwaremodell und dem Modell der NNA. Es ergeben sich durch den beschriebenen AP Vereinfachungen in Bezug auf die Darstellung des Emulators und der NNA für den AP. Der Konfigurationsraum des Emulators muss für den AP nicht vollständig abgebildet werden. In Bezug auf die NNA Struktur enthalten die Areale, in PyNN über die hierarchischen Konstrukte wie die **Assembly** realisiert, für den beschriebenen AP keine Information und können vernachlässigt werden. Für einzelne Algorithmen ist selektiv jeweils eine Teilmenge der NNA Elemente und der Emulatorstruktur relevant. Weiterhin werden im beschriebenen AP an verschiedenen Stellen externe, nicht im Datenmodell des AP vorliegende Informationen benötigt. Diese externen Informationen sind zum Beispiel Daten zur Verfügbarkeit einzelner Komponenten oder Kalibrationsdaten. Es ist abzuwägen, ob die externen Daten bei der anfänglichen Erstellung an das Datenmodell beziehungsweise die Datenmodelle anzuhängen sind, oder zur Laufzeit des AP sukzessive oder wiederholt eingelesen werden.

2.5.2 Ein separiertes Datenmodell

Unter einem *separierten* Datenmodell wird hier eine getrennte Behandlung der oben genannten Bereiche der NNA, der HW Struktur und der Abbildungsinformation verstanden. Die NNA lässt sich im einfachsten Fall als einfacher gerichteter Graph ohne Hierarchie darstellen. Die feste Struktur des Emulators hingegen lässt sich über generische Datenstrukturen darstellen. Die Abbildungsinformationen werden entsprechend separat verwaltet und das Festhalten des aktuellen Zustands des AP wird durch Serialisierung der Datenmodelle im Vergleich zu einem integrierten Datenmodell aufwendiger.

2.5.3 Integriertes Datenmodell

Ein integriertes Datenmodell
   In einem *integrierten* Datenmodell sind alle Informationen des AP in einer Datenstruktur enthalten. Das von Karsten Wendt im Rahmen seiner Diplomarbeit unter Betreuung des Autors der vorliegenden Arbeit entwickelte *Graph Model (GM)* ist in [153] und [159] beschrieben und wird hier als Beispiel für ein integriertes Modell im Überblick konzeptuell eingeführt.
   Das *Graph Model* (GM) ist in Abbildung 2.18 dargestellt. Knoten repräsentieren elementare Dateneinheiten. In diesem Fall sind das Zeichenketten, welche je nach Kontext interpretiert werden, um die größtmögliche Vereinfachung hinsichtlich der Knotenstruktur zu erreichen. Zur Modellierung einer hierarchischen Baumstruktur werden *hierarchische Kanten ohne Namen und Wert* für eine Eltern-Kind-Beziehung eingeführt. Für nicht-hierarchische Knotenbeziehungen werden *nicht-hierarchische Kanten mit Namen und ohne Wert* eingeführt, von denen verschieden benamte Kanten unterschiedliche nicht-hierarchische Beziehungen repräsentieren. Die Namen der benamten Kanten sind für ein Modell global zu definieren. Eine dritte Art von Kanten wird als *nicht-hierarchische Kanten mit Namen und mit Wert* eingeführt. Diese Kanten sind gerichtete Kanten zwischen zwei Knoten von und zu jedem Ort im Modell, welchen optional ein dritter Knoten zur Attributierung der Kante zugewiesen

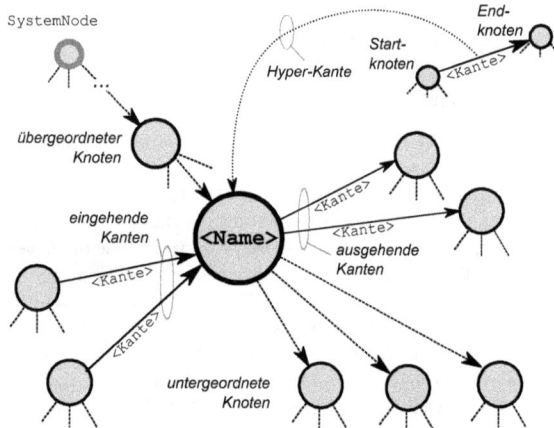

Abbildung 2.18: Darstellung der Elemente des *Graph Model (GM)*. Das GM verfügt über Knoten mit je einem Attribut vom Typ String, hier `<Name>`. Knoten können zu anderen Knoten hierarchisch in Beziehung stehen, hier gestrichelt dargestellt. Der `<Name>` - Knoten hat einen übergeordneten Knoten und kann mit mehreren untergeordneten Knoten verbunden sein. Den obersten Knoten in der hierarchischen Baumstruktur bildet der `SystemNode`. Nicht-hierarchische Verbindungen, voll dargestellte Verbindungspfeile, werden über benamte (mit Namen versehene) Kanten, hier `<Kante>` hergestellt. Jeder Knoten kann Endknoten von mehr als einer eingehenden Kante und Startknoten von mehr als einer ausgehenden Kante sein. Eine Spezialisierung der nicht-hierarchischen Kanten sind die Hyperkanten, welche als nicht-hierarchische Kanten mit einem Knoten als Wertattribut verbunden sind.

werden kann. Diese Kanten werden entsprechend der graphentheoretischen Konventionen[20] als *einfache Hyper-Kanten* bezeichnet.

Diese als *gerichteter, (einfacher) Hyper-Graph* bezeichnete Modellstruktur ermöglicht die Vorhaltung aller Informationen des AP in einer gemeinsamen Datenstruktur, also die Struktur der NNA und der Hardwarearchitektur, ebenso wie die Parameter und Ergebnisse des AP selbst.

2.5.4 Diskussion der alternativen Datenmodelle

Bei der Auswahl eines geeigneten Datenmodells und dessen Darstellung ist generell ein Kompromiss zwischen den Speicherkosten und den Zugriffskosten einzugehen. Dies zeigt sich am Beispiel eines einfachen Verbindungsgraphs einer NNA, welcher über *Verbindungslisten* (engl. *Adjacency Lists*) oder als *Verbindungsmatrix* (engl. *Adjacency Matrix*) dargestellt werden kann. Mit $O(|V|^2)$ für eine Verbindungsmatrix im Vergleich zu Verbindungslisten mit $O(|V| + |E|)$ [160], bei der sich also die Speicherkosten für einen nicht voll verbundenen Graphen vereinfachen, sind die Speicherkosten für wenig verbundene Graphen in der Matrixdarstellung vergleichsweise hoch. Die Entscheidung für eine der beiden Darstellungen

---

[20]Eine Definition grundlegender graphentheoretischer Begriffe befindet sich im Anhang III - *Grundlagen Graphentheorie*.

sollte daher prinzipiell anhand der Verbindungsdichte oder *Sparseness* zwischen den Knoten getroffen werden. Zu berücksichtigen sind dabei auch die Zugriffskosten für die Verbindungssuche welche in der Matrixdarstellung explizit repräsentiert sind. Somit ist kein weiterer Suchaufwand notwendig im Vergleich zu den Verbindungslisten bei denen für die Suche Verbindungskosten von $O(|V|)$ entstehen.

Ein integriertes Datenmodell ermöglicht das Halten sämtlicher Informationen für den und vom AP. Der Vorteil dieses Datenmodells ist eine vergleichsweise geringe Komplexität im Hinblick auf den AP. Ein verteiltes Datenmodell dagegen optimiert die Darstellung der für den AP notwendigen Daten entsprechend der Kostenanforderungen unter Berücksichtigung ihrer spezifischen Eigenschaften. Ein Vergleich der Kosten zwischen integriertem und verteiltem Datenmodell ist an dieser Stelle nur schätzungsweise möglich. In Bezug auf das GM kann jedoch im Vorfeld schon die Aussage getroffen werden, dass die einfache Knotenstruktur vergleichsweise hohe Kosten für die Verarbeitung der gespeicherten Daten verursacht.

Die Darstellung der FPNA Struktur über eine zur Programmkompilierung erstellte statische Datenstruktur senkt die Kosten für die Programmlaufzeit. Die Kostenreduzierung wird durch den Wegfall einer dynamischen Allokation und einen beschleunigten Zugriff auf die Elemente der statischen Struktur erreicht. Mit der Reduktion der zeitlichen Kosten gehen eine höhere Modellkomplexität, eine geringere Flexibilität der Struktur und gegebenenfalls ein höherer Speicherbedarf einher.

Die NNA hingegen lässt sich als einfacher Graph darstellen. Für die Repräsentation von einfachen Graphen ist eine Vielzahl an Programmierbibliotheken verfügbar, wie beispielsweise *LEDA* [161], das *Generative Graph Template Toolkit* [162] oder die *Boost Graph Library* (BGL) [160]. Die BGL als der populärste Vertreter dieser Bibliotheken ist eine C++ Bibliothek, welche generische Templates für Graphenstrukturen und Graphenalgorithmen zur Verfügung stellt [160]. Mit der Parallel-BGL [163] ist zudem eine verteilte Implementierung auf Grundlage der BGL Schnittstellen verfügbar. Weitere Vorteile bietet eventuell die textbasierte Schnittstelle der BGL für *METIS* partitionierte Graphen und es können Graphen zur externen Visualisierung im Graphviz [164] Format ausgegeben werden. Ob die Darstellung der NNA beispielsweise unter Verwendung der BGL zur Substitution der Darstellung im integrierten Modell hinsichtlich der Speicherzugriffskosten einen Vorteil bringt, wäre an anderer Stelle zu untersuchen. Es lässt sich jedoch sagen, dass sich mit der BGL die Option der Verteilung dieser Datenstruktur über die parallele Implementierung der BGL eröffnet, was im Fall einer Speicherplatzlimitierung von Vorteil sein kann. Jedoch ist hier zu beachten, dass sich bei einer ungeeigneten Parallelisierung eines Algorithmus und einer ungünstigen Verteilung der Daten die Gesamtkosten sogar erhöhen. Es ist somit bei der Entwicklung der Algorithmen zu analysieren, inwiefern sich einzelne Algorithmen zur Parallelisierung eignen beziehungsweise sich die benötigten Daten verteilen lassen.

Um die Komplexität einer Beispielimpelementierung des AP zu begrenzen wird für die konzeptionelle Erarbeitung eines AP ein integriertes Datenmodell verwendet. Dem liegt die Vermutung zugrunde, dass ein geschlossenes Modell die Beispielimplementierung eines AP derart vereinfacht, dass die höheren Kosten für Speicherbedarf und Programmlaufzeit gerechtfertigt sind.

2.6 Methoden zur statistischen Analyse der Modelle und der Abbildung

Zur algorithmischen Bearbeitung der Abbildung sind für Neuronale Netzwerkarchitekturen, für entsprechende Zielhardwaresysteme sowie für den Abbildungsprozess weitestgehend allgemeingültige Kennzahlen und Statistiken zu identifizieren, beziehungsweise zu definieren, um damit beispielsweise die Qualität der Abbildung zu bewerten und den Abbildungsvorgang entsprechend zu steuern. Nachfolgend werden nun die abzubildenden Neuronalen Netzwerkarchitekturen, die Emulatorstruktur sowie der Abbildungsprozess dahingehend untersucht. Die Betrachtungen erfolgen ohne Diskussion der Anwendungsmöglichkeiten und grundsätzlich für neuronale Strukturen aus Neuronen und Synapsen. Wo sinnvoll aber auch für Populationen und Projektionen. Wenn möglich, wird ein Bezug zur späteren Anwendung hergestellt.

2.6.1 Kennzahlen Neuronaler Netzwerkarchitekturen

Abbildung 2.19 zeigt drei Beispiele von Verbindungsmatrizen für die interne synaptische, und expandierte[21] Verbindungsstruktur von NNAen in der Größenordnung von 10^3 Neuronen wie in [153] vorgestellt.

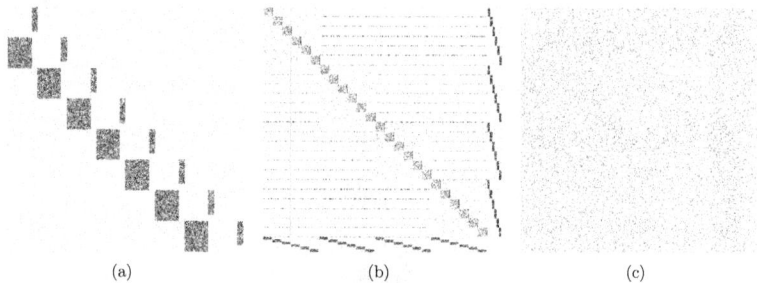

(a)   (b)   (c)

Abbildung 2.19: Verbindungsmatritzen der internen Verbindungsstruktur von Neuronen und Synapsen (a) der Synfire Chain, (b) der Layer II/III und (c) einer AI States NAA, Erläuterung im Text.

Drei Beispielmatritzen sollen die Notwendigkeit von Kennzahlen für die algorithmische Behandlung illustrieren. Die gezeigten Matrizen sind soweit wie möglich diagonalisiert, die genaue Anordnung der Neuronen auf den Achsen ist nicht von Belang. Die Anzahl der durchschnittlichen Verbindungen sind für die drei Beispiele in etwa gleich [153]. Dem Betrachter fallen sofort dunklere Bereiche in den Abbildungen (a) und (b) ins Auge welche in Abbildung (c) nicht auszumachen sind und sich als Regionen mit einem hohen Maß an lokaler Vernetzung identifizieren lassen. Lässt sich die Lokalität der Verbindungsstruktur von NNAen anhand von Kennzahlen algorithmisch bewerten, ist es möglich, unter Einsatz höherer Prozesskosten für den AP, lokal stark vernetzte Neuronengruppen zur Minimierung der Verbindungskosten lokal konzentriert auf dem Emulator zu platzieren.

---

[21]Neuronen und Synapsen ohne Informationen zu Populationen und Projektionen

Die Verbindungsstruktur

Erste Maßzahlen für die Verbindungsstruktur einer NNA sind die *Einfächerung* F_{InBM} *(engl: fan-in)* als die Anzahl einlaufender, postsynaptischer Verbindungen gegenüber der *Ausfächerung* F_{OutBM} *(engl.: fan-out)* als der Anzahl ausgehender, präsynaptischer Verbindungen. F_{InBM} sowie F_{OutBM} der Neuronen lassen sich hinsichtlich ihrer Verteilung auswerten und als Histogramm darstellen:

- für synaptische Verbindungen allgemein,
- mit Unterscheidung von internen und externen Verbindungen,
- mit Unterscheidung des Erregungstyps,
- mit Unterscheidung nach Populationen,
- getrennt nach innerhalb und außerhalb von Populationen.

Diese Informationen können zudem algorithmisch ausgewertet werden, um schon vor der eigentlichen Abbildung, also *a-priori*, eine Abschätzung der Verluste vorzunehmen. Dies geschieht indem die Anzahl der notwendigen FPNAs ermittelt und anschließend mit der vorhandenen Anzahl verglichen wird oder indem die F_{InBM} hinsichtlich eventuell entstehender Verluste durch ein Überschreiten der darstellbaren Größe ausgewertet werden.

Die Strukturgröße

Zur Bestimmung der Vollständigkeit einer Abbildung und zur Abschätzung der Abbildbarkeit stehen als Maßzahlen für die Strukturgröße einer NNA die Anzahl der Neuronen im biologischen Netzwerk N_{NrnBM} sowie die Anzahl der Synapsen zwischen den Neuronen N_{SynBM}, beziehungsweise die Anzahl der Populationen N_{PopBM} und die Anzahl der Projektionen N_{ProBM}, zur Verfügung.

Das Verhältnis der Erregungstypen

Nach Gleichung 2.6 ergibt sich das Erregungstypenverhältnis $r_{SynType}$ der biologischen Neuronen aus den exzitatorischen biologischen Neuronen $N_{SynBM_{exc}}$ und den inhibitorischen biologischen Neuronen $N_{SynBM_{inh}}$.

$$r_{SynType} = N_{SynBM_{exc}}/N_{SynBM_{inh}} \qquad (2.6)$$

Die räumlichen und zeitlichen Informationen

Für eine NNA können sowohl räumliche als auch zeitliche Informationen vorhanden sein. Unter der Voraussetzung gleicher elektrischer Eigenschaften aller synaptischen Verbindungen lässt sich aus der Pulsübertragungsverzögerung eine räumliche Entfernung ableiten und vice versa.

Die neuronale Aktivität

Kennzahlen für die Aktivität einer NNA sind a-priori nicht vorhanden. Aussagen zur Aktivität sind nur nach einer Systemsimulation [158] möglich und werden daher hier nicht weiter untersucht. Es wäre jedoch möglich durch das Einbeziehen der zu erwartenden *Aktivität* eine Lastverteilung für die auf die AER Kanäle abzubildenden synaptischen Verbindungen vorzunehmen.

Die Eigenschaften der Modellparameter

Für Hardwarearchitekturen mit geteilten Parameterspeichern kann eine Untersuchung der *Parameterstreuung* sinnvoll sein, um über den Einsatz eines Platzierungsalgorithmus zur Minimierung einer durch Wertanpassung verursachten Parameterverzerrung während der Parametertransformation zu entscheiden.

Die Robustheit einer Neuronalen Netzwerkarchitektur

Unter der Voraussetzung, dass abzubildende NNAen inhärent fehlertolerant und somit *robust* in der Weise sind, dass ein Verlust einzelner Elemente oder die Verzerrung von Modellparametern einer NNA bis zu einem festzulegenden Maß als maximalem Grenzwert ($\hat{\ }$) nicht zum Verlust der Gesamtfunktionalität führt, besteht damit auch eine Flexibilität hinsichtlich akzeptabler Verluste und Verzerrungen. Eine Aufstellung der möglichen Verluste und Verzerrungen ist in Tabelle 2.2 zu sehen. Die bei der Abbildung entstehenden Verluste und Verzerrungen beeinflussen die noch zu beschreibende Abbildungsqualität. Dem Anwender ist die Möglichkeit bereitzustellen, die Grenzwerte vorzugeben.

Tabelle 2.2: Aufstellung der möglichen Verluste und Verzerrungen der Struktur einer NNA.

Symbol	Beschreibung	Typ
l_{SynBM}	Relativer Synapsenverlust	statisch
l_{NrnBM}	Relativer Neuronenverlust	statisch
d_T	Relative Parameterverzerrung	statisch
d_{t_d}	Relative Pulsverzögerungsverzerrung	dynamisch
$l_{t_{AP}}$	Relativer Pulsverlust	dynamisch

Im Hinblick auf die Veränderung der statischen Struktur einer NNA sind Grenzwerte für den relativen Synapsenverlust l_{SynBM}, den relativen Neuronenverlust l_{NrnBM} sowie die relative Parameterverzerrung d_T als Abbildungsrandbedingungen gegebenenfalls zu berücksichtigen.

Dynamisch verursachen begrenzte Bandbreiten der Hardwareelemente zur Pulskommunikation während einer Emulation möglicherweise eine Pulsverzögerungsverzerrung oder sogar Pulsverluste. Um auch hier Grenzwerte festzulegen wird die relative Pulsverzögerungsverzerrung d_{t_d} eingeführt, welche angibt wie viele der insgesamt bis zum jeweiligen Zeitpunkt versendeten Pulse verspätet die Empfängerneuronen erreichen, sowie den relativen Pulsverlust $l_{t_{AP}}$, welcher die bis zum jeweiligen Zeitpunkt verworfenen Pulse angibt.

2.6.2 Kennzahlen eines neuromorphischen Emulators

Das Hardwarenetzwerk stellt die Ressourcen für die Abbildung zur Verfügung. Kennzahlen sind hier beispielsweise die Anzahl der neuromorphischen Elemente und der Elemente des sie verbindenden Kommunikationsnetzwerks, sowie Art und Anzahl der Parameter eines Elements. Neuromorphische Elemente eines Hardwaresystems sind die Implementierungen eines Neuronenmodells oder synaptischer Modelle. Die Anzahl der verfügbaren neuromorphischen Neuronen N_{NrnHM} sowie die Anzahl der synaptischen Verbindungen N_{SynHM} und die mögliche Einfächerung F_{InHW} sowie die mögliche Ausfächerung F_{OutHW} besitzen als Kennzahlen für neuromorphische Hardwaresysteme allgemein Gültigkeit. Parameter des

Hardwarenetzwerkes werden durch Art, Anzahl, Exklusivität und ihre Genauigkeit bestimmt und sind ursächlich für Parameterverzerrungen, welche bei Abbildung einer NNA entstehen. Das Kommunikationsnetzwerk wird durch Anzahl, Bandbreite und Konnektivität seiner Elemente charakterisiert.

2.6.3 Kennzahlen eines Abbildungsprozesses

Für die Verluste von Elementen und der Verzerrung der Parameter einer NNA während des AP und der Hardwareauslastung des verfügbaren Systems werden Kennzahlen definiert, um daraus einen Wert für die Bewertung der Abbildungsqualität zu erlangen.

Die strukturellen Verluste

Durch eine begrenzte Anzahl an neuromorphischen Elementen und den Kommunikationselementen zwischen diesen können Verluste während den Abbildungsschritten der Platzierung und der Verbindung entstehen. Der Neuronenverlust l_{NrnBM} und der Synapsenverlust l_{SynBM} einer NNA wird nach Gleichung 2.7 als Summe aus den Einzelverlusten l_{NrnBM_m}, l_{SynBM_m} im Abbildungsschritt m aus M Abbildungschritten ermittelt.

$$l_{NrnBM}, l_{SynBM} = \sum_{m=1}^{M} l_{NrnBM_m}, l_{SynBM_m} \tag{2.7}$$

Der Verlust durch einen Prozessschritt m wird relativ zu den im Schritt $m - 1$ noch vorhandenen Elementen angegeben. Unter der Voraussetzung einer Gleichwertigkeit eines Verlustes von Neuronen und von Synapsen ergibt sich Gleichung 2.8 zur Ermittlung eines relativen Gesamtverlustes l_{PR} nach der Abbildung mit der Anzahl der abgebildeten Neuronen $N_{NrnBM_{PR}}$ und der Anzahl der abgebildeten Synapsen $N_{SynBM_{PR}}$.

$$l_{PR} = \frac{1}{2} \left\{ (1 - \frac{N_{NrnBM_{PR}}}{N_{NrnBM}}) + (1 - \frac{N_{SynBM_{PR}}}{N_{SynBM}}) \right\} \tag{2.8}$$

Die Parameterverzerrung

Durch die in Abschnitt 2.2.1 beschriebene Diskretisierung der Modellparameter sowie die Vereinigung von individuellen Parametern zu Parametergruppen kann während der Parametertransformation eine Verzerrung der Parameter enstehen.

$$d_T = \frac{1}{K} \sum_{k=1}^{K} \frac{1}{N} \sum_{n=1}^{N} \left| \frac{P_{n_{HM}}^k - P_{n_{BM}}^k}{P_{n_{BM}}^k} \right| \tag{2.9}$$

Die Parameterverzerrung d_T ergibt sich beispielsweise für ein System mit K zu transformierenden Elementen mit jeweils N Parametern nach Formel 2.9, als der Mittelwert aus den relativen betragsmäßigen Abweichungen der einzelnen diskretisierten Parameterwerte P_n^k. Für ein konkretes System sind gegebenenfalls verschiedene Element- und Parametertypen zu berücksichtigen.

Die Auslastung der Hardwareressourcen

Die Bewertung der Auslastung des Emulators als relative *Hardwareeffizienz* e_{HW} lässt sich entsprechend Formel 2.10 nach [139] formalisieren. Für den statischen Fall wird e_{HW} als der arithmetische Mittelwert aus dem verwendeten Anteil g_h an verfügbaren Hardwareelementen G_h eines Typs h aus H verschiedenen Typen definiert. Verschiedene Hardwareelemente sind beispielsweise neuromorphische Neuronenelemente oder synaptische Schaltkreise.

$$e_{HW} = \frac{1}{H} \sum_{h=1}^{H} \frac{g_h}{G_h} \qquad (2.10)$$

Die Möglichkeit der Bewertung der Abbildungsqualität hinsichtlich dynamischer Hardwareeffizienz mit Ergebnissen aus einer Systemsimulation [158] wird hier nicht berücksichtigt. A-priori Aussagen zur dynamischen Beanspruchung sind somit, wie oben im Zusammenhang mit den Kennzahlen zur Aktivität einer NNA schon erwähnt, nur bedingt möglich.

Die Abbildungsqualität

Die Qualität der Abbildung für den statischen Fall wird aus den Verlusten an der statischen Struktur einer abgebildeten NNA (l_{PR}), der statischen Parameterverzerrung (d_T) und der statischen Auslastung des Hardwaresystems (e_{HW}) kombiniert.

Die *Qualität der Platzierung und Verbindung* q_{PR} ergibt sich aus den relativen Verlusten nach diesen Abbildungsschritten l_{PR} entsprechend Gleichung 2.11.

$$p_{PR} = (1 - l_{PR}) \qquad (2.11)$$

Die *Qualität der Parametertransformation* q_T lässt sich analog dazu nach Gleichung 2.12 über die Parameterverzerrung d_T ausdrücken.

$$q_T = (1 - d_T) \qquad (2.12)$$

Daraus ergibt sich entsprechend Gleichung 2.13 die *Abbildungsqualität* q_{Map} als gewichtete Summe aus diesen drei Größen.

$$q_{Map} = G_{HW}e_{HW} + G_{PR}q_{PR} + G_T q_T \qquad (2.13)$$

2.7 Vorverarbeitung des Abbildungsprozesses

Die Vorverarbeitung umfasst alle Prozessschritte, welche vor dem Beginn der Abbildung durchzuführen sind. Das sind zum Einen das Erstellen des Datenmodells für die NNA und das neuromorphische Hardwaresystem und zum Anderen das Überprüfen der prinzipiellen Abbildbarkeit der gegebenen NNA, die Allokation der als für die Abbildung erforderlich abgeschätzten Hardwareressourcen sowie die Konfiguration der Algorithmensequenz. Im Aktivitätsdiagramm in Abbildung 2.20 sind die einzelnen Schritte einer Vorverarbeitungssequenz dargestellt. Einstiegspunkt in die Vorverarbeitung ist der Aufruf der PyNN `setup()` Funktion im Skript, welches das Experiment beschreibt, siehe Abschnitt 2.4. In einem ersten Schritt erfolgt die *Initialisierung des Datenmodells* woran sich die Erstellung des NNA-Modells anschließt. Das NNA-Modell wird sukzessive durch sequentielle Aufrufe der entsprechenden PyNN Funktionen zur strukturellen Beschreibung einer NNA erzeugt. Nach dem Überführen der NNA Struktur in die interne Darstellung des AP werden dieser Darstellung dann entsprechende *Abbildungsrandinformationen hinzugefügt*, dies sind beispielsweise Grenzwerte für strukturelle Verluste oder Parameterverzerrungen, siehe Abschnitt 2.6.

Setup des Emulators

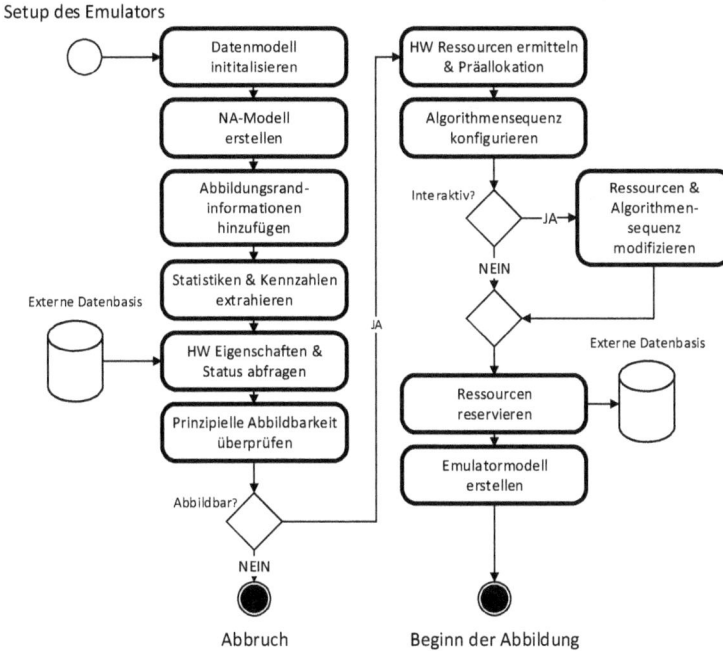

Abbildung 2.20: Das Aktivitätsdiagramm der Vorverarbeitung bis zum Beginn der Abbildung, Erläuterung im Text.

Der Übergang zum darauffolgenden Schritt wird durch den Aufruf der PyNN run() Funktion initiiert. Dem Hinzufügen der Abbildungsrandinformation auf Seiten des NNA-Modells folgt, für die spätere *a-priori* Überprüfung der prinzipiellen Abbildbarkeit, die *Extraktion der Statistiken und Kennzahlen*, welche ebenfalls in Abschnitt 2.6 beschrieben sind.

Eine Abfrage von *HW Eigenschaften & Status* ermittelt dann aus einer externen Datenbasis den Aufbau und den aktuellen Zustand des Emulatorsystems. Mit diesen Informationen und den vorangehend extrahierten Statistiken und Kennzahlen wird dann eine *Überprüfung der Abbildbarkeit* vorgenommen.

Hat diese Überprüfung zum Ergebnis, dass die gegebene NNA Struktur sich prinzipiell nicht auf den verfügbaren Emulator abbilden lässt, wird der AP an dieser Stelle abgebrochen. Ist die NNA hingegen grundsätzlich abbildbar werden die notwendigen *HW Ressourcen ermittelt & präalloziert* und die ausgewählte *Algorithmensequenz konfiguriert*. Ist der AP interaktiv kann durch den Anwender eine *Modifikation der Ressourcen & Algorithmensequenz* vorgenommen werden. Abschließend werden vor dem Beginn der Abbildung und damit dem Ende der Vorverarbeitung die ausgewählten *Ressourcen in der externen Datenbasis reserviert* und das *Emulatormodell erstellt*.

2.8 Abbildung

Nun sollen die Abbildungsschritte der Platzierung, der Verbindung und der Parametertransformation allgemein beschrieben werden. Die Parametertransformation wird an dieser Stelle näher erläutert, da diese im Gegensatz zu den Algorithmen der Platzierung und Verbindung keine alternative Implementierung kennt.

2.8.1 Die Platzierung der Elemente der Neuronalen Netzwerkarchitektur

Im Prozessschritt der Platzierung sind die Neuronen oder Populationen den entsprechenden neuromorphischen Komponenten des Emulators zuzuordnen. Dies kann zum Einen durch Platzierung von einzelnen Neuronen auf die Neuronenschaltkreise eines FPNA erfolgen, zum Anderen geschieht dies durch eine Partitionierung der Populationen mit Zuweisung der Partitionen auf Komponenten eines FPNA deren Granularität über der der Neuronenschaltkreise liegt.

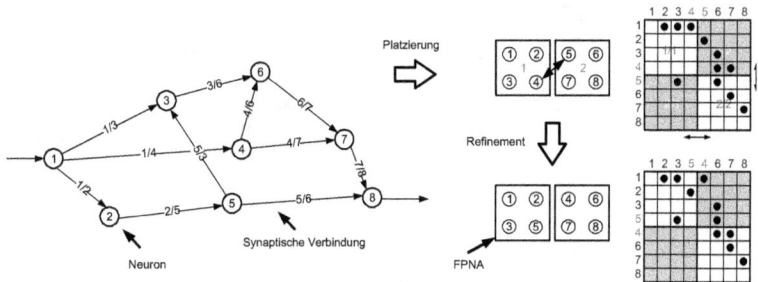

Abbildung 2.21: Trivialbeispiel für den Prozessschritt der Platzierung. Links im Bild ist eine NNA mit acht Neuronen dargestellt. In der Mitte sind zwei Neuronenzuordnungen zu Neuronencontainern eines abstrakten FPNA abgebildet. Auf der rechten Seite befinden sich die den Neuronenzuordnungen entsprechenden Verbindungsmatritzen. Punkte in den Verbindungsmatritzen repräsentieren eine Verbindung zwischen zwei Neuronen. Die Verbindungsmatritzen zeigen in den weißen Feldern die Verbindungen innerhalb eines FPNA und grau zwischen diesen.

Ein Trivialbeispiel in Abbildung 2.21 illustriert den Platzierungsschritt. Im Allgemeinen ist es Aufgabe der Platzierung die Elemente so zu platzieren, dass der Verbindungsaufwand minimiert wird. Die Verbindungsmatrix links resultiert aus der trivialen Zuordnung von Neuronen zu den Hardwarekomponenten, zeilenweise nach dem *first-come, first-serve* Prinzip. Wie zu erkennen, lässt sich in einem zweiten Schritt als *Refinement* (engl. Verbesserung) durch eine Vertauschung von zwei Neuronenzuordnungen die Verbindungsanzahl zwischen den FPNAs verringern.

Alternativ zur Minimimierung des Verbindungsaufwands können unter Anderem die Gruppierung nach gleichem Erregungstyp der synaptischen Verbindungen, nach ähnlichen Parameterwerten oder die Platzierung entsprechend dem Bandbreitenbedarf Platzierungsziele sein.

Die Anzahl der möglichen Lösungen des Platzierungsproblems erreicht schnell die Grenze des sinnvoll Machbaren, wie in [165] in erster Näherung am Beispiel der möglichen Kombinationen zur Platzierung der Anzahl biologischer Neuronen N_B auf der Anzahl ihrer Hardwareentsprechnungen N_H entsprechend $N_B!/(N_B - N_H)!$ gezeigt. Da die Komplexität des Problems es somit nicht möglich macht, die Ideallösung mit vertretbarem Aufwand zu bestimmen, werden hierfür entsprechende Heuristiken entwickelt.

2.8.2 Die Verbindung der platzierten Elemente

Im Abbildungschritt der Verbindung ist die durch die synaptischen Verbindungen der Projektion beschriebene Verbindungsstruktur einer NNA durch den AP auf die AER Kommunikationsnetzwerke und die neuromorphischen synaptischen Komponenten des Emulators abzubilden. Der Aufbau des AER Verbindungsnetzwerks ist emulatorspezifisch und somit auch die Verbindungsalgorithmen, welche im nachfolgenden Kapitel zur Beispielimplementierung beschrieben werden. Am Beispiel des in Abschnitt 2.2 beschriebenen Emulatorsystems wird

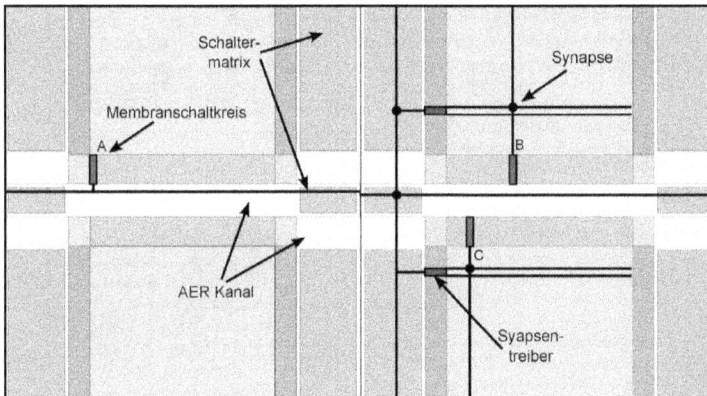

Abbildung 2.22: Illustration der Verbindung des asynchronen AER Netzwerks. Dargestellt sind die Membranschaltkreise, die AER Verbindungskanäle, die Schaltermatrizen, die Synapsentreiber und die Synapsen von zwei abstrahierten FPNAs mit drei zu verbindenden neuromorphischen Neuronenelementen.

mit Abbildung 2.22 die Aufgabe des Verbindungsschritts illustriert. Dargestellt ist die Schaltung synaptischer Verbindungen für platzierte Neuronenelemente über das asynchrone AER Netzwerk innerhalb und zwischen den FPNAs. Die Aufgabe der Verbindungsalgorithmen besteht in der Bestimmung von zu schaltenden Pfaden für einzelne Pulsverbindungen. Von einem Senderneuron, hier A, sollen Pulsverbindungen zu den Empfangsneuronen, hier B und C, geschaltet werden. Zu erkennen ist, dass Verbindungen grundsätzlich über horizontale und vertikale Pulskanäle im AER Neztwerk verteilt werden. Diese Kanäle sind über dünn besetzte Schaltermatritzen in den Kreuzungspunkten aufeinander aufschaltbar, siehe auch [139] und [142]. Eine Pulsverbindung wird über einen Synapsentreiber an das Synapsenfeld herangeführt und von dort mit einem Zielneuron verbunden.

2.8.3 Die Transformation der Parameter des biologischen Modells in den Parameterraum der Hardware

Im Schritt der Parametertransformation werden die Parameter des biologischen Modells nach dem in Millner et al. [108] beschriebenen Verfahren in den Parameterraum der Hardware überführt und, je nach Verfügbarkeit von Kalibrationsdaten entweder ideal oder unter Anwendung dieser Daten an ein spezifisches Emulatorelement angepasst, in den Hardwarekonfigurationsraum transformiert.

In diesem Abschnitt wird das mehrstufige Verfahren der Parametertransformation beschrieben und die Überführung der Parameter des BM in die Parameter des HM in der Anwendung für einen Funktionsblock exemplarisch durchgeführt.

Der prinzipielle Ablauf der Parametertransformation

Abbildung 2.23 zeigt das Aktivitätsdiagramm der Parametertransformation. Beginnend mit den Parametern des biologischen Modells sind diese zuerst in den Dynamikbereich der HW zu überführen, das heißt zu *skalieren* und zu *verschieben*. Anschließend erfolgt die Transformation der Parameter des BM in den Konfigurationsraum des Emulators, je nach Verfügbarkeit von Kalibrationsdaten aus einer externen Datenbasis entweder *ideal* oder *angepasst* an spezifische Emulatorkomponenten. Zur Transformation werden die Parameter des BM in im-

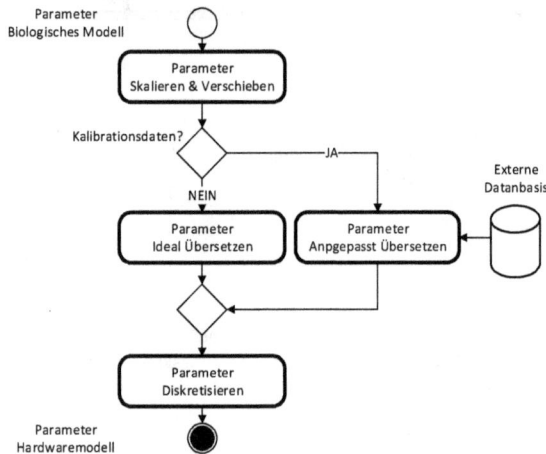

Abbildung 2.23: Aktivitätsdiagramm der Parametertransformation von den Parametern des Biologischen Modells über die Parameter des Hardwaremodells in den Konfigurationsparameterraum des Emulatorsystems gegebenenfalls unter Einbeziehung von externen Kalibrationsdaten.

plementierungsspezifische Konfigurationswerte für Ströme und Spannungen übersetzt welche dann auf den Analogspeicherzellen des FPNA bereitgestellt, die Konfiguration des Neuronenschaltkreises darstellen, wobei ein Modellparameter unter Umständen durch mehr als einen Konfigurationswert repräsentiert wird. Zur Übersetzung finden über Polynomparameter definierte Transformationskurven Anwendung. Die Parameter der Transformationskurven werden für die *ideale* Übersetzung über Simulationen der Schaltungsimplementierung auf Transistorebene ermittelt [156]. Durch die in Abschnitt 2.3 beschriebene Kalibration werden bei Inbetriebnahme des Emulatorsystems den Abweichungsverläufen der Analogspeicherzellen *angepasste* Transformationspolynomparameter ermittelt. Sind diese angepassten Parameter in einer externen Datebasis verfügbar, werden diese bei der Parametertransformation berücksichtigt. Abschließend werden die Parameter für die Konfiguration der Parameterspeicher diskretisiert.

Die Parametertransformation am Beispiel des Neuronenmodells

Das prinzipielle Vorgehen zur Parametertransformation wird am Beispiel der Überführung der Parameter des AdEx Modells, welche über die PyNN Schnittstelle vorgegeben werden, in die Parameter des Membranschaltkreises erläutert.

Die Parameter des biologischen Modells (Biomodell) – Den Ausgangspunkt der Parametertransformation bilden die in Tabelle 2.3 aufgeführten Parameter des BM, welche über die PyNN Schnittstelle vorgegeben werden. Die Tabelle zeigt die Parameter des PyNN Neuronenmodells PyNN.EIF_cond_exp_isfa_ista. Für jeden der Parameter ist das entsprechende Symbol sowie der initiale Wert nach [124] angegeben.

Tabelle 2.3: Parameter des PyNN Neuronenmodells PyNN.EIF_cond_exp_isfa_ista, ohne die synaptischen Eingänge, mit entsprechenden Symbolen sowie den in PyNN vordefinierten initialen Werten.

Param	Symbol	Bezeichnung	Init	Einheit
cm	C'_M	Membrankapazität	0,281	nF
tau_m	τ_M	Membranzeitkonstante	9,3667	ms
tau_refrac	$\tau_{Refractory}$	Refraktärzeitkonstante	0,1	ms
delta_T	m	Anstiegsfaktor Aktionspotential	2,0	mV
v_init	U_{Init}	Initiales Membranpotential	-70,6	mV
v_reset	U_{Reset}	Membranrücksetzspannung	-70,6	mV
v_rest	U_L	Membranumkehrpotential	-70,6	mV
v_spike	U_{Exp}	Pulsdetektionsspannung	-40,0	mV
v_thresh	U_T	Schwellwertspannung	-50,4	mV
i_offset	I_o	Offsetstrom	0,0	mA
w_init	w_{Init}	Initialer Adaptionsfator	0,0	mA
tau_w	τ_w	STA Adaptionszeitkonstante	144,0	ms
a	a	STA Adaptionsparameter	4,0	nS
b	b	SFA Adaptionsparameter	0.0805	mA

Zu dem in Abschnitt 1.3.2 beschriebenen AdEx Modell stehen die Parameter wie folgt in Beziehung. Die Refraktärperiode $T_{Refractory}$ entspricht der Refraktärzeitkonstante $\tau_{Refractory}$.

$$\tau_M = C'_M/g_L \qquad (2.14)$$

Der Leckstromleitwert g_L des AdEx steht, entsprechend Gleichung 2.14, über die Membrankapazität C'_M in Beziehung mit der Membranzeitkonstante τ_M und kann so bestimmt werden.

Die Parameter des Hardwaremodells – Den Neuronenparametern des BM stehen die Parameter des HM gegenüber, welche nach [108] in Tabelle 2.4 für die Hardwareimplementierung aufgeführt sind.

Tabelle 2.4: Parameter der Hardwareimpelementierung des AdEx Modells, nach [108]. In der linken Spalte befinden sich die Symbole der Parameter in [108], gefolgt von den Symbolen entsprechend der Konvention im vorliegenden Dokument und der Bezeichnung. Für jeden Parameter ist zudem angegeben ober er individuell (I. , ●) oder gruppenweise (G. , ○) gilt, ob er fest (F. , ●) oder variabel (V. , ○) ist, welchen Wertebereich und welche Einheit er hat.

Param	Symbol	Bezeichnung	I./G.	F./V.	Bereich	Einheit
C_{mem}	C'_M	Membrankapazität	○	○	0,40/2,0	pF
g_l	g_L	Leitwert des Leckstroms	●	○	0,034 – 4,0	µS
V_{Reset}	U_{Reset}	Membranrücksetzspannung	○	○	0,0 – 1,8	V
T_{Reset}	$T_{Refactory}$	Membranrücksetzdauer	○	○	25,0 – 500,0	ns
Θ	U_{Thresh}	Schwellwertspannung	●	○	0,0 – 1,8	V
Δt	m	Anstiegsfaktor Aktionspotential	●	○	...10,0 ...	mV
V_{Exp}	U_{Exp}	Pulsdetektionsspannung	●	○	0,0 – 1,8	V
g_{Adapt}	g_w	Leitwert Adaption	●	○	0,0050 – 2,0	µS
C_{Adapt}	C_w	Kapazität Adaption	○	●	2	pF
a	a	Parameter STA	●	○	0,0340 – 4,0	µS
I_b	I_b	Strom SFA	●	○	0,20 – 5,0	µA
t_{Pulse}	T_{Pulse}	Pulsdauer	○	●	18,0	ns

Die Gleichungen des AdEx Modells werden für die Hardwareimplementierung nach [108] umgeformt. Die Gleichung für den Adaptionsstrom w ergibt sich nach Substitution von w durch $a(u_w - U_L)$ entsprechend Gleichung 2.15 und mit $\tau_w = C'_w/g_w$ zu Gleichung 2.16.

$$-\tau_w \dot{u}_w = u_w - u_M \qquad (2.15)$$

$$-C'_w \dot{u}_w = g_w(u_w - u_M) \qquad (2.16)$$

Zum Pulszeitpunkt erhöht der SFA Mechanismus die Spannung u_w über C'_w um einem $I_b *$ T_{Pulse} entsprechenden Betrag. Der Beitrag der SFA ergibt sich somit nach [108] folgend Gleichung 2.17 aus dem Verhältnis der Adapionsparameter a und b.

$$C'_w I_b T_{Pulse} = b/a \qquad (2.17)$$

Skalierung und Verschiebung – Die Spannungen U_{BM_x} des über die PyNN Schnittstelle parametrisierten BM werden zur Anpassung an den Dynamikbereich der Hardware entsprechend Gleichung 2.18 mit einem Skalierungsfaktor K_{Scale} multipliziert und um einen Verschiebungsfaktor K_{Shift} verschoben, der Spannungsskalierungsfaktor m_{BM} hingegen ist lediglich zu skalieren $m_{HM} = K_{Scale} m_{BM}$

$$U_{HM_x} = K_{Scale} \times U_{BM_x} + K_{Shift} \qquad (2.18)$$

$$K_{Scale} = \Delta V_H / \Delta V_B \qquad (2.19)$$

$$K_{Shift} = V_{H_{min}} - V_{B_{min}} \qquad (2.20)$$

Der Spannungsskalierungsfaktor K_{Scale} ergibt sich entsprechend Gleichung 2.19 aus dem Verhältnis des Spannungsbereiches der Hardware ΔV_H und dem Spannungsbereich ΔV_B des biologischen Modells und der Spannungsverschiebungsfaktor K_{Shift} entsprechend Gleichung 2.20 aus Differenz der Untergrenzen des Dynamikbereiches der Hardware $V_{H_{min}}$ und des biologischen Modells $V_{B_{min}}$. Die *Zeitkonstanten* τ_{BM_x} des biologischen Modells werden mit dem Beschleunigungsfaktor K_{Accel} entsprechend Gleichung 2.21 in den Dynamikbereich der Hardware skaliert.

$$\tau_{HM_x} = \tau_{BM_x}/K_{Accel} \tag{2.21}$$

$$\tag{2.22}$$

Durch die feste Kapazität C_{HM_M} ist dann nach Formel 2.14 für den entsprechenden K_{Accel} der g_L über τ_M ermittelbar. Die Adaptionsparameter a und b sind dann letztendlich entsprechend Gleichungen 2.23 und 2.24 mit den vorher ermittelten Größen anzupassen.

$$a_{HM} = a_{BM}g_{BM_L}/g_{HM_L} \tag{2.23}$$

$$b_{HM} = a_{BM} \times K_{Scale}g_{BM_L}/g_{HM_L} \tag{2.24}$$

2.9 Nachverarbeitung des Abbildungsprozesses

Die Nachverarbeitung umfasst alle Prozessschritte zur Aufarbeitung der während der Abbildung erzeugten Daten. Um dem Nutzer die Möglichkeit zu geben, die Ergebnisse der Abbildung nachträglich auszuwerten, sind entsprechende Statistiken zu extrahieren.

Im vorliegenden Konzept ist das Erstellen der verlustbehafteten Netzliste gegebenenfalls sinnvoll, um durch anschließende Simulation den Einfluss von Verlusten, welche nach der Abbildung feststehen zu bewerten. Es bleibt zu erwähnen, dass die je nach Implementierung ebenfalls notwendige Extraktion der Konfigurationsdaten, wie schon in der Einführung in Abschnitt 2.3 erwähnt, nicht mehr Teil des AP ist.

2.10 Algorithmensequenz des Abbildungsprozesses und dessen Prozesssteuerung

Für den AP wird eine Folge von Unterschritten und deren Abfolge für die drei vorangehend genannten Hauptschritte der Platzierung, der Verbindung und der Parametertransformation entwickelt. Im folgenden Abschnitt soll diese Algorithmensequenz zuerst auf ihre generellen Eigenschaften hin untersucht werden. Anschließend wird der Daten- und Kontrollfluss definiert sowie eine gemeinsame Schnittstelle beschrieben.

2.10.1 Die generellen Eigenschaften der Algorithmensequenz

Ist das Zielsystem des AP *hierarchisch* aufgebaut, spiegelt sich dies in der Struktur der Algorithmensequenz wieder. Für das in Abschnitt 2.2 beschriebene Emulatorsystem lassen sich so beispielsweise die drei Hierarchieebenen **System**, als Ebene mehrerer Waferelemente, **Wafer**, als Gesamtheit der Elemente eine Wafers, sowie **HICANN**, als Ebene innerhalb eines FPNA, unterscheiden. In Abbildung 2.24 sind in horizontaler Richtung beispielhaft drei Hierarchieebenen abgebildet. Die Algorithmenfolge ist, wie dargestellt, als eine Sequenz einzelner Algorithmen auf verschiedenen Hierarchieebenen zu verstehen. Die Abfolge ist von oben links

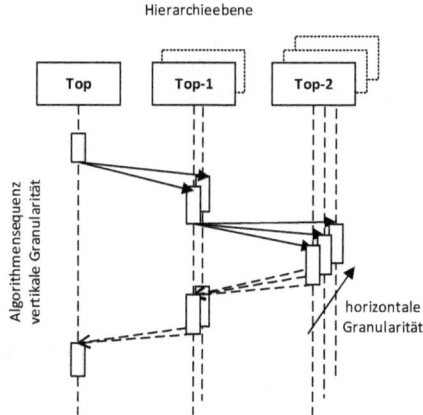

Abbildung 2.24: Abstrakte Darstellung der Algorithmensequenz eines Abbildungsprozesses. Die Hierarchieebenen des Zielsystems der Abbildung sind nach rechts absteigend abgebildet. Mit absteigender Hierarchieebene nimmt die horizontale Granularität der Algorithmensequenz zu. Die horizontale Granularität gibt die Anzahl der gegebenenfalls gleichzeitig zu bearbeitenden gleichen Prozessschritte an. Die vertikale Granularität der Algorithmensequenz bezeichnet die Anzahl der nacheinander zu bearbeitenden Prozessschritte.

beginnend und in vertikaler Richtung fortschreitend definiert. Ein auf- und absteigen in der Hierarchie ist für die Algorithmensequenz vorgesehen.

Die Anzahl der Elemente einer Hierarchieebene lässt sich unter Bezug auf das Gesamtsystem als die *horizontale Granularität* ausdrücken, welche mit absteigender Hierarchieebene zunimmt. Inwiefern sich daraus eine Möglichkeit der parallelen algorithmischen Bearbeitung ergibt, ist im Zusammenhang mit der Entwicklung einer konkreten Algorithmensequenz zu untersuchen. Für jede dieser Hierarchieebenen ist eine individuelle Durchführung der Prozessschritte der Platzierung und der Verbindung möglich. Die Aufteilung der Abbildungsschritte der Platzierung, der Verbindung und der Parametertransformation wird als die *vertikale Granularität* definiert.

Prinzipiell wird für die Entwicklung der Algorithmen und deren Sequenz zwischen einem Datenpfad der zu verarbeitenden Daten und dem Steuerpfad zur Parametrisierung und Kontrolle der Algorithmenfunktionalität unterschieden.

2.10.2 Die Algorithmen des Abbildungsprozesses

In Tabelle 2.5 sind die Schritte einer typischen Algorithmensequenz des automatisierten VLSI Entwurfsablaufs nach [143] entsprechenden Schritten einer Algorithmensequenz des BrainScaleS Systems zugeordnet. Die Zuweisung eines Algorithmenschritts zu einer der Kategorien Platzierung oder Verbindung ist nicht in jedem Fall eindeutig möglich, so lassen sich beispielsweise die Algorithmen zur Pinzuweisung auf den verschiedenen hierarchischen Ebenen sowohl zur Platzierung als auch zur Verbindung zuordnen, für die Implementierung hat dies jedoch keine Bedeutung. Die Zuordnung einer hierarchischen Stufe ist funktionell eindeutig und für Untersuchungen der horizontalen Granularität Voraussetzung. In der Tabelle sind die Algorithmenschritte für die Abbildung einer NNA auf mehr als ein *wafer-scale* Element als Ausbaustufe des Konzepts grau dargestellt.

Tabelle 2.5: Zuordnung der Schritte eines allgemeinen Abbildungsprozesses der VLSI Entwurfsautomatisierung nach [143] und der Algorithmenschritte für das BrainScaleS System[a]. Auf der linken Seite ist die Bezeichnung für den jeweiligen Schritt im Ablauf der VLSI Entwurfsautomatisierung gefolgt von dessen Beschreibung aufgelistet. Auf der rechten Seite sind die entsprechenden Schritte des BrainScaleS Abbildungsablaufs zu finden. Die Schritte des BrainScaleS APes sind den Kategorien: P – Platzierung, V – Verbindung oder T – Parametertransformation und einer hierarchischen Stufe, hier entweder *System*, *Wafer* oder *FPNA* zugeordnet.

| VLSI Entwurf | | BrainScaleS Abbildung | | |
Kurz	Beschreibung	Beschreibung	K.	Ebene
Partitionierung	Zuordung von abzubildenden Elementen auf Container des Zielsystems	Partitionierung der Neuronenmenge auf Wafergröße	P	System
		Partitionierung einer Teilneuronenmenge auf FPNA-Größe	P	Wafer
Pinzuweisung	Ausgangskontakte an den Grenzen des Containers des Zielsystems zuweisen	Zuweisung von Neuronen zu Waferausgängen	P/V	Wafer
		Zuweisung von Neuronen zu FPNA-Ausgängen	P/V	FPNA
Globales Verbinden	Verbinden der platzierten Quellkontakte mit den Eingangsschnittstellen der Verbindungsziele	Verbinden synchrones inter-wafer AER	V	System
		Verbinden asynchrones intra-wafer AER	V	Wafer
Blockplatzierung	Konkrete Zuweisung von Netzwerkelementen auf atomarer Netzwerkebene	Zweisen von Neuronen zu Neuronenschaltkreisen	P/V	FPNA
Lokales Verbinden	Rekurrente Verbindungen auf atomarer Blockebene	Verbindung von Eingangspins zu FPNA-Element	V	FPNA
Parameter-abbildung	Übersetzung von Quellparametern in Zielparameter	Transformation von Parametern des BM in die Parameter des HM	T	FPNA

[a]Entwickelt von Teilnehmern und im Rahmen des *BrainScaleS Mapping Software Meeting 2012*, welches an der Technischen Universität Dresden durchgeführt wurde [166]

Angewandt auf das mit Abbildung 2.24 eingeführte Schema eines Sequenzdiagramms mit mehreren Hierarchiestufen und unter Vernachlässigung der horizontalen Granularität ergibt sich die Darstellung der Algorithmensequenz des BrainScaleS Systems entsprechend Abbildung 2.25.

2.10.3 Die Schrittfolge des Abbildungsprozesses

Eine Algorithmensequenz besteht wie in Abbildung 2.26 exemplarisch dargestellt aus einer Schrittfolge von N Algorithmen, hier als sequentielle Abfolge ohne horizontale Granularität. Das Datenmodell steht hier stellvertretend für ein allgemeines Datenmodell welches entsprechend der Ausführungen in Abschnitt 2.5 prinzipiell sowohl integriert als auch separiert sein

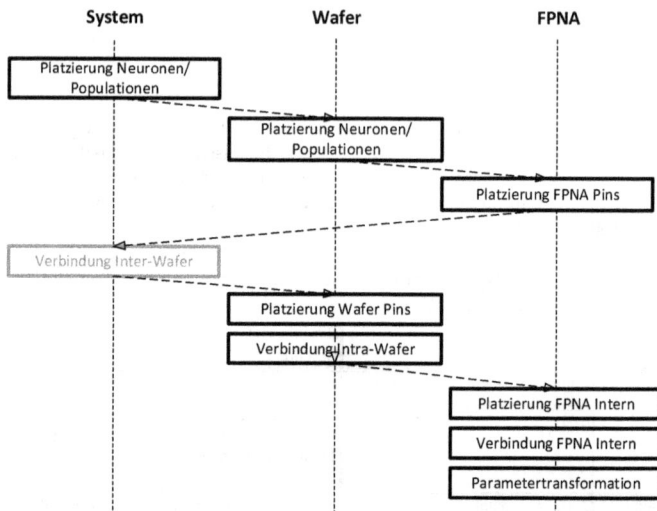

Abbildung 2.25: Sequenzdiagramm der konzeptionellen Algorithmensequenz des BrainScaleS Systems, mit nach rechts absteigender Hierarchieebene des Zielsystems. Während des AP erfolgt gegebenenfalls ein Auf- und Abstieg zwischen den Hierarchieebenen. Vertikal ist die Algorithmensequenz der aufeinanderfolgend mindestens einmal durchzuführenden Prozessschritte dargestellt.

kann. Jeder Algorithmus hat die Möglichkeit, Daten aus dem Datenmodell zu lesen und in das Datenmodell zu schreiben. Eine Übergabe von Ergebnissen eines Algorithmus an den nachfolgenden Algorithmus kann, wenn möglich, zu einer Beschleunigung des AP eingesetzt werden.

Eine einfache Variante einer Ablaufsteuerung übernimmt die Kontrolle des sequentiellen Ablaufs, der Traversierung der Hierachieebenen sowie eine Ausführung der Algorithmensequenz entsprechend der horizontalen Granularität. Jeder Algorithmus führt unabhängig gegebenenfalls eine Optimierung seiner Ergebnisse hinsichtlich der Maximierung der in Abschnitt 2.6.3 definierten Abbildungsqualität q_{Map} durch.

Eine Ablaufsteuerung auf der algorithmischen Metaebene kann zudem eine Optimierung durch Variation der Abbildungsrandbedingungen, beispielsweise durch Modifikation der allozierten HW Struktur, implementieren. Eine externe Optimierung ist nicht zwingend notwendig. Wird jedoch auf eine Optimierung auf der Metaebene verzichtet, ist für jeden Algorithmus die Parametrisierung explizit vorzugeben.

Hinsichtlich der externen Konfiguration des AP durch den Nutzer ist zum Einen eine Möglichkeit bereitzustellen, extern Algorithmensequenzen zu definieren und zum Anderen, in Analogie zu den Abläufen des automatisierten Schaltkreisentwurfs, durch vorkonfigurierte Algorithmensequenzen mit festen Optimierungszielen eine Konfigurationsmöglichkeit mit geringer Komplexität vorzusehen.

Der Anforderung einer möglichen Konfiguration des AP geringer Komplexität wird beispielsweise durch die in Tabelle 2.6 aufgelisteten Auswahlmöglichkeiten für den Anwender

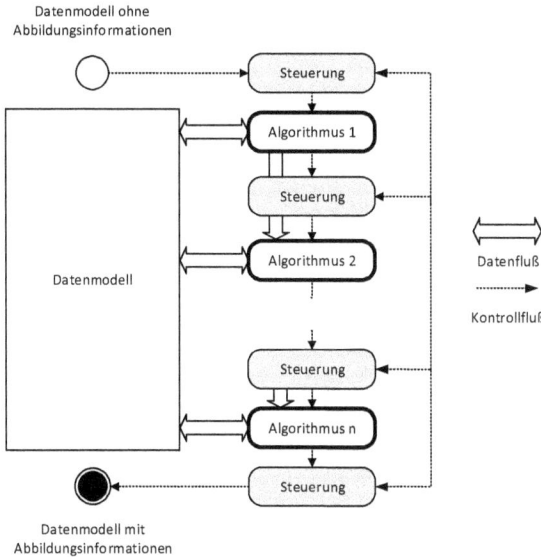

Abbildung 2.26: Vereinfachte Darstellung des Datenpfades und des Kontrollflusses der Algorithmensequenz. Auf der linken Seite befindet sich das Datenmodell, welches eine Darstellung der abzubildenden NNA und des Emulatorsystems als Abbildungsziel bereitstellt. Dem Datenmodell werden im Laufe des AP Abbildungsinformationen hinzugefügt. Der AP besteht aus einer Folge von Algorithmenschritten. Die Algorithmen lesen Informationen aus dem Datenmodell und schreiben Informationen in dieses oder übergeben Zwischenergebnisse an nachfolgende Algorithmenschritte. Eine Steuerung entscheidet gegebenenfalls über den nachfolgend auszuführenden Algorithmenschritt und führt die Parametrisierung des Algorithmus durch.

Tabelle 2.6: Auflistung der Auswahloptionen für vordefinierte Algorithmensequenzen.

Name	Dauer	Ziel
valid	schnell	keine Optimierung
normal	normal	maximale Abbildungsqualität
best	langsam	maximale Abbildungsqualität, minimale dynamische Verluste
user	-	-

Rechnung getragen. Alle Einstellungen erzeugen eine gültige Abbildung, jedoch mit unterschiedlichen Optimierungszielen. Mit der Auswahl valid wird auf eine Optimierung der Abbildung verzichtet und erfolgreich abgebrochen sobald das Ergebnis der Abbildung innerhalb der vorgegebenen Verlustgrenzen liegt. Dadurch ist die Dauer für das Ermitteln der Abbildung vergleichsweise kurz. Die Auswahl normal versucht die statischen Verluste zu minimieren. Dies gilt als die normale Vorgehensweise, ist Voreinstellung und dient hier als Vergleichswert hinsichtlich der Laufzeit. Mit der Auswahl von best wird versucht, die statischen und dynamischen Verluste zu minimieren, der höhere Aufwand bedingt eine vergleichsweise lange Laufzeit. Mit **user** steht außerdem die Option zur Verfügung, eine eigene Algorithmensequenz vorzugeben.

Die Algorithmensteuerung startet und kontrolliert die einzelnen Algorithmen entsprechend der für die Ebene und das jeweilige Hardwareelement definierte Algorithmensequenz und ermöglicht so auf algorithmischer Ebene prinzipiell eine Parallelisierung.

2.10.4 Die Algorithmenschnittstelle

Für die Implementierung einzelner Algorithmen der, abhängig von der konkreten Emulatorstruktur zu definierenden, Algorithmensequenz ermöglicht eine einheitliche Algorithmenschnittstelle den flexiblen Austausch einzelner Algorithmen.

Für eine einfache Serialisierung des aktuellen Prozessfortschritts wird für jeden Algorithmus der Parametersatz im Datenmodell vorgehalten, die Parametrisierung erfolgt somit indirekt. Jeder Algorithmeninstanz ist die jeweils gültige Hierarchieebene im HM zu übergeben. Jeder Algorithmus verfügt grundsätzlich über eine **Init()** Funktion zur Überprüfung der Parameter und Datenkonsistenz sowie einer **Run()** Funktion für den Start der Verarbeitung.

3 Implementierung eines Abbildungsprozesses

Das Kapitel der Implementierung behandelt eine Beispielimplementierung des im vorangegangenen Kapitel konzeptionell beschriebenen Abbildungsprozesses von Neuronalen Netzwerkarchitekturen auf einen speziellen neuromorphischen Emulator. Als Orientierung dient
der in Abschnitt 2.3 entwickelte Prozessablauf und das in Abschnitt 2.4 eingeführte exem-
plarische PyNN Experiment.

Nach der abstrakten Beschreibung des Systemaufbaus eines *wafer-scale* Elements des,
in der Konzeptentwicklung beschriebenen neuromorphischen Emulators aus Sicht des Abbildungsprozesses in Abschnitt 3.1, folgt die Beschreibung der implementierten Nutzerschnittstelle in Abschnitt 3.2 mit den Interaktionsmöglichkeiten während des Prozesses und der Erläuterung der implementierten Darstellungsmöglichkeiten für die internen Datenstrukturen.
Der Konzeptstruktur folgend wird anschließend die Implementierung des Datenmodells in
Abschnitt 3.3 vorgestellt und im Schritt der Vorverarbeitung in Abschnitt 3.4 die Neuronale
Netzwerkarchitektur sowie die Struktur des neuromorphischen Emulators für die algorithmische Behandlung in das interne Datenmodell überführt. Der Abschnitt 3.5 zur Abbildung
behandelt die Implementierung der Algorithmen, der Algorithmensequenz, ihrer Steuerung
sowie die Möglichkeiten einer vom Anwender extern zu definierenden und zu parametrisie-
renden Algorithmenfolge. Den Abschluss bilden die Ausführungen zum Schritt der Nachverarbeitung in Abschnitt 3.6.

3.1 Systemaufbau des neuromorphischen Emulators

Für die Implementierung des Abbildungsprozesses wird der Systemaufbau des in Abschnitt 2.2
vorgestellten neuromorphischen Emulators abstrahiert. Von der Hauptplatine eines *wafer-
scale* Elements bis zur Retikelanordnung werden entsprechende Koordinatensysteme und Identifikatoren zur eindeutigen Adressierung der einzelnen Elemente sowie Statusbits für deren
Verfügbarkeit eingeführt. Mit den in Abschnitt 2.3 beschriebenen Kalibrationsroutinen und
dem im Folgenden vorgestellten Herstellungstest werden Kalibrationsdaten und Verfügbarkeitsinformationen ermittelt und über eine externe Datenbasis für den Abbildungsprozess
bereitgestellt.

3.1.1 Die Hauptplatine eines *wafer-scale* Elements

Abbildung 3.1 zeigt rechts in einer Abstraktion des System-*Printed Circuit Board* (PCB)s die
räumliche Anordnung und die logische Verbindungsstruktur der FPGAs, der DNCs sowie der
High Input Count Analog Neural Network (HICANN) Retikel. Dargestellt ist die physische
Lage der einzelnen FPGA-Platinen des *wafer-scale* Elements bei der Draufsicht auf das PCB.
Die Nummerierung der einzelnen Elemente folgt [167] mit der Maske *FPGA.DNC.RETIKEL*.
Auf der linken Seite ist die Konzeptzeichnung des *wafer-scale* Elements aus Abbildung 2.4
referenziert.

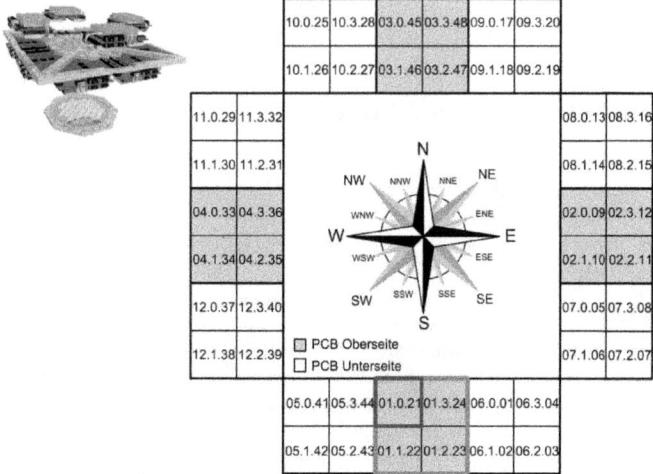

10.0.25	10.3.28	03.0.45	03.3.48	09.0.17	09.3.20	
10.1.26	10.2.27	03.1.46	03.2.47	09.1.18	09.2.19	

11.0.29	11.3.32		08.0.13	08.3.16
11.1.30	11.2.31		08.1.14	08.2.15
04.0.33	04.3.36		02.0.09	02.3.12
04.1.34	04.2.35		02.1.10	02.2.11
12.0.37	12.3.40		07.0.05	07.3.08
12.1.38	12.2.39		07.1.06	07.2.07

| 05.0.41 | 05.3.44 | 01.0.21 | 01.3.24 | 06.0.01 | 06.3.04 |
| 05.1.42 | 05.2.43 | 01.1.22 | 01.2.23 | 06.1.02 | 06.2.03 |

Abbildung 3.1: Abstrakte Darstellung der logischen Verbindungsstrukur der Hauptplatine des BrainScaleS *wafer-scale* Elements in der Draufsicht, folgend [167], blau umrandet ist der FPGA-Bereich des ersten FPGAs im System, rot umrandet dessen erster DNC/ HICANN Retikelbereich. Als Hilfestellung zur Lokalisierung der FPGA Platinen werden für deren räumliche Lage zusätzlich geographische Ortsbezeichnungen verwendet, unten Mitte übereinstimmend mit der Aussparung im Wafer zur Fixierung während des Bearbeitungsprozesses als S. Auf der Oberseite des System-PCB befinden sich demzufolge FPGAs Platinen in N,E,S,W beginnend in S gegen den Uhrzeigersinn von 01 bis 04 aufsteigend nummeriert und auf der Unterseite in NNE,ENE,SSE,ESE,SSW,WSW,WNW,NNW beginnend in SSW gleichermaßen von 05 bis 12 bezeichnet.

3.1.2 Die logische Organisation eines Wafers

Auf der Waferebene wird eine der Hauptplatine gleichende Nummerierung der Elemente vorgenommen. Abbildung 3.2 links zeigt die Verbindungsstruktur der FPGAs, der DNCs und der HICANN Retikel mit Bezug zum physikalischen Wafer. Dargestellt ist die Retikelanordnung des Wafers in der Aufsicht mit dem Koordinatenursprung unten links, entsprechend dem im Bearbeitungsprozess verwendeten Koordinatensystem [168]. Jedes HICANN Retikel ist mit einer fünfstelligen Kennziffer nummeriert. Die ersten zwei Stellen repräsentieren den, bezüglich des *wafer-scale* Systems eindeutigen, FPGA, gefolgt von der Nummer für den DNC des FPGA und jeweils zwei Stellen für die, bezüglich des Wafers eindeutige, Retikelnummer.

Für die physische Lokalisierung der einzelnen HICANNs auf Waferebene wurde, wie in Abbildung 3.2 rechts dargestellt, ein weiteres Koordinatensystem eingeführt, dessen Ursprung sich oben links befindet. Zur Identifikation der HICANN Konfiguration wird schließlich eine durchlaufende Nummerierung verwendet, welche zeilenweise aufsteigt, beginnend mit dem ersten prinzipiell verfügbaren HICANN als Nummer 0.

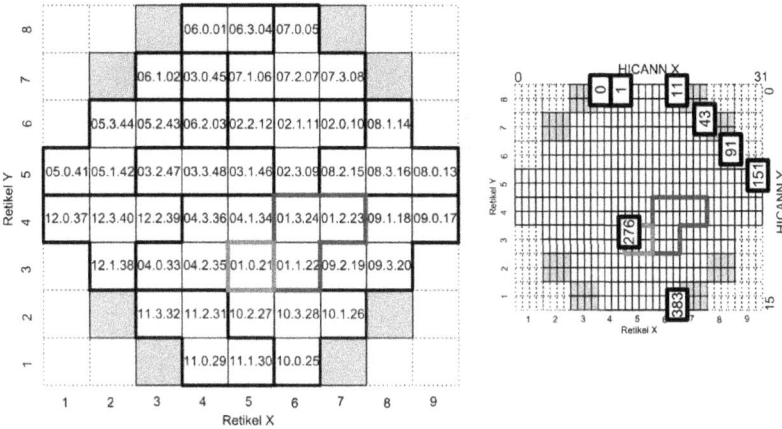

Abbildung 3.2: Verbindungsstruktur der FPGA, DNC & Retikel auf Waferebene links, folgend [167] und Koordinatensystem der einzelnen HICANNs rechts. In der Verbindungsstruktur links blau umrandet ist der FPGA-Bereich des ersten FPGAs im System, rot umrandet dessen erster DNC / HICANN Retikelbereich. Die mit dicker schwarzer Umrandung hervorgehobenen Bereiche kennzeichnen die Abdeckungsbereiche der einzelnen FPGAs im System. Grau dargestellt sind hergestellte, aber mit dem Kommunikationsnetzwerk nicht erreichbare HICANN Retikel. Weiß hingegen leere Retikelfelder im Herstellungsraster.

3.1.3 Test und Kalibration der Hardwarekomponenten

Vor Inbetriebnahme eines *wafer-scale* Elements wird eine Funktionsprüfung zur Feststellung der grundsätzliche Verfügbarkeit der einzelnen Elemente durchgeführt, siehe Abbildung 3.3. Nach Inbetriebnahme erfolgt die bereits in Abschnitt 2.3 beschriebene Kalibration der neuromorphischen Komponenten zur Ermittlung der Korrekturinformationen für den Abbildungsschritt der Parametertransformation. Über eine Datenbank werden dem AP *i)* Strukturinformationen, *ii)* aktuelle Verfügbarkeitsinformationen, *iii)* Defektinformationen und *iv)* Kalibrationsdaten zur Verfügung gestellt.

3.1.4 Die logische Struktur des Gesamtsystems als Systemdefinition

Eine externe Datenbank, welche unter Anderem die Kalibrationsdaten enthält, wird um Informationen zur Systemstruktur und Verfügbarkeit des neuromorphischen Hardwaresystems erweitert. Die nicht-relationale Datenbank nutzt als textuelle Repräsentation das *JavaScript Object Notation* (JSON) [169] Format und strukturiert Dokumente in Kollektionen. Die Strukturinformation des BrainScaleS Systemaufbaus ist in Kollektionen für `wafer`, `fpga`, `dnc` sowie `hicann` separiert, deren Dokumentstruktur mit den wichtigsten Attributen exemplarisch an dieser Stelle erläutert wird.

Ein `wafer` ist gekennzeichnet durch seine logische Nummer im System und eine eindeutige `uniqueId` zur Zuordnung entsprechender Kalibrationsdaten. Der `online` Status des `wafer` informiert über dessen Verfügbarkeit. Zur Beschreibung der Strukturen wird für den

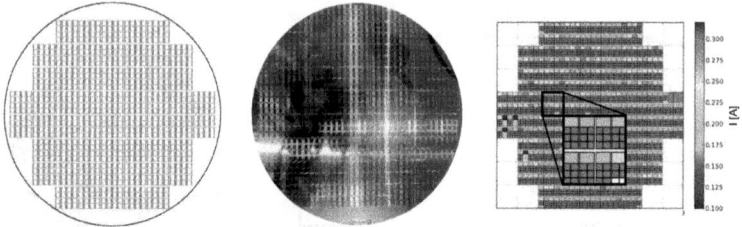

Abbildung 3.3: Retikelanordnung des Entwurfs, Foto & Testergebnisse eines BrainScaleS Wafers in der Aufsicht von oben, mit Erlaubnis des Urhebers [6]. Links dargestellt ist die Retikelanordnung im Entwurfslayout, in der Mitte der Wafer nach der Prozessierung und rechts die Ergebnisse des Tests der einzelnen Retikel.

Zur Funktionsprüfung wird jeder HICANN separat über eine Nadelkarte getestet. Die einfache Funktionsprüfung erfolgt ausschließlich über Tests der digitalen Logik der Schaltkreise. Gemessen wird zuerst die Stromaufnahme durch die Spannungsversorgungsanschlüsse im Ruhezustand. Das Ergebnis dieses Tests ist in Abbildung 3.3 rechts dargestellt als oberes Rechteck eines HICANNs mit der Stromaufnahme in [A] entsprechend der Skala auf der rechten Seite der Abbildung. Die sechs darunter liegenden Felder repräsentieren weitere Funktionstests mit: *grün* – erfolgreich, *rot* – nicht erfolgreich und *weiß* – nicht durchgeführt. Ein vollständig roter HICANN kennzeichnet eine zu hohe Stromaufnahme, ein vollständig gelbgrüner HICANN bedeutet es konnte keine Kommunikationsverbindung für nachfolgende Test aufgebaut werden. [168]

Typ der Attribute folgende Notation verwendet: s – string, i – integer, b – boolesch.

```
1  "wafer" : [{ "logicalNumber" : i, "uniqueId" : i, "online" : b }]
```

Ein fpga wird identifizierbar über seine logische Nummer, seine räumliche Lage im System, siehe Abbildung 3.1, sowie die Zuordnung zu einem parent_wafer. Durch fehlende relationale Beziehungen wird die Zuweisung zu einem Wafer über dessen logische Nummer im System vorgenommen. Die Verfügbarkeit jedes fpga wird dargestellt durch seinen online Status und einem locked Attribut. Die Anbindung an einen externen Rechner wird durch host und fpgaPort repräsentiert. Ein host ist gekennzeichnet durch seinen Verfügbarkeitstatus, seine *Internet Protocol* (IP)-Adresse und seinen Ziel-fpgaPort, ein fpgaPort durch seine logische Nummer und seine IP-Adresse. Eine Verbindung zu anderen fpga wird durch den fpgaChannel beschrieben. Ein fpgaChannel verfügt über eine logische Nummer und eine Senke (sink) im Format *W.FF.C* bezeichnet, mit *W* für logische Nummer des wafer, *FF* für logische Nummer des fpga und *C* für dessen fpgaChannel.

```
1  "fpga" : [{
2          "parent_wafer" : i, "logicalNumber" : i,
3          "location" : s,
4          "online" : b, "locked" : b,
5          "host" : [{ "ip" : s, "fpgaPort" : i, "online" : b}, ...],
6          "fpgaPort" : [{ "ip" : s, "logicalNumber" : i}, ...],
7          "fpgaChannel" : [{ "logicalNumber" : i, "sink" : s}, ...]
8          }, ...]
```

Um einen dnc eindeutig zu identifizieren werden eine logische Nummer im System, eine eindeutige Kalibrationskennzahl (uniqueId) und das ihm zugeordnete HICANN Retikel angegeben, siehe Abbildung 3.2 links. Die hierarchischen Beziehungen werden durch die logischen Kennzahlen des parent_wafer und des parent_fpga hergestellt. Mit einem fpga ist der dnc über einen fpgaDncChannel verbunden. Die prinzipielle Verfügbarkeit des dnc wird durch sein available Attribut angezeigt und die aktuelle Zugriffsmöglichkeit durch das locked Attribut.

```
1  "dnc" : [{
2      "logicalNumber" : i, "uniqueId" : i, "reticleId" : i,
3      "parent_wafer" : i, "parent_fpga" : i,
4      "available" : b, "locked" : b,
5      "fpgDncChannel" : i },
6      ...]
```

Zur Identifikation eines hicann im System stehen als Kennzahlen die Nummer des zugehörigen Retikels, die Konfigurationsnummer und eine eindeutige Kalibrationskennung zur Zuordnung der Kalibrationsdaten zur Verfügung. Die Koordinaten entsprechen der oben beschrieben Schemata, siehe Abbildung 3.2 rechts. Die hierarchischen Beziehungen werden durch die logischen Kennzahlen des parent_wafer, des parent_fpga und des parent_fpga hergestellt. Die Verfügbarkeit des HICANN wird über den gleichen Verfügbarkeitsmechanismus realisiert wie für den dnc. Mit einem dnc ist der hicann über einen dncHicannChannel verbunden. Jedes HICANN Dokument enthält zudem die Kalibrationsdaten der zugehörigen Neuronen.

```
1  "hicann" : [{
2      "reticleId" : i, "configId" : i, "uniqueId" : i,
3      "reticleX" : i, "reticleY" : i,
4      "hicannX" : i, "hicannY" : i,
5      "parent_wafer" : i, "parent_fpga" : i, "parent_dnc" : i,
6      "available" : b, "locked" : b,
7      "dncHicannChannel" : i,
8      "neurons" : [...], ...}]
```

3.2 Nutzerschnittstelle des Abbildungsprozesses

Im Abschnitt zur Nutzerschnittstelle werden die Möglichkeiten beschrieben, welche dem Experimentator zur Verfügung gestellt werden, um den Abbildungsprozess zu steuern oder in diesen interaktiv einzugreifen.

3.2.1 Die Konfiguration des Abbildungsprozesses über die PyNN Schnittstelle

Der AP wird über Schlüsselwortparameter der PyNN.setup() Funktion folgend dem im nachfolgen angegebenen Quelltextmuster konfiguriert.

```
import pyNN.hardware.brainscales as pynn
pynn.setup(...,<param_name> = <value>,...)
```

Von den verfügbaren Konfigurationsparametern wird an dieser Stelle eine Auswahl beschrieben. Für eine vollständige Dokumentation der Konfigurationsparameter wird auf die Dokumentation zum BrainScaleS Live-System [170] verwiesen.

Backend

Zur Durchführung eines Experiments stehen die neuromorphische Emulationsplattform und, als dessen Substitut, die in Abschnitt 2.3 eingeführte ESS alternativ zur Auswahl. Das Hardwaresystem ist durch Voreinstellung aktiviert und die ESS somit inaktiv. Die Ausführung eines Experiments auf der ESS kann über den Schalter `useSystemsim` gewählt werden.

Logging

Während dem AP und dem Experiment werden dem Experimentator Informationen zum Fortschritt und zu Ereignissen mit verschiedenen Prioritäten zur Verfügung gestellt. Es besteht die Möglichkeit diese Informationen über die Spezifikation des `loglevel` Parameters zu filtern dessen Voreinstellung 1 ist , und einen Speicherort für die gefilterten Ausgaben über den `logfile` Parameter zu bestimmen.

```
loglevel = 0|1|2|3|4|5
logfile = 'mapping.log'
```

Das PyNN Modul des Beispielemulators stellt die in Tabelle 3.1 aufgelisteten sechs Loglevel zur Wahl, die auch für den AP Gültigkeit besitzen.

Tabelle 3.1: Auflistung der möglichen Loglevel für das BrainScaleS PyNN-Module und den Abbildungsprozess.

Level	Name	Beschreibung
0	ERROR	Fehlermeldungen
1	WARNING	Warnungen (Voreinstellung)
2	INFO	Zusatzinformationen
3	DEBUG0	Grundlegende Debuginformationen
4	DEBUG1	Detaillierte Debuginformationen
5	DEBUG2	Exzessive Debuginformationen

Dynamikbereich der Parameter

Es ist bei der Modellierung einer NNA grundsätzlich möglich mit den Modellparametern der Neuronen und synaptischen Funktionalität den sicheren Dynamikbereich der HW zu verlassen. Die Einhaltung der zuverlässigen Parameterbereiche wird in der PyNN Schicht prinzipiell überprüft und dessen Verlassen entsprechend der Voreinstellung für den Normalbetrieb unterbunden, beziehungsweise die Parameter entsprechende dem Wert des Parameters `clipBioParameterToHWRanges` abgeschnitten.

Es wird jedoch mit `ignoreHWParameterRanges` die Möglichkeit geboten, den zuverlässigen Bereich zu verlassen, um zum Einen Experimente außerhalb des eigentlichen Anwendungsbereichs des Emulators durchzuführen und zum Anderen Parameterbereiche bei fehlender Kalibration zu erreichen, die andernfalls nur mit Kalibration zu konfigurieren sind. Ein Beispiel für ein Experiment außerhalb des vom AdEx Modell vorgesehen Parameterbereichs ist das „Neural Sampling", siehe [171], welches eine längere Refraktärzeit benötigt, was von der Hardware auch prinzipiell unterstützt wird (siehe [172] S. 55).

Globale Abbildungsrandbedingungen

Als globale Abbildungsrandbedingungen können über den Parameter `maxNeuronLoss` der relative maximale Neuronenverlust l_{NrnBM} und über den Parameter `maxSynapseLoss` der relative maximale Synapsenverlust l_{SynBM} vorgegeben werden. Beide Parameter sind in der Voreinstellung auf den Wert 0.0 gesetzt.

Abbildungsqualität

Zur Bewertung der Qualität der Abbildung wurde in Abschnitt 2.6 die Abbildungsqualität q_{Map} eingeführt, deren Komponenten mit spezifischer Gewichtung einfließen.

```
mappingQualityWeights = {'G_HW':0.2, 'G_PR':0.8, 'G_T':0.0 }
```

Interaktion

Durch die Aktivierung von `interactiveMappingMode` kann während des AP interaktiv in den Prozess eingegriffen werden.

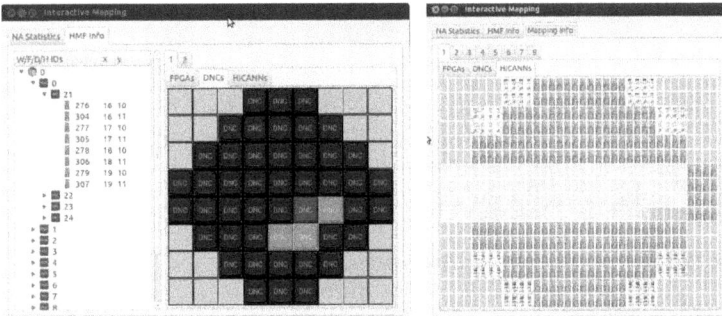

Abbildung 3.4: Bildschirmfotos der grafischen Nutzerschnittstellen des interaktiven Modus des Abbildungsprozesses mit der Oberfläche nach der Vorverarbeitung links und nach der Nachverarbeitung rechts. Links zu erkennen ist der hierarchische Aufbau des synchronen Kommunikationsnetzwerks abstrahiert als Baumansicht und die Ansicht der DNC Anordnung eines *wafer-scale* Elements des Emulators. Die Farben der Elemente stehen für: online und verfügbar *(grün)*, online und gesperrt *(rot)*, alloziert durch den AP *(gelb)* oder durch den Nutzer *(blau)*. Auf der rechten Seite ist die Auslastung der FPNA Ebene farbkodiert für jedes Element dargestellt von *(grün)* für unbenutzt bis *(grün)* für voll ausgelastet.

Im interaktiven Modus hat der Experimentator zum Einen die Möglichkeit den AP beim Auftreten eines unkritischen Fehlers, wie beispielsweise dem Überschreiten der Verlustgrenzen, den Prozess gegebenenfalls auch mit veränderten Startparametern fortzusetzen. Zum Anderen können bei aktiviertem `interactiveMappingModeGUI` nach der Vorverarbeitung die Startwerte des AP und nach der Nachverarbeitung die aufgearbeiteten Ergebnisse mithilfe der, in Abbildung 3.4 dargestellten, grafischen Nutzerschnittstellen[1] (engl. *Graphical User Interface* (GUI)) ausgewertet werden. Unabhängig von der Einstellung für die Verwendung der grafischen Schnittstelle wird ein zusammenfassender Bericht der Abbildungsergebnisse

---

[1]Implementierung unter Verwendung von PyQt (http://www.riverbankcomputing.co.uk) und Qt (http://qt.digia.com)

erzeugt. Im Anhang VI befindet sich ein Beispiel eines solchen Berichts als Ergebnis der Abbildung einer artifiziellen Netzwerkstruktur.

FPNA Allozierung

Eine Reihe von Parametern kontrolliert die Allozierung von Hardwareelementen. Über den Parameter `hardware` spezifiziert der Nutzer welche FPNAs von welchem *wafer-scale* System für die Abbildung Verwendung finden sollen. Über den Unterparameter `setup` kann neben einem eigentlichen Wafer auch dessen Demonstrationsaufbau gewählt werden, die `wafer_id` gibt dessen logische Identifikationsnummer im Gesamtsystem an und über die `hicannIndices` wird eine Anzahl an HICANN ausgewählt, identifiziert entsprechend der mit Abbildung 3.2 eingeführten Kennzahlen.

```
hardware = [dict(
    setup = "wafer",
    setup_params = dict(wafer_id = 0),
    hicannIndices = [280, 281]
)]
```

Abbildungsstrategie

Entsprechend den Ausführungen in Abschnitt 2.10 kann der Experimentator über den Parameter `mappingStrategy` eine vordefinierte Abbildungsstrategie wählen oder eine eigene vorgeben.

3.2.2 Die Python-Module des Abbildungsprozesses

Die einzelnen Komponenten des Abildungsprozesses werden als Python Module zur direkten Verwendung oder für eine Implementierung der PyNN API bereitgestellt. In Tabelle 3.2 sind das primäre Python Modul des Abbildungsprozesses und sekundäre Module aufgelistet.

Tabelle 3.2: Auflistung der Python-Module des Abbildungsprozesses unterteilt in primäres Modul oben und sekundäre Module unten.

Modul	Beschreibung
mapping	Primäres Modul des Abbildungsprozesses
mapping.preprocessor	Untermodul der Vorverarbeitung
mapping.mapper	Untermodul der Abbildung
mapping.postprocessor	Untermodul der Nachverarbeitung
mapping.statistics	Untermodul zur Stastikextraktion
mappingdatamodels	Modul des Datenmodells
mappingutilities	Modul für spezielle Containerklassen
logger	Modul für globale Ereignisprotokollierung

Im Folgenden werden Implementierungsdetails der Untermodule `mapping.preprocessor`, `mapping.mapper` und `mapping.postprocessor` erläutert. Für Details der nicht beschriebenen Module und der API der einzelnen Module wird auf die Dokumentation der Module im BrainScaleS Live-System [170] verwiesen.

3.3 Datenmodell des Abbildungsprozesses

Als Datenmodell ist das in Abschnitt 2.5 eingeführte GM implementiert. Abbildung 3.5 zeigt in *Unified Modeling Language* (UML) Darstellung[2] die Vererbungsbeziehungen des Graphenmodells und ein vereinfachtes Kollaborationsdiagramm für dessen Kanten.

Das Kollaborationsdiagramm einer Kante zeigt die wesentlichen Beziehungen zwischen Knoten und Kanten und illustriert die einfache Struktur des Graphenmodells. Ein Knoten GraphModel::GMNode hält als einzige Beziehung einen Verweis auf seinen hierarchisch übergeordneten Frame-Knoten. Eine Kante GraphModel::GMConnection „kennt" ihren Anfangs- oder Source-Knoten sowie ihren End- oder Target-Knoten und gegebenenfalls ihren Wert- oder Attribute-Knoten. Der Knoten hält, hier nicht dargestellt, neben seinem Namen eine Liste an untergeordneten Knoten, Listen von ausgehenden Kanten, von eingehenden Kanten sowie von Attributkanten.

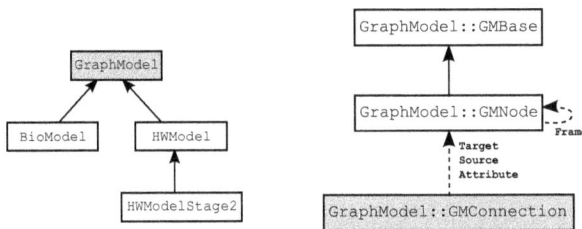

Abbildung 3.5: UML Darstellung der Vererbungsbeziehungen des Graphenmodells links und des vereinfachten Kollaborationsdiagramms für Kanten des Graphenmodells rechts.

Das Diagramm der Vererbungsbeziehungen zeigt mit dem GraphModel das GM an der Wurzel des Vererbungsbaums. Das GM stellt die grundlegenden Funktionen zum Aufbau und zur Navigation durch den Graphen, sowie die globalen Namen für nichthierachische Kanten zur Verfügung, siehe auch Abschnitt 2.5. Davon abgeleitet werden zum einen das biologische Modell als BioModel und das Modell des neuromorphischen Emulatorsystems als HWModel. Während die Beschreibung des biologischen Modells allgemeingültig ist, wird Letzteres für eine konkrete Systemarchitektur spezialisiert, hier HWModelStage2. Auf die Struktur des BioModels und des speziellen HWModels wird im Folgenden näher eingegangen. Für die vollständige Dokumentation des Datenmodells wird auf die Dokumentation des Quelltexts im BrainScales Linux Live-System [170] verwiesen.

3.3.1 Navigation des Datenmodells über die textuelle Schnittstelle

Um dem GM eine flexible Schnittstelle zur Abfrage und Modifikation zur Seite zu stellen wurde die von der XML[3]-Pfadsprache XPath [115] inspirierte *Lokatorsprache* GMPath [173] entwickelt. Mit GMPath ist es möglich, mittels Abfragen, welche auch zur Laufzeit generierte werden können, über die API eines entsprechenden Interpreters Informationen aus dem Graphen zu lesen oder in den Graphen zu schreiben.

---

[2]Die UML Diagramme wurden mit Doxygen (http://www.doxygen.org) und dot (www.graphviz.org) aus dem Quelltext extrahiert.

[3]*Extensible Markup Language*

Anhand eines Beispiels lässt sich der Vorteil von GMPath gegenüber dem nativen Zugriff auf das GM zeigen – es soll aus dem in Abbildung 3.6 dargestellten GM die Information extrahiert werden, welches Neuron auf einen bestimmten HICANN abgebildet ist.

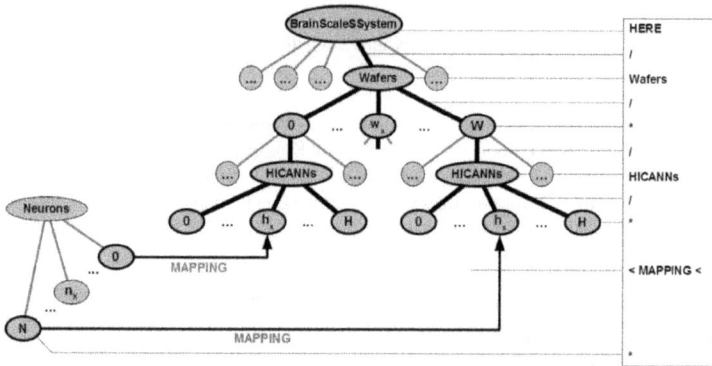

Abbildung 3.6: Illustration der Verwendung von GMPath zur Extraktion von Informationen aus einem Graphenmodell.

Eine Funktion get_neurons_mapped_on_hicann(...) in Quelltextbeispiel 3.1 in Pseudocode ausformuliert liefert einen Vektor der Neuronen zurück, welche auf einen bestimmten HICANN abgebildet sind. Über die native Navigation wird bis zum gesuchten HICANN navigiert und anschließend ermittelt welches Neuron auf diesen abgebildet ist.

Quelltext 3.1: Pseudocode zur Illustration der Navigation des Graphenmodells über die native Schnittstelle.

```
vector<GMNode> get_neurons_mapped_on_hicann(string Name) :
  vector<GMNode> MappedNeurons
  for GMNode system_child in BrainScaleSSystem.Children :
    if system_child.Name == "Wafers" :
      for GMNode wafer in system_child.Children :
        for GMNode wafer_child in wafers.Children :
          if wafer_child.Name == "HICANNs" :
            for GMNode hicann in wafer_child.Children :
              if hicann.Name == Name :
                for GMConnection connection in hicann.InConnections :
                  if : connection.Name == "MAPPING" :
                    MappedNeurons.add( connection.Source )
  return MappedNeurons
```

Mit der Verwendung von GMPath reduziert sich diese Anfrage auf die im Quelltextbeispiel 3.2 gezeigte Form. Die in GMPath formulierte Abfrage wird an die GMPath API des GM, hier GetNodesViaPath(...) übergeben. Im Anhang III findet sich zur Erleichterung der Anwendung die erläuterte Grammatik von GMPath der Abfragesprache.

Als Vorgriff einer Diskussion kann auch ohne entsprechende vergleichende Tests die Aussage getroffen werden, dass der Zugriff über GMPath lediglich für die Entwicklung von

Quelltext 3.2: Pseudocode zur Illustration der Navigation des Graphenmodells mittels GM-Path.

```
vector<GMNode> get_neurons_mapped_on_hicann(string Name) :
    return BrainScaleSSystem.GetNodesViaPath(
        "HERE/Wafers/*/HICANNs/"+Name+"<MAPPING<* \n" )
```

Algorithmenprototypen oder der externen Abfrage oder Modifikation des Datenmodells geeignet ist, da der native Zugriff mindestens doppelt, wenn nicht um eine Größenordnung schneller ist.

3.4 Vorverarbeitung des Abbildungsprozesses

Die Vorverarbeitung als Vorbereitung des AP umfasst, entsprechend dem Konzept in 2.7, die Prozesskonfiguration und den Aufbau der internen Datenrepräsentation. Der Aufbau der internen Datenstellung erfolgt auf Grundlage des im vorangehenden Abschnitt erläuterten GM. Dazu wird die Struktur des neuromorphischen Emulators als HM und die Struktur der NNA als BM für die algorithmische Behandlung in das GM überführt.

3.4.1 Das Modell der Neuronalen Netzerkarchitektur

Die interne Darstellung der NNA im BM ist wie in Abschnitt 2.4 beschrieben, und insbesondere in Bezug auf die PyNN Klassen **PopulationView** und **Assembly** vereinfacht. Die Struktur des implementierten BM wird nun mithilfe einer an die Pfadsprache **GMPath** angelehnten Syntax (Verwendung von / zur Trennung der hierarchischen Stufen mit der hierarchisch höheren Stufe linksseitig, > zur Bezeichnung von nicht-hierarchischen Verbindungen und ^ für das Attribut einer Kante) und folgend der Einteilung in Abschnitt 2.4 schrittweise erläutert. Eine schematische Darstellung des BM findet sich im Anhang III.

Populationen und Neuronen

Das BM hält für eine Population n unter dem Knoten **Populations** ein Element und einen entsprechenden Parametersatz m unter dem Knoten **PopulationParameters**, welcher mit der Population über die Kante **PARAM** verbunden ist:

```
Pop = BioModel/Populations/n
PopParam = BioModel/PopulationParameters/m
Pop > PARAM > PopParam
```

Der Parametersatz einer Population enthält einen Namen (**label**), die Anzahl der Neuronen in der Population (**size**), den Namen des verwendeten Neuronenmodells (**model_name**) und als Abbildungsrandbedingung den maximal möglichen Neuronenverlust pro Population (**max_nrn_loss**).

Die zu einer Population gehörigen Neuronen [1...K] werden zu jeder Population unter dem Knoten **Neurons** erzeugt und mit einem der Parametersätze [1...L] unter dem Knoten **NeuronParameters** über die Kante **PARAM** verbunden:

```
Nrn = BioModel/Neurons/[1...K]
NrnParam = BioModel/NeuronParameters/[1...L]
Nrn > PARAM > NrnParam
NrnParam > POP > PopParam
```

Bei gleichen Parameterwerten teilt sich eine Gruppe von Neuronen den Parametersatz. Die Zuweisung von Neuronen zu ihrer Population erfolgt über die Parametersätze. Der Parametersatz des Neurons ist über eine POP Kante mit dem Parametersatz der zugehörigen Population verbunden.

Projektionen und Synapsen

Eine Projektion verbindet über eine POP_POP Kante eine Quellpopulation n und eine Zielpopulation m. Das BM hält unter dem Knoten ProjectionParameters für jede Projektion einen Parametersatz o, welcher mit der Projektion (hyper-)verbunden ist:

```
SourcePop = BioModel/Populations/n
SinkPop2 = BioModel/Populations/m
Pro = SourcePop > POP_POP > SinkPop
ProParam = BioModel/ProjectionParameters/o
Pro ^ ProParams
```

Der Parametersatz einer Projektion enthält einen Namen (label), die Anzahl der Synapsen in der Projektion (size), den Name des verwendeten Verbinders (connector_name), den Erregungstyp (exc_type), die Abbildungsrandbedingung des maximal möglichen Synapsenverlustes in der Projektion (max_syn_loss) und eine Verzögerungszeit für die Projektion (delay).

Eine Synapse wird als NEURO_NEURO Kante zwischen zwei Neuronen dargestellt, hier von einem Neuron i zu einem Neuron j, und mit einem Parametersatz, hier s, verbunden:

```
SourceNrn = BioModel/Neurons/i
SinkNrn = BioModel/Neurons/j
Syn = SourceNrn > NEURO_NEURO > SinkNrn
SynParam = BioModel/SynapseParameters/s
Syn ^ SynParam
SynParam > PRO > ProParam
```

Bei gleichen Parameterwerten teilt sich eine Gruppe von Synapsen einen Parametersatz. Die Zuweisung von Synapsen zur Projektion erfolgt über ihren Parametersatz der über eine PRO Kante mit dem Parametersatz der Projektion verbunden ist.

Der Stimulus

Zur Stimulation eines Neurons über Pulse wird eine Pulsquelle u unter dem BM Knoten VirtualNeurons hinzugefügt. Die Pulsquelle wird über eine ausgehende NEURO_NEURO Kante mit einem zu stimulierenden Neuron v verbunden. Ein Parameterset w unter dem NeuronParameter Knoten wird der Pulsquelle über eine PARAM_ASSIGNMENT Kante zugewiesen, die Stimulusverbindung selbst hat keinen eigenen Parametersatz:

```
PlsStim = BioModel/VirtualNeurons/u
SinkNrn = BioModel/Neurons/v
PlsStimCon = PlsStim > NEURO_NEURO > SinkNrn
PlsStimParam = BioModel/NeuronParameters/w
PlsStim > PARAM > PlsStimParam
```

Zur Stimulation eines Neurons über einen Strom wird eine Stromquelle x unter dem BM Knoten CurrentSources hinzugefügt und über eine ausgehende CURRENT_NEURO Kante mit einem zu stimulierenden Neuron y verbunden. Ein unter CurrentSourceParameter/z erzeugtes Parameterset wird der Pulsquelle über eine PARAM_ASSIGNMENT Kante zugewiesen, die Stimulusverbindung selbst hat keinen eigenen Parametersatz:

```
CurStim = BioModel/CurrentSources/x
SinkNrn = BioModel/Neurons/y
CurStimCon = CurStim > CURRENT_NEURO > SinkNrn
CurStimParam = BioModel/CurrentSourceParameters/z
CurStim > PARAM > CurStimParam
```

Die Aufzeichnung von Experimentdaten

Die Behandlung der Aufzeichnung von Experimentdaten ist auf die emulatorspezifische PyNN Implementierung und den AP aufgeteilt. Der Anwender bestimmt inital welche Zustandsvariablen der NNA aufgezeichnet werden sollen. Da auf einem Emulator nicht alle Zustandsvariablen zugänglich sind, im vorgestellten System beispielsweise g_{syn}, überprüft die PyNN Schicht grundsätzlich die Möglichkeit der Aufzeichnung eines Parameters. Durch die weiterhin begrenzten Ressourcen für die Aufzeichnung zugänglicher Zustandsvariablen, im BrainScaleS System zum Beispiel das simultane Aufzeichnen von u_M einzelner HW-Neuronenelemente, stellt der AP die Verfügbarkeit von entsprechenden Ressourcen zur Aufzeichnung fest. Für die Kennzeichnung der Aufzeichnung des Membranpotentials eines Neurons ist im BM ein Aufzeichnungsflag (record) vorgesehen.

3.4.2 Die a-priori Abbildbarkeitsüberprüfung

Dem Aufbau der Neuronalen Netzwerkstruktur folgt die Überprüfung der prinzipiellen Abbildbarkeit, d.h. ob eine erfolgreiche Abbildung dieser Struktur bei Anwendung der gegebenen Randbedingungen möglich oder grundsätzlich auszuschließen ist. Berücksichtigt werden hier die von der Hardware vorgegeben Begrenzungen bezüglich der maximalen Einfächerung pro Neuron sowie die, sich aus Verfügbarkeit sowie Konfiguration einzelner neuromorphischer Ressourcen und den Verlustgrenzen für Abbildung der Neuronalen Netzwerkstruktur ergebenden, Grenzwerte.

Ein neuromorphisches System stellt einen begrenzte Anzahl an dendritischen Elementen mit einer ebenfalls begrenzten und festen Anzahl an synaptischen Eingangsschaltkreisen zur Verfügung, siehe auch Abschnitt 2.2. Durch Verbindung der einzelnen dendritischen Elemente lässt sich die Anzahl der eingehenden synaptischen Verbindungen pro Hardwareneuron erhöhen, jedoch verringert sich dadurch die Anzahl der verfügbaren Neuronen. Der HICANN FPNA ermöglicht eine Konfiguration einer synaptischen Einfächerung von 224 Synapsen bei $2^9 = 512$ Neuronen bis zu einer maximalen synaptischen Einfächerung von 14336 Synapsen bei $2^3 = 8$ Neuronen. Somit stellt ein *wafer-scale* Element mit 384 FPNA im besten Fall

Ressourcen für 196.608 Neuronen bei einem mittleren ρ_{SynBM} von $0,001$ und im gegenteiligen Fall 6.144 Neuronen mit einem mittleren ρ_{SynBM} von $0,036$ zur Verfügung. Stellt man diesen Werten die Größe der abzubildenden NNA gegenüber lässt sich eine Abschätzung der prinzipiellen Abbildbarkeit vornehmen.

In der vorliegenden Beispielimplementierung beginnt die Überprüfung mit der Analyse der Einfächerung der Neuronalen Netzwerkstruktur. Dazu wird zuerst ein Histogramm der Einfächerung mit Klassengrößen entsprechend der Konfigurationsmöglichkeiten des FPNA erstellt. Das Histogramm der Einfächerung ermöglicht einen Vergleich des Synapsenverlustes durch Überschreiten der maximalen Einfächerung mit dem Grenzwert für den maximalen Synapsenverlust. Wird bei diesem Test der Grenzwert überschritten ist eine Abbildung unmöglich. Je näher die Abschätzung unterhalb des Grenzwertes liegt, desto weniger wahrscheinlich wird eine erfolgreiche Abbildung, da während der Abbildung weitere zu berücksichtigende Randbedingungen des Hardwaresystems hinzukommen. Aus den Daten des Histogramms wird weiterhin die mindestens notwendige Anzahl an FPNAs mit entsprechender Anzahl an Neuronen pro FPNA errechnet.

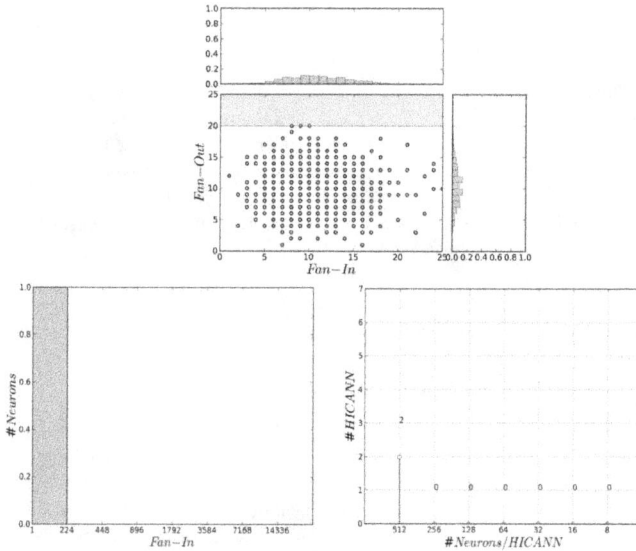

Abbildung 3.7: Darstellung der Beispielergebnisse der *a-priori* Abbildbarkeitsüberprüfung, zu erkennen sind beginnend von oben gegen den Uhrzeigersinn das Streudiagramm der Ausfächerung über der Einfächerung, das Histogramm der FPNA Konfigurationsgruppen und die notwendige Anzahl an FPNAs mit entsprechender Konfiguration.

Abbildung 3.7 illustriert über Diagramme die Ergebnisse der *a-priori* Abbildbarkeitsüberprüfung für eine zufällige NNA von 1.000 Neuronen und 10.000 Synapsen. In der unteren Zeile ist das Histogramm der Einfächerung gruppiert nach HICANN Konfiguration links und das Histogramm der Anzahl notwendiger FPNA jeder Konfigurationsgruppe rechts dargestellt. Darüber ist das Streudiagramm mit den beigestellten Histogrammen der Ein- und Ausfächerung als Repräsentation der Verbindungsstruktur des Netzwerks abgebildet. Im Histogramm unten links ist zu erkennen dass die Einfächerungen der Neuronen der NNA alle im Bereich 1 − 224 liegen und sich somit, wie im Histogramm unten rechts dargestellt, eine Mindestanzahl von 2 HICANN mit einer Konfiguration von 512 Neuronen pro FPNA ergibt.

3.4.3 Das Modell der Hardwarearchitektur

Die in Abschnitt 2.2 beschriebene Emulationsplattform wird zusammen mit der in Abschnitt 3.1 beschriebenen Verbindungsstruktur und der Verfügbarkeitsinformation aus der externen Datenbasis in die interne Darstellung als HM überführt. Der Aufbau des HM wird entsprechend des, im in Quelltextbeispiel 3.3 aufgelisteten, Pseudocodes durchgeführt. Eine schematische Darstellung der Grundstruktur des HM findet sich in Abbildung III.5 im Anhang III.

Quelltext 3.3: Pseudocode für den Aufbau des Hardwaremodells.

```
initialize_hardware_model()
check_allocation_constraints()
for wafer in wafers :
create_wafer()
    for fpga in fpgas:
        create_fpga()
    for dnc in dncs :
        create_dnc()
    for hicann in hicanns :
        create_hicann()
for wafer in wafers :
    check_availability_of_elements() # FPGAs, DNCs, HICANNs
    allocate_mapping_resources()
    expand_allocated_hicanns()
    connect_allocated_elements() # HICANNs to DNCs to FPGAs
erase_unused_hicanns_from_hardware_model()
connect_fpgas()
```

Nach abgeschlossenem Aufbau des HM besteht die grundlegende Struktur des HM unter dem Systemknoten BrainScaleSystem aus mindestens einem *wafer-scale* Element vom Typ Wafers welches DNCs, FPGAs und HICANNs beherbergt.

```
BrainScaleSystem/Wafers
BrainScaleSystem/Wafers/0/DNCs
BrainScaleSystem/Wafers/0/FPGAs
BrainScaleSystem/Wafers/0/HICANNs
```

Auf oberster Ebenen befindet sich neben den Wafers der GlobalParameters Knoten unter welchem globale Seiteninformationen zum HM abgelegt werden. Diese umfassen unter anderem die Dimensionierungsparameter das HW Systems, die Zugriffsparameter der Kalibrationsdatenbank und die Algorithmensequenz, auf welche im nachfolgenden Abschnitt zur Abbildung näher eingegangen wird.

Jedes der Elemente einer der vier Typen besitzt einen Unterknoten namens MetaData, unter welchem die aus der externen Datenbasis abgefragten Informationen zur Verfügbarkeit

abgelegt werden. Die hierarchische Struktur der FPGAs, DNCs und HICANNs ist unter deren
MetaData Knoten zu finden, horizontale Verbindungsstrukturen wie das synchrone inter-
FPGA Netzwerk und das asynchrone inter-HICANN Netzwerk werden im HM durch benamte
nicht-hierarchische Kanten dargestellt. Für die Abbildung allozierte HICANNs werden expan-
diert und beherbergen die in Abschnitt 2.2 beschriebenen Funktionsblöcke in entsprechend
abstrakter Darstellung.

3.5 Abbildung

Der Prozess der Abbildung fügt zwischen dem HM und dem BM sukzessiv Abbildungsinformationen ein. Im folgenden Abschnitt werden die Struktur der Algorithmensequenzen
im Datenmodell sowie deren interne Steuerung erläutert. Jeder Anwender kann grundsätzlich zwischen den bereits erwähnten Abbildungsstrategien als Kompromiss zwischen Abbildungsqualität und Dauer des Abbildungsprozesses wählen. Um dem erfahrenen Anwender
die Möglichkeit zu geben, eigene Algorithmensequenzen selbst zu konfigurieren, wird neben
der Datenstruktur zur Speicherung der Algorithmensequenz zudem die externe Schnittstelle
zur Definition einer Algorithmensequenz beschrieben. Abschließend wird das Ergebnis der
Abbildung an einem konkreten Beispiel erklärt.

3.5.1 Die Algorithmensequenz(en) des Abbildungsprozesses

Bei der Darstellung der Implementierung der Algorithmensequenz im internen Datenmodell wird, wie schon bei der Beschreibung der Modelle für die NNA und den Emulator im
vorangegangenen Abschnitt, an dieser Stelle auf eine grafische Darstellung verzichtet. Stattdessen findet eine an GMPath angelehnte Syntax Verwendung. Als Hilfestellung befindet sich
im Anhang III eine schematische Darstellung des hier behandelten Ausschnitts aus dem
Datenmodell.

Der Wert der vom Nutzer ausgewählten Algorithmensequenz s wird unter den globalen
Parametern des HW Modells abgelegt. Die jeweiligen Sequenzen selbst sind im HM unter
AlgorithmSequences vorkonfiguriert:

HWModel/GlobalParameters/MappingStrategy/s
HWModel/GlobalParameters/AlgorithmSequences/<valid|normal|best|user>/[1...X]

In dem folgenden Ausschnitt entspricht HERE[4] dem Pfad zu einem HWElement-Typ im HM.
Für jeden Typ eines HWElement sind (*Unter-*)Algorithmensequenzen definiert, auf die vom
jeweiligen HWElement-Typ über eine EQUAL Kante verwiesen wird:

HERE/AlgorithmSequence > EQUAL > HWElementAlgorithmSequence

Die Zuordnung der Sequenzen erfolgt nach dem jeweiligen Wert der MappingStrategy. Jede
dieser Algorithmensequenzen besteht aus einer Folge von Algorithmen [1...N]. HERE entspricht der einer Abbildungsstrategie s gleichzusetzenden AlgorithmSequence für ein bestimmtes HWElementX. Jeder Algorithmus n wird über eine Reihe von Parametern [1...M]
konfiguriert von denen jeder Parameter m mit seinem Wert Value über eine EQUAL Kante
verbunden ist:

---

[4]In GMPath entspricht der Platzhalter HERE der momentanen Position im Graphenmodell.

```
HERE/Algo[1...N]
HERE/Algo[n]/Param[1...M]
HERE/Algo[n]/Param[m]/Value
HERE/Algo[n]/Param[m] > EUAL > Value
```

3.5.2 Die Prozessteuerung und die Standardsequenz des Abbildungsprozesses

Aus den einzelnen Algorithmen [1...N] wird über die Kante FOLLOWER eine konkrete Sequenz dieser Algorithmen definiert, die in den folgenden Quelltextausschnitten durch HERE repräsentiert ist:

```
HERE/Algo[1...N]
HERE > FOLLOWER > Algo[0]
HERE/Algo[n] > FOLLOWER > Algo[n+1]
```

Auf den Startpunkt der Sequenz wird vom Knoten der Algorithmensequenz über eine ausgehende Kante verwiesen; der letzte Algorithmus einer Sequenz hat keine ausgehende Kante. Die Abbildung beginnt grundsätzlich mit dem ersten Element einer Algorithmensequenz. Über eine CURRENT Kante, welche ausgehend vom zugehörigen HWElementX im HM als Verweis auf den aktuellen Algorithmus zeigt, wird der Fortschritt für die dem HWElementX zugeordneten Sequenz im Datenmodell angezeigt. Eine vom AP abgeschlossene Sequenz wird mit der Kante FINISHED gekennzeichnet, welche auf das letzte Element einer Sequenz verweist.

Dieser Mechanismus ermöglicht zum Einen die parallele Bearbeitung der Algorithmensequenzen von Hardwareelementen gleichen Typs entsprechend der vertikalen Granularität, zum Anderen die Wiederaufnahme von teilweise fertiggestellten Algorithmensequenzen des AP.

3.5.3 Die Speicherung der Abbildungsinformationen

Mit fortschreitendem AP werden von den Algorithmen zwischen dem BM und dem HM sukzessiv Abbildungsinformationen in der Form von GM Kanten hinzugefügt. Diese Kanten können temporär sein und von einem nachfolgenden Algorithmus gelöscht werden oder permanent bis zum Abschluss des AP existieren. Eine Liste der verwendeten Kanten ist im Anhang IV mit der Dokumentation der im Rahmen der Beispielimplementierung verfügbaren Algorithmen zu finden. Ihre Verwendung wird im Zusammenhang mit der Beschreibung der einzelnen Algorithmen erläutert. Als Beispiel für dem GM hinzugefügte Abbildungsinformationen ist im Anhang III in Abbildung III.7 der HICANN (im HM des GM) mit nicht-hierarchischen Kanten für die Abbildung synaptischer Verbindungen dargestellt.

3.5.4 Die mit der Beispielimplementierung verfügbaren Abbildungsalgorithmen

Für jeden der in Tabelle 2.5 in Abschnitt 2.10 aufgelisteten Algorithmenschritte ist mindestens eine Implementierung vorhanden. Abbildung 3.8 zeigt die Klassenstruktur der verfügbaren Algorithmen. Im Fall gemeinsamer Funktionalität wurde eine Abstraktion über eine Basisklasse vorgenommen, wie am Beispiel von PlacementAlgorithmBase zu erkennen ist. Grau dargestellt ist die Klasse für den Algorithmus zur Verbindung mit einer NNA Struktur, welche auf mehr als einem *wafer-scale* Element platziert wurde. Die implementierten Platzierungsalgorithmen zur Partitionierung der NNA sind in der Lage, auf verschiedenen

Hierarchiebenen zu platzieren. Im Anhang IV ist die aus dem Quelltext extrahierte Dokumentation[5] der dargestellten Algorithmen zu finden, in welcher für jeden Algorithmus die erforderlichen Eingabedaten, die erzeugten Ausgabedaten, die möglichen Konfigurationsparameter sowie die Funktionalität beschrieben sind.

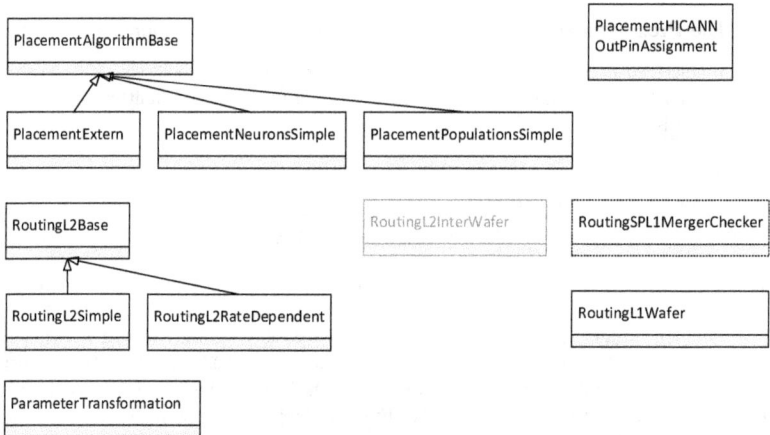

Abbildung 3.8: Vereinfachte Klassenstruktur der implementierten Algorithmen, in Reihen von oben nach unten Algorithmen zur Platzierung, Verbindung und Parametertransformation.

In Abbildung 3.9 ist die konkrete Abfolge der implementierten Algorithmen im Sequenzdiagramm als eine mögliche Realisierung des in Abbildung 2.24 entwickelten Konzepts aus Abschnitt 2.10 dargestellt. Die Algorithmen wurden neben dem Autor der vorliegenden Arbeit unter Anderem von Bernhard Vogginger, Johannes Fieres und Karsten Wendt implementiert.

Der erste Schritt der Partitionierung platziert auf der Ebene System die neuronalen Elemente einer NNA entsprechend der Kapazität der nächst kleineren Container, in diesem Fall der Wafer. In der Standardsequenz wird dieser Schritt durch den Algorithmus PlacementNeuronsSimple ausgeführt. Dieser Vorgang wiederholt sich auf der Ebene Wafer für die Partitionierung der dem Wafer zugewiesenen Elemente auf die FPNA Container. Im nachfolgenden Schritt PlacementHICANNOutPinAssignment erfolgt die Zuweisung der Ausgänge des FPNA Containers. Aufbauend darauf erfolgt die Zuweisung der Anschlüsse des Wafer Containers durch den Algorithmus RouteL2Simple. Der Algorithmus RoutingL1Wafer vereint die Schritte der Platzierung und der Verbindung der synaptischen Struktur der NNA innerhalb des FPNA sowie die Abbildung der synaptischen Verbindungsstruktur. Der optionale Algorithmus RoutingSPL1MergerChecker überprüft vor der Durchführung der abschließenden ParameterTransformation die kumulierten Resultate der vorangegangenen Verbindungsschritte.

Zur Vereinfachung der Algorithmensequenz wurden im Gegensatz zum allgemeinen Konzept die Schritte der FPNA Ebene auf die nächsthöhere Ebene gehoben. Die Schritte der

---

[5]Dokumentation erstellt mit Doxygen (http://www.doxygen.org)

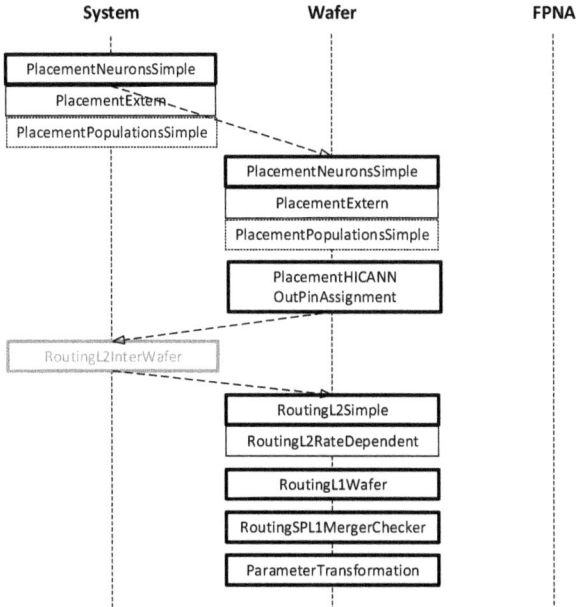

Abbildung 3.9: Implementierte Algorithmensequenz des BrainScaleS Abbildungsprozesses. Die Algorithmensequenz verläuft vertikal und wechselt dabei zwischen den Hierarchieebenen. Hervorgehoben sind die Algorithmen der Standardsequenz. Alternative Algorithmen für einen Algorithmenschritt sind, so vorhanden, jeweils darunter angeordnet.

FPNA internen Platzierung und Verbindung werden in die Implementierung des Algorithmus RoutingL1Wafer zur Verbindung des intra-wafer Netzwerks integriert, ebenso erfolgt die Zuweisung der Anschlüsse der einzelnen HICANNs sowie die Parametertransformation auf Ebene der Wafer. Wie schon bei der Entwicklung des Konzeptes erläutert, sind die Kategorien der Platzierung und Verbindung nicht in jedem Fall eindeutig, wie das Beispiel der Anschlusszuweisung illustriert. Die Anschlusszuweisung der HICANNs ist hier der Platzierung zugeordnet, wobei diese Zuweisung an den Ausgängen des Wafer, repräsentiert durch den Algorithmus RoutingL2InterWafer, als Verbindungsschritt kategorisiert wird.

Im Laufe der Entwicklung von Abbildungsalgorithmen wurden erfolgreich Versuche zur Parallelisierung auf algorithmischer Ebene durchgeführt, siehe Ehrlich et al. [174]. Jedoch wurde für die vorliegende Implementierung, deren Schwerpunkt auf der Vollständigkeit des AP liegt, die Arbeit an den in [174] vorgestellten Algorithmen zurückgestellt und eine Parallelisierung der Algorithmensequenz unter Berücksichtigung der horizontalen Granularität nicht vorgenommen.

3.5.5 Die Verwendung von Algorithmen der Entwurfsautomatisierung im Schaltkreisentwurf

Während die Systemarchitektur eines BrainScaleS *wafer-scale* Elements Ähnlichkeit mit einer netzwerkbasierten FPGA Architektur [175] aufweist, weicht die interne Architektur des HICANN grundlegend von den etablierten FPGA Architekturen ab. Dies erlaubt die These, dass sich auf den hierarchischen Ebenen über dem HICANN die Algorithmen eines FPGA APs für den BrainScaleS AP einsetzen lassen und auf HICANN Ebene, aufgrund der spezifischen Architektur, neuartige Algorithmen zu entwickeln sind.

Eine Evaluation von Algorithmenkonzepten der *Electronic Design Automation* (EDA) (zu dt. Entwurfsautomatisierung elektronischer Systeme), im Rahmen einer Diplomarbeit von Ioannis Kokkinos [176], ergab eine grundsätzliche Eignung der untersuchten Partitionierungs- und Verbindungsalgorithmen für deren Anwendung im AP des BrainScaleS Systems. Evaluiert wurde das von Karapyris et al. entwickelte *(Par)METIS*[6] [177, 178] für die Partitionierung und die Anwendung von *SATisfiability* (SAT) (zu dt. Erfüllbarkeit) Lösern für den intra-wafer Verbindungsschritt.

Bei der Partitionierung ist eine feste Anzahl an Partitionen mit fester Größe gegeben, in welche eine NNA mit einer variablen Anzahl an Neuronen oder einer variablen Anzahl an Populationen variabler Größe partitioniert werden soll. Mit dem Ziel, die Anzahl der Verbindungen zwischen den Partitionen zu minimieren und unter der Annahme, dass die Konnektivität innerhalb einer Population höher ist als zwischen den Populationen, kann die Partitionierung auf Populationsebene vorgenommen werden, andernfalls auf Neuronenebene. METIS stellt über eine Softwarebibliothek unter Anderem eine Reihe mehrstufiger Partitionsalgorithmen für unstrukturierte Graphen zur Verfügung, welche im EDA Kontext zur Schaltungspartitionierung eingesetzt werden [151]. Die METIS Bibliothek stellt keine API bereit, sondern den zu bearbeitende Graph ist vor der Partitionierung in ein METIS eigenes Format zu konvertieren und das Ergebnis entsprechend zu interpretieren. Aus diesem Grund wird in der hier vorgestellten Beispielimplementierung die METIS Bibliothek trotz prinzipiell positiver Evaluation nicht berücksichtigt.

Im Schritt der intra-wafer Verbindung können SAT-Löser Anwendung finden, welche in der EDA neben dem Verbinden von platzierten Elementen [179] beispielsweise auch in den Bereichen der Erzeugung von Testmustern, der Ermittlung von Signallaufzeiten, zur Logikoptimierung oder zum Äquivalenzvergleich eingesetzt werden, siehe auch [149, 180]. Ein SAT Löser wertet in KNF[7] formulierte boolesche Ausdrücke, welche ein Entscheidungsproblem beschreiben, hinsichtlich ihrer Erfüllbarkeit aus. Im Kontext des Verbindungsschrittes heißt das: existiert eine Lösung, so ist eine Verbindung möglich. Mit dem in C++ implementierten, quelloffenen MiniSAT [181] und dem in Java implementierten, quelloffenen sat4j [182] wurden zwei SAT Löser für die Bearbeitung des Algorithmenschrittes der inter-FPNA Verbindung evaluiert. Die Tests wurden mit einer vereinfachten Systemarchitektur erfolgreich durchgeführt [176]. Für die Bearbeitung des Verbindungsschrittes durch einen SAT Löser sind die KNF Sätze des Entscheidungsproblems vor Beginn der Verarbeitung zu generieren und für die Beispielimplementierung die Ergebnisse der Bearbeitung zudem zu interpretieren, womit die Verwendung eines SAT Lösers für diesen Schritt ebenfalls zurückgestellt wurde.

---

[6] *Unstructured Graph Partitioning and Sparse Matrix Ordering System*
[7] Konjunktive Normalform

3.5.6 Die Parametrisierung einer Algorithmensequenz

Die vertikale Granularität des Datenpfades ist durch die einzelnen Prozessschritte festgelegt. Für jeden Prozessschritt sind die notwendigen Eingabedaten und die vom jeweiligen Algorithmus zu erzeugenden Ausgabedaten definiert. Mit ebenfalls vorgegebenen Randbedingungen für jeden Schritt verbleibt für den Nutzer die Auswahl des Algorithmus für den jeweiligen Prozessschritt sowie die Parametrisierung der einzelnen Algorithmen in einer Nutzersequenz. Die Auswahl der vom Anwender im `GMPath` Format beschriebenen Algorithmensequenz erfolgt über die PyNN Schnittstelle, wie in Abschnitt 3.2 erläutert. Im Anhang IV ist ein Beispielskript für eine extern bereitgestellte (Nutzer-)Algorithmensequenz zu finden.

3.6 Nachverarbeitung des Abbildungsprozesses

Die Nachverarbeitung umfasst in der Beispielimplementierung des AP die optionale Auswertung der Ergebnisse durch den Nutzer. In Abschnitt 3.2 ist dafür bereits die in Abbildung 3.4 dargestellte grafische Nutzerschnittstelle des interaktiven Modus des AP mit den Interaktionsmöglichkeiten nach abgeschlossener Abbildung eingeführt worden. In diesem Abschnitt sollen zwei weitere Möglichkeiten zur manuellen Analyse der Abbildungsergebnisse erläutert werden. Dies ist zum Einen ein Python Modul zur Durchführung von Vergleichsoperationen auf den Verbindungsmatritzen des Abbildungsprozesses und zum Anderen die Anwendung *Graph Visualization Tool* (GraViTo) zur grafischen Exploration des GM.

3.6.1 Die Möglichkeiten zur Analyse struktureller Abbildungsverluste

Die `pynn.hardware.brainscales` Implementierung stellt mit dem *Mapping Analyzer* über das `mapper` Pythonmodul ein Werkzeug zur Analyse der strukturellen Verluste nach abgeschlossener Abbildung bereit. Der von Bernhard Vogginger entwickelte Mapping Analyzer bietet Methoden zur Ermittlung der realisierten oder nicht realisierten Verbindungen zwischen Gruppen von Neuronen. Die Verwendung des *Mapping Analyzers* ist im Quelltextbeispiel 3.4 illustriert. So über `pynn.setup()` spezifiziert, werden nach fertiggestelltem AP Dateien erzeugt, welche Informationen zu den Verbindungen der NNA beinhalten.

Quelltext 3.4: Beispiel zur Verwendung des Mapping Analyzers.

```
 1  import pyNN.hardware.brainscales as pynn
 2  realisiert = "realized_conns.txt"
 3  verloren   = "lost_conns.txt"
 4  pynn.setup(
 5     ...
 6     realizedConnectionMatrixFile = realisiert,
 7     lostConnectionMatrixFile = verloren,
 8  )
 9     ...
10  pynn.run(...)
11     ...
12  from pyNN.hardware.brainscales import mapper
13  MA = mapper.MappingAnalyzer(verloren, realisiert)
14     ...
```

3.6.2 Die Möglichkeiten zur grafischen Exploration des Graphenmodells

Das Anwendungsbeispiel GraViTo [153] dient zur Untersuchung des GM. Die Abbildung 3.10 dargestellte Beispielanwendung GraViTo integriert unter Anderem die im Rahmen einer betreuten Studienarbeit von Lukas Zühl implementierten Module (siehe Ehrlich et al. [153]) zur Anzeige des HM und des BM in textueller sowie graphischer Form und erstellt grafische Repräsentationen statistischer Prozessdaten. Es ermöglicht selektiven Zugriff auf einzelne Datenknoten und visualisiert deren Kontext, Abhängigkeiten und Beziehungen zu anderen Datenknoten im System.

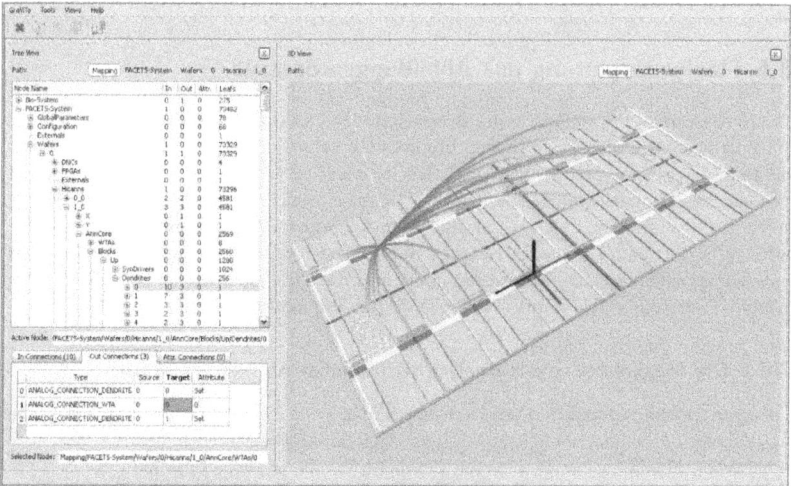

Abbildung 3.10: Grafische Oberfläche von GraViTo. Auf der linken Seite oben ist die Baum-ansicht der Datenstruktur des AP zur Navigation durch die hierarchische Struktur zu erkennen. Darunter befindet sich die tabellarische Übersicht der Verbindungsstruktur jeweils ausgewählter Datenknoten. Die 3D Ansicht auf der rechten Seite bietet eine abstrahierte Repräsentation des Hardwaresystems. Der globale Überblick des Netzwerks zwischen den einzelnen Systemkomponenten unterstützt den Anwender bei der interaktiven Navigation durch die Architektur und ihrer Konfigurationsinformationen.

Die Abbildung VI.1 im Anhang VI zeigt die dreidimensionale Visualisierung des in Abschnitt 2.1 vorgestellten Assoziativspeichermodells. Zu erkennen ist die NNA über dem *wafer-scale* Element mit farbigen Kanten, welche die Platzierung auf dem Hardwaresystem anzeigen. Die Hervorhebungen für die Neuronentypen (*RSNP*, *PYR* und *FSNP*) sowie die Markierungen für die Elemente der neuronalen Schaltkreise (*Minicolumn* und *Hypercolumn*) wurden dem Bild nachträglich hinzugefügt.

4 Anwendungsbeispiele & Untersuchung

Im nun folgenden Abschnitt soll die prinzipielle Funktionstüchtigkeit sowie die Leistungsfähigkeit des AP untersucht werden. Dazu werden zum Nachweis der prinzipiellen Funktionstüchtigkeit des AP zuerst einzelne Versuche mit minimalen Experimentbeschreibungen durchgeführt. Zur Demonstration wird ein Aufbau eines Minimalsystem des in Abschnitt 2.2 beschrieben Emulators verwendet. Für die Durchführung größerer Experiment wird anschließend die ESS des BrainScaleS Systems eingesetzt. Die Untersuchung des Skalierungsverhaltens der Implementierung des entwickelten AP hinsichtlich des Speicherbedarfs, der zeitlichen Kosten und der möglicherweise auftretenden strukturellen Verluste findet über Testreihen mit den in Abschnitt 2.1 vorgestellten NNAen statt. Im Unterabschnitt Methoden werden dazu die Versuchsanordnungen für diese drei Szenarien beschrieben und in den darauf folgenden Abschnitten die Ergebnisse zu Versuchen vorgestellt. Alle in diesem Abschnitt behandelten Experimente stehen als ausführbare Beispiele dem Anwender zur Verfügung.

4.1 Methoden

Der Abschnitt zu den Methoden umfasst die Beschreibung der Testumgebung, den verwendeten Demonstrationsaufbau sowie die ausgeführten Experimente. Die Funktionstests und Untersuchungen werden mit einer aktuellen Version der BrainScaleS Software durchgeführt, welche zusammen mit den hier behandelten Experimenten als BrainScaleS Linux Live-System [170] für potentielle Experimentatoren zur Vorbereitung von Experimenten für das BrainScaleS Emulatorsystem bereitgestellt wird.

4.1.1 Mikromodelle für einen Demonstrationsaufbau

Zur Demonstration der grundlegenden Funktionalität des AP werden Minimalbeispiele auf den in Abbildung 4.1 dargestellten Demonstrationsaufbau abgebildet.[1]

Die Komponenten des Demonstrationsaufbaus werden vom AP als zu einem *wafer-scale* Element zugehörig identifiziert. Für die im Folgenden beschriebenen Experimente mit dem Demonstrationsaufbau findet ein HICANN Verwendung. Die zum Zeitpunkt der Anfertigung der Arbeit verfügbaren Kalibrationsroutinen ermöglichen die Kalibration der neuromorphischen Neuronenschaltkreise. Für die Minimalbeispiele wird ausschließlich eine manuelle Platzierung auf die durch die Kalibrationsroutinen als funktionierend festgestellten Elemente vorgenommen. Die eingeschränkte Funktionalität der Kalibrationsroutinen erlaubt derzeit keine zuverlässige Reproduktion von Experimenten in wesentlich größerem Umfang.

4.1.2 Makromodelle für die Ausführbare Systemspezifikation

Da Experimente in Größenordnungen über den Mikromodellen auf dem *wafer-scale* System zum Zeitpunkt der Anfertigung der Arbeit keine zuverlässig reproduzierbaren Ergebnisse

---

[1]Der Demonstrationsaufbau wurde zusammen mit den hier erläuterten Beispielen auf dem BrainScaleS Plenary Meeting [183] vorgestellt.

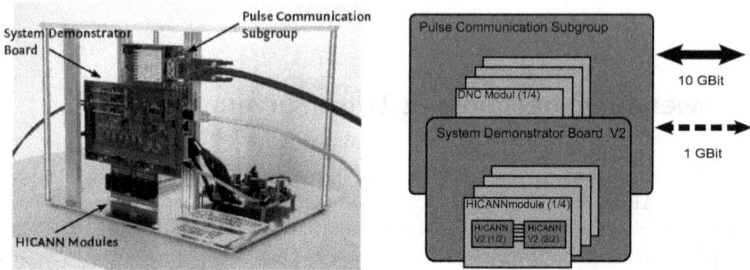

Abbildung 4.1: Demonstrationsaufbau für ein *wafer-scale* Element des BrainScaleS Systems. Der Versuchsaufbau besteht aus einer der in Abschnitt 2.2 beschriebenen PCS, bestückt mit einem FPGA und einem DNC, vor welcher ein SDB als Prototyp des System-PCB eines *wafer-scale* Elements des BrainScaleS Emulators angebracht ist. Der Versuchsaufbau bietet Zugriff auf zwei HICANN-Module welche mit jeweils zwei HICANNs bestückt sind.

ermöglichen, werden Beispiele ausführbarer Emulationen der in Abschnitt 2.1 beschriebenen Modelle unter Verwendung der ESS demonstriert. Die für die Abbildung von NNAen verfügbare Systemgröße ist ein vollständiges *wafer-scale* System. Für die Beschreibung der algorithmischen Konfiguration des AP wird auf die Dokumentation des BrainScales Linux Live-Systems verwiesen [170]. Die Allokation der für die Abbildung zu verwendenden HICANNs wird über die PyNN Schnittstelle manuell vorgenommen.

4.1.3 Testreihen für die Untersuchung des Skalierungsverhaltens

Zusammen mit der Referenzimplementierung eines AP für den BrainScaleS Emulator werden Testreihen bereitgestellt, die der Untersuchung der Skalierung des AP dienen und deren Ergebnisse zukünftigen Arbeiten den Vergleich mit der Referenzimplementierung ermöglichen.

Verlustgrenzen als Abbildungsrandbedingung werden für die Tests deaktiviert, da die Entwicklung der unbeschränkten Verluste für die Testreihen von Interesse ist. Für eine Untersuchung der Auswirkung struktureller Verluste auf die Funktionalität einer NNA und Kompensationsmöglichkeiten wird auf [126] verwiesen. Da die Verzerrung der Parameterwerte bei der Abbildung in der Referenzimplementierung des AP nicht implementiert und, mit dem Schwerpunkt der Referenzimplementierung auf Vollständigkeit der Abbildung, die Effizienz der Hardwarenutzung von sekundärem Interesse ist werden diese Werte bei der Ermittlung der Abbildungsqualität nicht berücksichtigt. Die Skalierung des AP wird auf einem BrainScaleS System von der Größe eines *wafer-scale* Elements untersucht. Die Größenvariation erfolgt für die Größe der NNA Strukturen der in Abschnitt 2.1 vorgestellten Modelle und des Parameters der maximal auf einem HICANN zu platzierenden Neuronen.

Als Rechnerplattform für die Skalierungstests wurde ein **Intel®Corei7-2600** Vierkernprozessor mit $3,40\,\text{GHz}$ Taktfrequenz und Zugriff auf $16\,\text{GByte}$ RAM[2] eingesetzt. Das Betriebssystem des Versuchsrechners ist Linux (Debian Linux[3] Kernel 3.2.23). Die Kompilierung

---

[2] *Random Access Memory*
[3] http://www.debian.org

Tabelle 4.1: Verfügbare Neuronen pro Wafer abhängig von der maximalen Anzahl an Neuronen pro HICANN bei Verfügbarkeit aller HICANN Elemente (384) und die entsprechende maximale Anzahl an Synapsen pro Neuron.

Neuronen/HICANN	Neuronen/Wafer	Synapsen/Neuron
8	3072	14336
16	6144	7168
32	12288	3584
64	24576	1792
128	49152	896
256	98304	448
512	196608	224

der Quelltexte erfolgt mit `gcc`[4] (Version 4.7.2) und die Ausführung der PyNN Experimente mit Python[5] (Version 2.7) und PyNN[6] (Version 0.7). Die Version der Software entspricht dem BrainScaleS Live-Linux System [170] in der Version von 2013.

Die Parametrisierung der während der Tests verwendeten Algorithmensequenz, die der Abbildungsstrategie `normal` entspricht, ist in Anhang V zu finden, die Beschreibung der einzelnen Algorithmen mit der Bedeutung der Parameter in Anhang IV.

4.2 Mikromodellbeispiele auf einem Demonstrationsaufbau

Anhand von Minimalbeispielen lässt sich die prinzipielle Funktionstüchtigkeit des AP demonstrieren. Die Minimalexperimente illustrieren: *i)* die Möglichkeit der Stimulation eines Neurons über einen Strom, *ii)* den Einsatz von Pulsen zur Stimulation eines Neurons und *iii)* die Stimulation eines Neurons durch ein synaptisch verbundenes Neuron.

4.2.1 Beispiel für einen Stromstimulus

Das Minimalbeispiel zum Stromstimulus steht als `single_neuron_current_input` dem Anwender zur Verfügung. Das Quelltextbeispiel 4.1 zeigt die Grundstruktur des in PyNN formulierten Experiments. Das Beispiel verwendet ein LIF Neuron und eine hardwarespezifische periodische Stromquelle. Der Strom wird in das Neuron injiziert und die Aufzeichnung des Membranpotentials (`record_v()`) sowie von Pulsen (`record()`) des Neurons festgelegt. Während der Durchführung des Experiments `run()` wird das Neuron über eine Dauer von 15ms in biologischer Zeit durch einen Strompuls mit konstanter Amplitude periodisch stimuliert. Nach Durchführung des Experiments sind die aufgezeichneten Pulse zur nachträglichen Auswertung zu auszugeben (`printSpikes()`).

Die Ergebnisse des Experiments sind in Abbildung 4.2 dargestellt. Auf der linken Seite zu erkennen ist der Membranpotentialverlauf des Neurons während des Experiments aufgezeichnet mit einem Oszilloskop. Ein Ausschnitt zeigt hier eine Anzahl aufeinander folgender Aktionspotentiale, welche durch den Stromstimulus innerhalb einer Periode evoziert werden. Zu erkennen ist zudem der aus der Transformation resultierende veränderte Dynamikbereich

---

[4] http://gcc.gnu.org
[5] http://www.python.org
[6] http://neuralensemble.org

Quelltext 4.1: Grundstruktur des PyNN Skripts eines Minimalbeispiels für Stromstimulus.

```
1  LIFNeuron = pynn.Population(1, pynn.IF_cond_exp,...)
2  CurrentSource = pynn.PeriodicCurrentSource(...)
3  CurrentSource.inject_into(LIFNeuron)
4  LIFNeuron.record_v()
5  LIFNeuron.record()
6  pynn.run(...)
7  LIFNeuron.printSpikes(...)
```

des Membranpoptentials. Auf der rechten Seite dargestellt sind die ausgelesenen Pulse des Neurons nach Rücktransformation in den biologischen Zeitbereich.

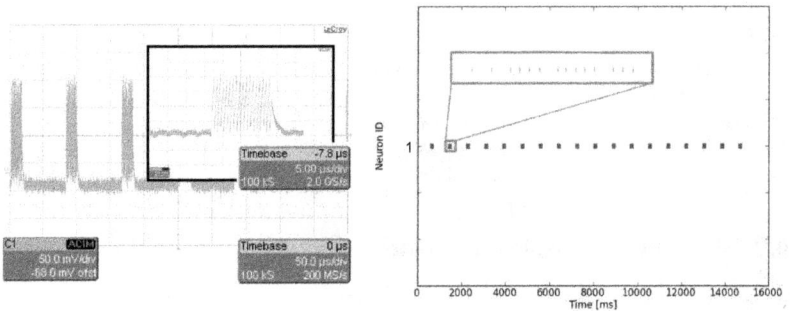

Abbildung 4.2: Darstellung der Messergebnisse eines Minimalbeispiels für die Stimulierung eines Neurons durch einen periodischen Strompuls, mit der Membranspannung des stimulierten Neurons auf der linken Seite und den ausgelesenen Pulsen auf der rechten Seite.

Darstellung der Messergebnisse eines Minimalbeispiels für die Stimulierung eines Neurons durch eine externe Pulsquelle, mit der Membranspannung des stimulierten Neurons auf der linken Seite und den ausgelesenen Pulsen auf der rechten Seite.

4.2.2 Beispiele für Pulsstimulus

Die Pulsstimulation der Neuronen des HICANN FPNA erfolgt über externe oder interne Pulsquellen. Externe Pulse sind vom FPGA über das synchrone Pulsnetzwerk an den Schaltkreis heranzuführen, interne Pulse können durch die in Abschnitt 2.2 beschriebenen Pulsgeneratoren erzeugt werden.

Stimulation eines Neurons über eine externe Pulsquelle

Das Minimalbeispiel für externen Pulsstimulus steht als **single_neuron_12_input** dem Anwender zur Verfügung. Das Quelltextbeispiel 4.2 zeigt einen verkürzten Ausschnitt aus der in PyNN formulierten Experimentbeschreibung. Im Gegensatz zum Minimalbeispiel des Stromstimulus wird nun ein **SpikeSourceArray** erzeugt und über eine **Projection** mit einem Neu-

ron exzitatorisch über ein Gewicht von 0.01 nS synaptisch verbunden. Ansonsten bleibt der
experimentelle Aufbau gleich dem Minimalbeispiel des Stromstimulus.

Quelltext 4.2: Elemente des PyNN Skripts eines Minimalbeispiels für externen Pulsstimulus.

```
1  ExternalSpikeSource = pynn.Population(1, pynn.SpikeSourceArray, ...)
2  pynn.Projection( ExternalSpikeSource, LIFNeuron,
3      pynn.OneToOneConnector(weights=0.01), target='excitatory')
```

Die im Skript vordefinierten regelmäßigen Pulse mit einem ISI von 1 ms biologischer
Zeit werden über den Zeitraum von 500 ms nach Beginn der Experiments bis zu dessen Ende
vom FPGA der PCS abgespielt.

In Abbildung 4.3 ist links die während des Experiments aufgenommene Membranspannungskurve des stimulierten Neurons dargestellt. Es ist zu erkennen wie die stimulierenden
Pulse in regelmäßigen zeitlichen Abständen das Membranpotential erhöhen bis eine Schwellwertspannung erreicht ist, das Neuron in der Folge selbst einen Puls generiert, die Membranspannung zurückgesetzt wird und der Prozess erneut beginnt. Auf der rechten Seite sind
unten die Pulszüge des Stimulus und darüber die des stimulierten Neurons dargestellt. Diese
Pulse des Neurons werden während des Experiments im FPGA der PCS aufgezeichnet, nach
abgeschlossenem Experiment ausgelesen und in den biologischen Zeitbereich zurücktransfor-
miert.

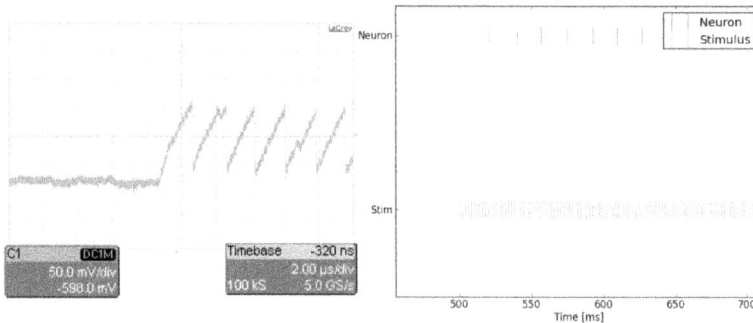

Abbildung 4.3: Darstellung der Messergebnisse eines Minimalbeispiels für die Stimulierung
eines Neurons durch eine externe Pulsquelle, mit der Membranspannung des stimulierten
Neurons auf der linken Seite und den ausgelesenen Pulsen auf der rechten Seite.

Stimulation eines Neurons über eine interne Pulsquelle

Das Minimalbeispiel für internen Pulsstimulus steht als `single_neuron_12_input` dem Anwender zur Verfügung. Das Quelltextbeispiel 4.3 zeigt einen verkürzten Ausschnitt aus der
in PyNN formulierten Experimentbeschreibung. Im Gegensatz zum Minimalbeispiel des externen Pulsstimulus wird nun eine Pulsquelle vom Typ `SpikeSourcePoisson` erzeugt. Diese
Pulsquelle kann sich sowohl intern als auch extern befinden und wird für dieses Experiment

händisch intern auf dem FPNA platziert.[7] Ansonsten bleibt der experimentelle Aufbau gleich dem Minimalbeispiel des Stromstimulus.

Quelltext 4.3: Elemente des PyNN Skripts eines Minimalbeispiels für internen Pulsstimulus.

```
1  BEGSpikeSource= pynn.Population(1, pynn.SpikeSourcePoisson,...)
2  ...
3  pyNN.hardware.brainscales import mapper
4  place = mapper.place()
5  place.to(BEGSpikeSource[0],wafer=0,fpga=0,dnc=0,hicann=0,denmem=96)
6  place.commit()
```

Der Stimulus besteht hier aus von den HICANN FPNA internen Pseudozufallsgeneratoren erzeugten Pulsen deren zeitliches Auftreten einer Poissonverteilung mit einer mittleren Rate von 500 Hz folgt. Der Stimulus ist von 1000 ms nach Beginn des Experiments bis zu dessen Ende aktiv.

In Abbildung 4.4 dargestellt sind die Messergebnisse für das Minimalbeispiels zum internen Pulsstimulus. Die Membranspannungskurve links illustriert die Aufintegration der unregelmäßigen Stimuli. Auf der rechten Seite zu erkennen ist der Pulszug des stimulierten Neurons.

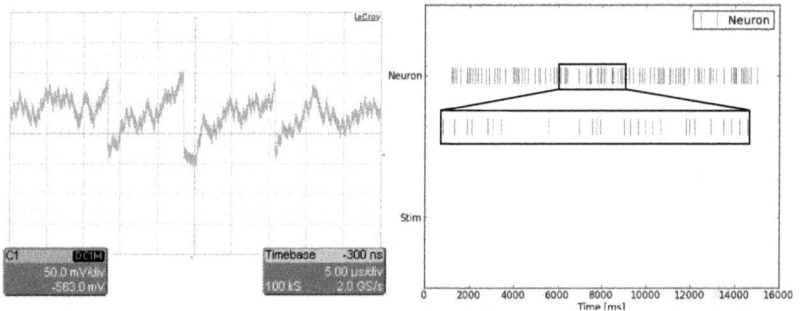

Abbildung 4.4: Darstellung der Messergebnisse eines Minimalbeispiels für internen Pulsstimulus, mit der Membranspannung des stimulierten Neurons auf der linken Seite und den ausgelesenen Pulsen auf der rechten Seite.

4.2.3 Beispiel eines Neuronenpaars

Das Minimalbeispiel für das Neuronenpaar steht als `neuron_couple_current_input` dem Anwender zur Verfügung. Wie in der verkürzten Experimentbeschreibung des Minimalbeispiels in Quelltext 4.4 gezeigt, wird für das Experiment zuerst ein Neuron periodisch durch einen Strompuls stimuliert. Die Pulse des stimulierten Neurons regen wiederum ein zweites Neuron an. Die Stärke des Strompulse entspricht der Konfiguration der Stromquelle im

---

[7]Die Beschreibung des Python Moduls zur händischen Platzierung findet sich in der Dokumentation zum Algorithmus `PlacementExtern` im Anhang IV.

Minimalbeispiel für den Stromstimulus jedoch ist die Dauer des Stimulus in der Periode verkürzt.

Quelltext 4.4: Elemente des PyNN Skripts eines Minimalbeispiels für ein Neuronenpaar.

```
1  LIFNeuronSource = pynn.Population(1, pynn.IF_cond_exp,...)
2  LIFNeuronSink = pynn.Population(1, pynn.IF_cond_exp,...)
3  pynn.Projection(LIFNeuronSource, LIFNeuronSink,
4      pynn.OneToOneConnector(weights=0.01), target='excitatory')
5  ...
6  CurrentSource = pynn.PeriodicCurrentSource(...)
7  CurrentSource.inject_into(LIFNeuronSource)
```

Abbildung 4.5 zeigt die Messergebnisse des Experiments. Die Wirkung des periodischen Stromstimulus ist am Membranpotentialverlauf des ersten Neurons in den Messergebnissen als die rote Kurve zu erkennen. Die Antwort des zweiten Neurons auf die Stimulation durch das erste Neuron ist in der grünen Spannungskurve dargestellt. Durch die Übertragungsdauer erreichen die Pulse des stimulierenden Neurons das zweite Neuron verzögert. Es ist zu erkennen wie das zweite Neuron erst nach der Aufintegration einer Reihe von Pulsen selbst einen Puls erzeugt.

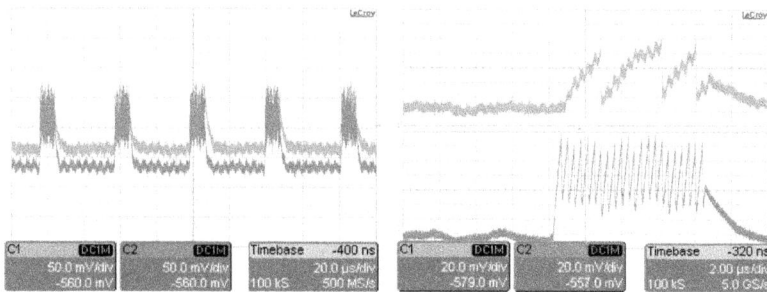

Abbildung 4.5: Darstellung der Messergebnisse eines Minimalbeispiels für ein Experiment mit einem Neuronenpaar, mit der Membranspannung des stimulierenden Neurons unten und der Membranspannung des stimulierten Neurons oben.

4.3 Makromodellbeispiele auf der ausführbaren Systemspezifikation

Zur Demonstration der Abbildung realistischer Neuronaler Netzwerkarchitekturen werden die drei in Abschnitt 2.1 vorgestellten Experimente dem Anwender für eigenen Experimente zur Verfügung gestellt. Die Beispiele werden auf das BrainScaleS Emulationssytem abgebildet und auf der ESS ausgeführt. Die Experimente finden außerdem Anwendung in automatisierten Testläufen der Softwarentwicklung.

Die Netzwerkgröße für das jeweilige Modell ist in Tabelle 4.2 aufgelistet. Mit der Größenordnung von 10^3 Neuronen entspricht die Netzwerkskalierung einer noch sinnvollen Größe für eine ESS Simulation [157].

Tabelle 4.2: Größen der Makromodelle in der Größenordnung von 10^3 Neuronen mit der
Anzahl der Synapsen und der externen Stimuli mit den entsprechenden Eingangsver-
bindungen als externe Synapsen.

Name	Neuronen	Synapsen	Stimuli	Ext. Synapsen
Selbsthaltende AI Zustände	3.920	980.000	77	77
Assoziativspeicher Schicht II/III	2.673	277.965	2.430	9.720
Synfire Chain mit FFI	750	52.500	292	13.500

Jedes dieser Experimente wird im folgenden Abschnitt im Zusammenhang mit den Ab-
bildungsergebnissen und den Ausgaben des Experiments besprochen. Die zu den Experimenten automatisch generierten Abbildungsberichte befinden sich in Anhang VI – *Anwendungs-
beispiele*.

4.3.1 Die Synfire Chain mit Feed Forward Inhibition

Die Synfire Chain besteht in dieser Skalierung aus sechs Elementen folgend dem Neuronalen Schaltplan der Neuronalen Netzwerksturktur in Abbildung 2.1 in Abschnitt 2.1. Jedes
Element umfasst 100 RS/*PYR* und 25 FS/*NPYR* Neuronen. Die *STIM* Population hat die
gleiche Größe wie die RS/*PYR* Population. Abbildung 4.6 zeigt das Ergebnis des Experiments
auf der ESS, zu erkennen sind Pulsmuster der RS/*PYR* Neuronen *(blau)* und der FS/*NPYR*
Neuronen *(rot)* der sechs Gruppen über der Zeit.

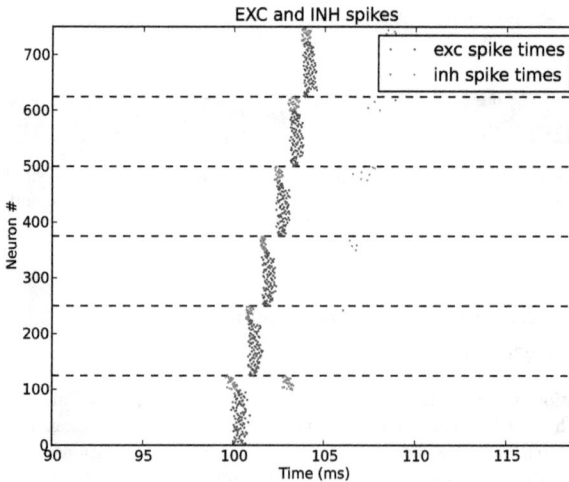

Abbildung 4.6: Ergebnis des Synfire Chain Experiments nach Emulation auf der ESS als
raster-plot der Pulsaktivität der Neuronen über der Zeit. Gestrichelte horizontale Linien
begrenzen die Kettenelemente.

Der Hauptstimulus für das Netzwerk ist ein Pulspaket bestehend aus hundert Pulsen mit einem Puls pro Stimulusquelle. Die Pulszeitpunkte sind gaußverteilt mit einem σ von 1ms um 100ms. Es ist zu erkennen, dass die Pulse der Neuronen mit inhibitorischen Verbindungen aus der *Fast Spiking* (FS) Population als Resultat einer synaptisch stärkeren Kopplung zum Stimulus als Erste nach dem Stimulus auftreten. Die mit den Stufen zunehmende Synchronizität der durch die Kette propagierten Pulse verringert diesen Effekt zunehmend. Zudem kann beobachtet werden, dass die initiale Stimulation der FS Neuronen durch Pulse in Verbindung mit dem außerdem vorhandenen Hintergrundrauschen weitere Aktionspotentiale verursacht, welche jedoch nicht durch die Kette propagiert werden.

4.3.2 Das Assoziativspeichermodell in Neokortex Schicht II/III

Das Modell eines Assoziativspeichers besteht in dieser Skalierung aus neun Hypersäulen mit jeweils 9 Minisäulen. Folgend den Bezeichnungen im Neuronalen Schaltplan des Netzwerks in Abbildung 2.2 in Abschnitt 2.1 umfassen die RS/PYR Populationen der Minisäule 30 Neuronen und die RS/NPYR Population 2 Neuronen, die FS/NPYR Populationen der Hypersäule jeweils 9 Neuronen.

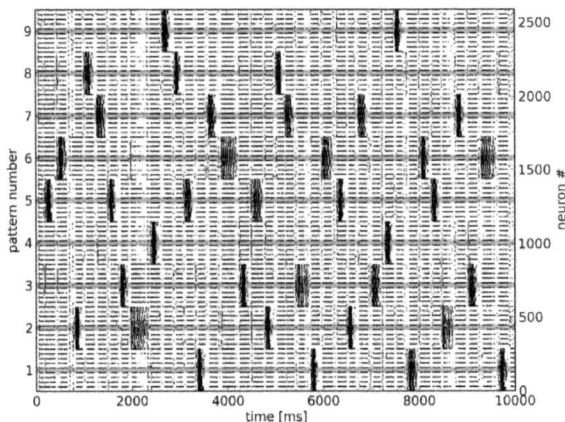

Abbildung 4.7: Ergebnis des Assoziativspeicher Experiments dargestellt im Rasterdiagramm als nach Attraktoren geordneten Pulsfolgen auf der linken Seite und nach Neuronen auf der rechten Seite über die Zeit. Hervorgehoben ist der aktive oder ON Zustand *(grün)* und der inaktive oder OFF Zustand *(rot)*.

Das Rasterdiagramm in Abbildung 4.7 zeigt die während des Experiments aufgezeichneten Pulse mit hervorgehobenen Attraktoraktivierungszuständen. Der Stimulus besteht hier ausschließlich aus Hintergrundrauschen.

4.3.3 Die Selbsthaltenden Asynchronen Irregulären Zustände

Im Netzwerk nach der Beschreibung in Abschnitt 2.1.3 sind die Neuronen im Verhältnis 80% RS/PYR zu 20% FS/NPYR auf einem zweidimensionalen Raster angeordnet und zu einem

Torus gefaltet. Jedes Neuron wird in dieser Skalierung von 250 Neuronen des Netzwerks stimuliert. 20% der eingehenden Verbindungen sind inhibitorisch. Die Verbindungswahrscheinlichkeit ist entfernungsabhängig folgend einem Gauß-Profil. 2% der Neuronen des Netzwerks werden zu Beginn des Experiments in einem Zeitraum von 100ms biologischer Zeit über poissonverteilte Pulse mit einer mittleren Pulsfrequenz f_{AP} von 100Hz stimuliert.

Wie schon in Abschnitt 2.1 erläutert bestimmt Desthexe [78] die Kreuzkorrelation zwischen Pulszügen von Zellpaaren als Maß der Synchronizität und der mittlere CV der ISI aller exzitatorischen Neuronenpaare dient als Indikator für die Regularität der auftretenden Erregungszustände.

Quelltext 4.5: Auswertung der Statistischen Kenngrößen nach Versuchsduchführung für das Experiment AI Zustände

```
1 0%    10    20    30          70    80    90    100%
2 |----|----|----|---  ... -|----|----|----|
3 ****************     ****************
4 SystemC: simulation stopped by user.
5 Simulation Time:    2532.16153717
6 ...
7 Pyramidal Mean Rate:  11.8692602041
8 Pyramidal Mean CV:  0.962447488048
9 Pyramidal Mean CC:  0.0194619184782
```

Quelltextbeispiel 4.5 zeigt das Ergebnis des Experiments auf der ESS mit einem Ausschnitt der Standardausgabe. Nach dem Experiment, dessen Fortschritt durch einen Statusbalken angezeigt wird, erfolgt die Auswertung der während des Experiments aufgenommenen Pulszüge. Ausgegeben werden die oben genannten Indikatoren zusammen mit der mittleren Pulsrate der RS/PYR Neuronen. Aus dem Ergebnis lässt sich ableiten, dass im Netzwerk nach der initialen Stimulusphase voneinander unabhängige asynchrone Pulszüge $(CC = 0,019)^8$ mit nahezu unregelmäßigen Erregungszuständen zu beobachten sind $(CV = 0,96)$.

4.4 Untersuchung des Skalierungsverhaltens der Implementierung

Für die Ermittlung des Skalierungsverhaltens der Implementierung des Abbildungsverfahrens werden die Größen der drei bereits beschriebenen Experimente skaliert und auf ein System der Größe eines *wafer-scale* Elements abgebildet. Die Skalierungsregeln wurden im Rahmen einer Untersuchung von Petrovici et al. [126] erarbeitet. Während eines Skalierungslaufs werden unter Anderem die strukturellen Verluste der NNA, die Qualität der Abbildung, die Dauer des Abbildungsprozesses und die Größe der Datenstrukturen aufgezeichnet.

Abbildung 4.8 zeigt die mittleren Verbindungsdichten der Skalierungsbeispiele gegenüber der von der Hardware darstellbaren einfachen synaptischen Verbindungsdichte bei jeweiliger maximaler Neuronenzahl pro HICANN. Es ist zu erkennen, dass sich die mittleren Verbindungsdichten der Netzwerkstrukturen im darstellbaren Bereich großer maximaler Neuronenzahlen pro HICANN befinden.

Im Anhang V befinden sich die detaillierten Ergebnisse der Skalierungstests. Für jeden Testlauf wurde die Aufbauzeit des Datenmodells, die Laufzeit der Abbildung, die Größe des BM sowie die gegebenenfalls auftretenden Neuronen- und Synapsenverluste aufgezeichnet.

---

[8]Hier steht CC für Kreuzkorrelation.

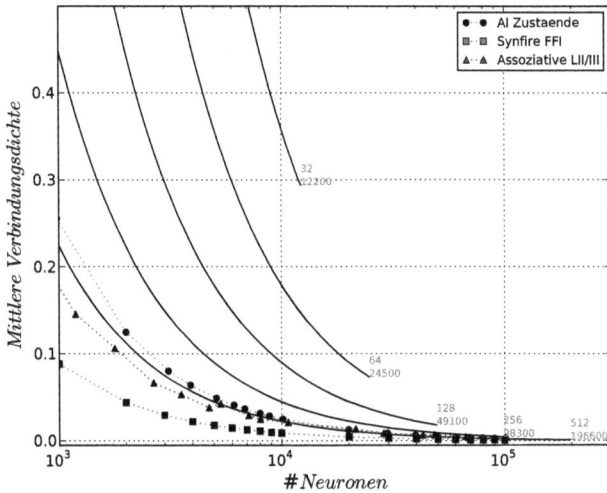

Abbildung 4.8: Darstellung der Mittleren Verbindungsdichten der NNA Beispiele bei Skalierung der Strukturgrößen. Durchgehende Linien geben den Verlauf der abbildbaren
Verbindungsdichte bei gegebener maximaler Anzahl an Neuronen pro HICANN (am
rechten Linienende oben) bis zur jeweils maximal verfügbaren Anzahl an Neuronen im
wafer-scale System (am rechten Linienende unten) an.

Im folgenden Abschnitt sollen ausgewählte Ergebnisse der Skalierungstests erläutert werden.
Untersucht werden der Neuronenverlust sowie der Synapsenverlust abhängig von der abzubildenden Netzwerkgröße für *i)* die Synfire Chain mit Feed Forward Inhibition und die *ii)*
Selbsthaltenden Asynchronen Irregulären Zustände. Die Aubau-, Laufzeiten und Modellgrö-
ßen dienen als Referenz für zukünftige Optimierungen.

4.4.1 Die Synfire Chain mit Feed Forward Inhibition

Die in Abschnitt 2.1.1 untersuchte NNA nach [127], deren Architektur im gleichen Abschnitt
als Neural Schematic in Abbildung 2.1 dargestellt ist, wird über die Anzahl der Kettenelemente, als l der Länge der Kette, und der Anzahl an Neuronen eines Kettenelements,
als der Weite w eines Kettengliedes, skaliert. Die Strukturgrößen werden entsprechend den
Tabellen V.2 und V.3 in Anhang V skaliert.

Die Kombination aus l und w wurde beliebig, aber so gewählt, dass sich äquidistante
Werte für die Strukturgrößen bezüglich der Neuronen zwischen 1 k und 10 k, beziehungs-
weise 10 k und 100 k ergeben. Der Neuronenverlust und der Synapsenverlust nach Abbil-
dung der NNA für die Strukturgrößen von 1 k bis 10 k ist in Abbildung 4.9 dargestellt. Die
Neuronenverluste im linken Diagramm entstehen erwartungsgemäß bei geringer maximaler
Neuronenzahl pro HICANN, 8 und 16, siehe auch Tabelle 4.1.

Generell folgt der Synapsenverlust auf der rechten Seite einerseits dem Neuronenverlust

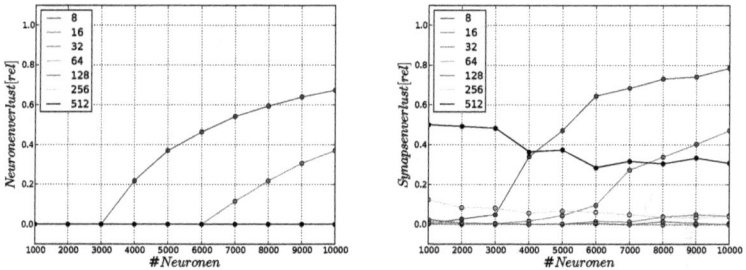

Abbildung 4.9: Darstellung der Abbildungsverluste nach Abbildung der Synfire Chain mit Feed Forward Inhibition für 1 k – 10 k Neuronen und Variation der maximalen Anzahl an Neuronen pro HICANN pro Durchlauf.

auf der linken Seite oder es entstehen andererseits, entgegen der Erwartung nach Darstellung in Abbildung 4.8, Synapsenverluste durch zu geringe darstellbare Verbindungsdichte bei einer großen maximalen Anzahl an Neuronen pro HICANN.

Es ist zudem zu erkennen, dass bei einer geringen maximalen Anzahl an Neuronen pro HICANN und demzufolge genügend verfügbaren neuromorphischen Synapsen pro Hardwareneuron, Synapsenverluste bereits bei Strukturgrößen unter der maximal abbildbaren Neuronenzahl pro *wafer-scale* Element auftreten. Erklärbar ist dies zum Einen mit der Funktionsweise des verwendeten Platzierungsalgorithmus, welcher entsprechend der Konfiguration der Algorithmensequenz, siehe Abschnitt 4.1.3, zum Einen die Neuronen nach dem Erregungstyp auf separaten HICANNs platziert und zum Anderen durch die Verteilung der Neuronen auf großer Fläche. Beides führt gegenüber einer gemeinsamen Platzierung der Erregungstypen auf einem HICANN und einem geringeren Flächenbedarf durch eine größere maximalen Anzahl an Neuronen pro HICANN zu einem erhöhten Verbindungsaufwand, der wie in diesem Fall bereits die Zahl verfügbarer Ressourcen übersteigen kann und damit zum Synapsenverlust trotz ausreichend vorhandener Synapsenschaltkreise führt.

Bei großer maximaler Neuronenzahl pro HICANN ist zu beobachten, dass der Synapsenverlust anfänglich mit zunehmender Strukturgröße abnimmt. Dies ist damit begründbar, dass *i)* mit zunehmender Strukturgröße weniger Kettenelemente pro HICANN platziert werden und damit das Synapsenfeld zunehmend effizienter verwendet werden kann und *ii)* die mittlere Verbindungsdichte der NNA mit zunehmender Strukturgröße schneller abnimmt als die durch das Hardwaresystems darstellbar.

In Abbildung 4.10, in der die Verluste nach der Abbildung für Strukturgrößen von 10 k – 100 k abgebildet sind, ist erkennbar, dass bei größer werdenden Netzwerkstrukturen erneut die Verluste ansteigen was auch hier durch die getrennte Platzierung der Neuronen nach Erregungstypen erklärbar ist. Während bei maximaler Neuronenanzahl pro HICANN von 64 oder 128 der Synapsenverlust für Netzwerke kleiner bis mittlerer Größen vernachlässigbar gering ist, steigt er nun mit dem Neuronenverlust, ab dann sind Konfigurationen mit entsprechend größerer maximaler Neuronenzahl pro HICANN von Vorteil. Die Unregelmäßigkeiten in den Kurven, zum Beispiel bei 80 k und 90 k entstehen durch die Kombination aus Kettenlänge und Größe des Kettenelements, siehe auch Skalierungswerte in Tabelle V.3 in Anhang V.

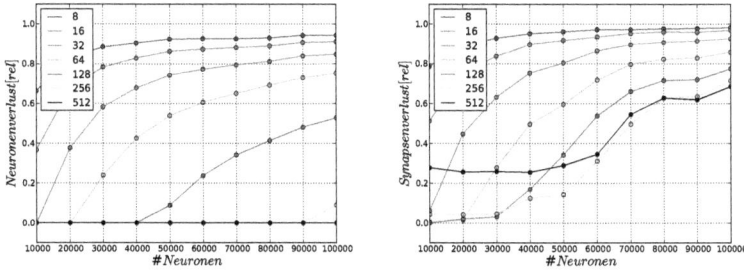

Abbildung 4.10: Darstellung der Abbildungsverluste nach Abbildung der Synfire Chain mit Feed Forward Inhibition für 10 k – 100 k Neuronen und Variation der maximalen Anzahl an Neuronen pro HICANN pro Durchlauf.

Zur Verbesserung der Abbildungsqualität ist hier eine Nutzersequenz zu definieren welche *i)* die Lokalität der Verbindungen innerhalb eines Kettenelements ausnutzt, also die Neuronen einer Gruppe lokal konzentriert platziert und *ii)* je nach Gruppengröße eine passende maximale Anzahl an Neuronen pro HICANN vorgibt.

4.4.2 Die Selbsthaltenden Asynchrone Irreguläre Zustände

Aus den vier individuellen Netzwerkbeschreibungen der in Abschnitt 2.1.3 untersuchten NNA nach [78] wird für die Skalierung eine modifizierte einlagige kortikale Netzwerkstruktur verwendet [126] und folgend den Tabellen V.6 und V.7 in Anhang V skaliert, die Anzahl der Neuronen $\#NRN$ ergibt sich entsprechend der Skalierungsvorschrift: $5 \times Scaler^2$.

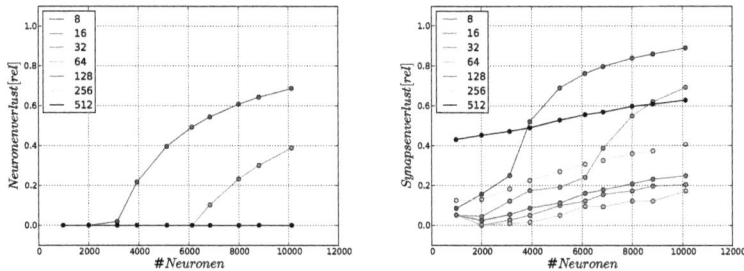

Abbildung 4.11: Darstellung der Abbildungsverluste nach Abbildung der NNA für Selbsthaltende Asynchrone Irreguläre Zustände für 1 k – 10 k Neuronen und Variation der maximalen Anzahl an Neuronen pro HICANN pro Durchlauf.

In Abbildung 4.11 und Abbildung 4.12 sind in den Werten für die Synapsenverluste rechts zum Einen Effekte auszumachen die auf die Neuronenverluste durch begrenzte Ressourcen auf der linken Seite verursacht werden. Zum Anderen ist in Abbildung 4.11 erkennbar, dass bei geringer maximaler Neuronenzahl pro HICANN bereits vor Einsetzen der durch die Neuronenverluste bedingten Synapsenverluste signifikante Verluste auftreten. Zu begründen ist dies durch die Verteilung der Neuronen über den ganzen Wafer, was durch die daraus resultierende geringe Adressanzahl auf den asynchronen AER Bussen bereits bei kleinen Netzwerkgrößen zur Erschöpfung der Synapsentreiberressourcen führt. Bei der größten maximalen Neuronenzahl pro HICANN entsteht der Synapsenverlust hingegen durch die in dieser Konfiguration, in Bezug auf die Mindestanzahl an Synapsen pro Neuron des BM, zu geringe Anzahl an Hardwaresynapsen pro Hardwareneuron.

In Abbildung 4.11 ist weiterhin erkennbar, dass bei kleinen Netzwerkgrößen ein Mindestsynapsenverlust auftritt, der durch mehr als eine Synapse zwischen zwei Neuronen entsteht. Die Algorithmen der Beispielimplementierung nehmen für die Neuronen eine eindeutige Zuordnung vor, womit sich die der Synapsen implizit ergibt, aber eine Verbindung von mehr als einer Synapse zwischen zwei Neuronen ausschließt.

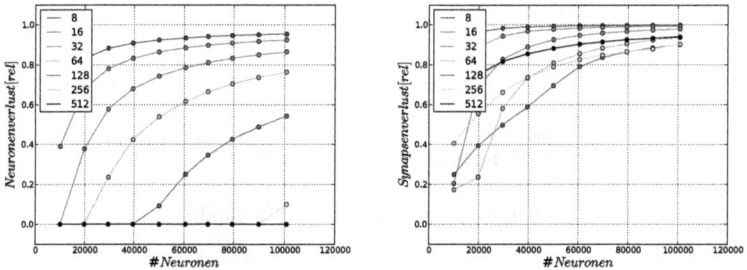

Abbildung 4.12: Darstellung der Abbildungsverluste nach Abbildung der NNA für Selbsthaltende Asynchrone Irreguläre Zustände für 10 k – 100 k Neuronen und Variation der maximalen Anzahl an Neuronen pro HICANN pro Durchlauf.

Aus der Anzahl an Synapsentreibern und dem Adressbereich der AER Kanäle ergibt sich die maximal für einen HICANN verfügbare Anzahl verschiedener präsynaptischer Neuronen. Nach dem Überschreiten dieses Wertes durch die Neuronenanzahl des Netzwerks und fehlender Lokalität der Verbindungsstruktur der NNA steigt der Synapsenverlust steiler an.

Durch weniger Neuronen pro HICANN wird einerseits eine bessere Ausnutzung des Adressbereichs eines Synapsenreibers erreicht, andererseits verschlechtert sich damit die Ausnutzung eines Adressbereiches eines asynchronen AER Busses. Es ist Aufgabe der Verbindungsalgorithmen hier ein Optimum zu bestimmen.

Im Allgemeinen sind die in Abbildung 4.12 rechts dargestellten Synapsenverluste trotz gleicher mittlerer Verbindungsdichte wie die vorhergehenden NNAen, siehe auch Abbildung 4.8, höher, da, wie in Abschnitt 2.6 gezeigt, die NNA eine geringere Lokalität in der Verbindungsstruktur aufweist und damit mehr Verbindungsressourcen der Hardware für die Abbildung notwendig sind.

5 Diskussion

Mit der Implementierung des in Abschnitt 2 entwickelten Konzepts ist eine Referenz für weiterführende Entwicklungen geschaffen, deren Leistungsfähigkeit und Perspektiven im Folgenden diskutiert werden. Berücksichtigt werden sowohl für Anwender als auch für Entwickler relevante Aspekte.

In Abschnitt 5.1 wird zuerst die Implementierung unter Berücksichtigung der Ergebnisse der Skalierung aus Abschnitt 4.4 diskutiert, mit *i)* den Möglichkeiten zur Verringerung der Abbildungsdauer in Abschnitt 5.1.1, *ii)* weiteren Abbildungsalgorithmen in Abschnitt 5.1.2, *iii)* den Möglichkeiten und den Auswirkungen weiterer Abbildungsrandbedingungen in Abschnitt 5.1.3, *iv)* dem Ausbau der Algorithmensequenz in Abschnitt 5.1.4 und *v)* den Ergebnissen einer Gegenüberstellung des Graphenmodells mit vergleichbaren Graphenstrukturen in Abschnitt 5.1.5. In Abschnitt 5.2 werden dann die für die Implementierung nicht berücksichtigten, aber im Konzept vorgestellten Möglichkeiten beleuchtet, welche im Zusammenhang mit der Softwarearchitektur eines Abbildungsprozesses für den produktiven Einsatz von Belang sind. Die Reproduzierbarkeit der vorgestellten Untersuchungsergebnisse der Beispielimplementierung wird in Abschnitt 5.3 und die Allgemeingültigkeit des entwickelten Konzepts in Bezug auf die Anpassung des Abbildungsprozesses für weitere Emulationssysteme in Abschnitt 5.4 betrachtet. Zum Abschluss der Diskussion wird in Abschnitt 5.5 ein Arbeitsablauf zur Abbildung empfohlen.

5.1 Untersuchung der Referenzimplementierung

Wie in Abschnitt 1.4.3 bereits einführend erläutert, besteht mit einer Implementierung des AP in Verbindung mit der beschleunigten Operation des neuromorphischen Emulators und unter Voraussetzung von hinreichend langen Beobachtungszeiträumen eines Experiments selbst bei hohem Zeitaufwand für die Abbildung ein zeitlicher Vorteil gegenüber numerischer Simulation. Auch in Anbetracht des derzeitigen Entwicklungsstandes des vorgestellten Emulationssystems ist die vorliegende Implementierung vorläufig ausreichend, siehe Abschnitt 4.1.2. Trotzdem ist der Einsatz der vorgestellten Umsetzung im produktiven Einsatz langfristig nicht realistisch und ist später hauptsächlich als Referenzimplementierung zu verwenden. Nichtsdestotrotz dienen die Erkenntnisse aus der Untersuchung als Grundlage für die weitere Entwicklung. Nun ist die Beschleunigung des Abbildungsprozesses, zum Beispiel durch dessen Parallelisierung, die bestehende ingenieurtechnische Herausforderung. Im Folgenden werden zuerst Möglichkeiten zur Verkürzung der Abbildungsdauer und die nächsten Schritte zur Entwicklung weiterer Algorithmen aufgezeigt. Weiterhin wird die Notwendigkeit der Berücksichtigung weiterer Abbildungsrandbedingungen besprochen und ein Ausbau der Algorithmensequenz diskutiert. Abschließend erfolgt die Bewertung der Performance des GM in der Gegenüberstellung vergleichbarer Datenstrukturen.

5.1.1 Möglichkeiten zur Verkürzung der Abbildungsdauer

Die mit der Untersuchung in Abschnitt 4.4 ermittelten zeitlichen Kosten der Abbildung unter Verwendung der Beispielimplementierung werden zu einem großen Teil durch die Verwendung von GMPath als textbasierte Schnittstelle zur Datenstruktur des AP verursacht. Diese Kosten lassen sich vermeiden, indem GMPath Operationen durch einen nativen Zugriff auf das GM ersetzt werden.

Zur weiteren Verkürzung der für den AP benötigten Zeit ist eine Parallelisierung des AP möglich, da die vorgestellte Implementierung auf einer sequentiellen Bearbeitung basiert. Es ist hier zwischen einer Parallelisierung auf algorithmischer Ebene auf der einen und einer parallelen Verarbeitung auf Ebene der Algorithmensequenz auf der anderen Seite zu unterscheiden.

Untersuchungen zur Parallelisierung einzelner Algorithmen wurden bereits am Anfang des Entwicklungsprozesses der Implementierung des AP durchgeführt, siehe Ehrlich et al. [174]. Die algorithmeninterne Parallelisierung ist jedoch stark vom einzelnen Algorithmus abhängig und darum an dieser Stelle nicht zu diskutieren. Allgemein lässt sich nur sagen, dass die Algorithmen der Referenzimplementierung nicht oder nur schwer für eine parallelen Verarbeitung modifiziert werden können, sondern stattdessen neue Algorithmen zu entwickeln wären. Diese Aussage wird unterstützt von einem Postulat der Parallelisierung, welches besagt, dass für eine optimale Parallelisierung ein Algorithmus von Beginn unter dem Paradigma der parallelen Verarbeitung entwickelt werden muss.

Für die Parallelisierung auf Ebene der Algorithmensequenz hingegen lässt sich die allgemeine Aussage treffen, dass eine Partitionierung der Daten und Parallelisierung der Bearbeitung entsprechend der horizontalen Granularität der hierarchischen Ebene entsprechend Abschnitt 2.10 zur Reduzierung der zeitlichen Kosten führt, so von einem System mit verteiltem Speicher ausgegangen wird. Voraussetzung dafür ist eine verteilbare Datenstruktur wie die in Abschnitt 2.5 erwähnte Parallel BGL [163]. Insbesondere eine Parallelisierung der FPNA internen Platzierungs- und Verbindungsschritte und eine parallele Bearbeitung der Parametertransformation versprechen intuitiv einen Geschwindigkeitsgewinn.

5.1.2 Vorschläge für die Entwicklung weiterer Abbildungsalgorithmen

Die mit der vorliegenden Implementierung bereitgestellten Algorithmen sind Minimalimplementierungen für die jeweiligen Schritte des AP. So ist neben der Entwicklung eines *Frameworks* (zu dt. Rahmenwerk) für den produktiven Einsatz des AP der Fokus auf die Weiterentwicklung der Abbildungsalgorithmen zu richten, um die Abbildungsqualität zu erhöhen. Weiterhin sind auf Grundlage der Evaluationsergebnisse frei verfügbarer EDA Algorithmen, siehe Abschnitt 3.5.5 und [176], diese in angepasster Form in den AP zu integrieren.

Manuelle Einflussnahme auf den AP sollte aus Sicht des Autors der vorliegenden Arbeit für einen Anwender so weit wie möglich optional, aber nicht zwingend notwendig sein. Beginnend mit der Vorverarbeitung ist die Allozierung der FPNAs im Gegensatz zur vorliegenden Implementierung algorithmisch zu behandeln. Dazu sind Verfügbarkeitsinformationen aus der externen Datenbasis und die Ergebnisse der a-priori Abbildbarkeitsabschätzung einzubeziehen. Die Ergebnisse der a-priori Abbildbarkeitsabschätzung sind weiterhin verwendbar, um algorithmisch eine Bestimmung der pro FPNA maximal zu platzierenden Neuronen vorzunehmen oder eine flexible Zusammenschaltung der neuromorphischen Neuronenelemente zu implementieren.

Die im vorangegangenen Abschnitt vorgestellten Ergebnisse der Skalierungstests basieren auf einer idealisierten Verfügbarkeit des Hardwaressystems. So werden Informationen zur Verfügbarkeit atomarer Elemente der FPNAs von den derzeitigen Kalibrationsroutinen nur für die Membranschaltkreise ermittelt und über die externe Datenbasis bereitgestellt. Daraus folgt, dass in der vorgestellten Implementierung nur ein Teil der für eine zuverlässige Abbildung notwendigen Defektinformationen berücksichtigt werden und die Funktion der Abbildung ohne Bereitstellung der vollständigen Informationen nicht garantiert werden kann. Damit ist der Vervollständigung der Defektinformationen eine vergleichsweise hohe Priorität einzuräumen.

5.1.3 Notwendigkeit der Berücksichtigung weiterer Abbildungsrandbedingungen

Von den in Abschnitt 2.6 untersuchten Abbildungsrandbedingungen werden in der vorliegenden Beispielimplementierung die Grenzwerte l_{SynBM} und l_{NrnBM} als globale Mittelwerte für strukturelle Verluste bei der Abbildung berücksichtigt. Bei der Weiterentwicklung des AP ist die Möglichkeit vorzusehen, diese Werte für einzelne Populationen und Projektionen vorzugeben.

Weiterhin finden aufgrund fehlender konkreter Werte der Grenzwert d_T der Parameterverzerrung und die Grenzwerte d_{t_d} und $l_{t_{AP}}$ für dynamische Verluste keinen Eingang in die Abbildung. Diese Grenzwerte sind notwendig, um nach der Abbildung eine belastbare Aussage zur quantitativen Vergleichbarkeit von Ergebnissen einer Emulation gegenüber einer Simulation zu treffen, was somit derzeit nicht möglich ist. Dem Autor der vorliegenden Arbeit sind keine Untersuchungen zu den Grenzen der Vertretbarkeit solcher Verluste bekannt, wodurch sich die Notwendigkeit ergibt, diese im Zuge nachfolgender Entwicklungen durchzuführen.

5.1.4 Möglichkeiten zum Ausbau der Algorithmensequenz

Die Möglichkeit einer iterativen, globalen Optimierung zur Maximierung der Abbildungsqualität über Variation der Algorithmenparameter wurde bisher ausschließlich konzeptionell behandelt, ist aber mit Blick auf die in der Untersuchung erzielten Ergebnisse zur Abbildungsqualität für einen produktiven Einsatz einer Implementierung erforderlich. Die Entwicklung einer solchen Optimierung ist jedoch erst nach Implementierung und Untersuchung der Parameterräume von effizienteren Algorithmen für einen AP sinnvoll.

Neben den bereitgestellten, aber noch zu untersuchenden Abbildungsstrategien, siehe Abschnitt 2.10, sind mit fortschreitender Entwicklung weitere Abbildungsstrategien in Betracht zu ziehen. Denkbar wären hier beispielsweise die auch in konventionellen EDA APen verfügbaren Strategien wie i) *timing-driven* mit einer möglichst gleichmäßigen Lastverteilung für die Bussysteme durch gleichmäßige Platzierung auf den gesamten verfügbaren Ressourcen um den maximalen *Speedup* bei geringst möglichen dynamischen Verlusten zu erreichen oder ii) *power-driven* mit dem Ziel die allozierte Fläche und damit die statische Leistungsaufnahme unter maximaler Ausnutzung der Verlustgrenzen zu minimieren [147].

5.1.5 Vergleichende Analyse des Skalierungsverhaltens für das Graphenmodell

Das GM, welches zur Darstellung von gerichteten, einfachen Hyper-Graphen entwickelt wurde, ist mit seinen Eigenschaften ausführlich in Abschnitt 2.5 beschrieben worden. An dieser

Stelle soll die Performance der Implementierung des GM anhand von Messergebnissen[1] diskutiert werden. Mit der Verwendung des GM zur Darstellung einfacher Graphen wird hier ein Teilaspekt der GM Funktionalität betrachtet. Für das Beispiel wurde die Größe eines zufällig generierten Netzwerks ohne Lokalität der Verbindungen mit einer Verbindungsdichte von 5% variiert.

In Abbildung 5.1 sind Beispielergebnisse von Tests des GM dargestellt, welche im Vergleich mit Containerklassen der in Abschnitt 2.5 vorgestellten C++ Bibliothek BGL [160] die Skalierungseigenschaften des GM illustrieren.

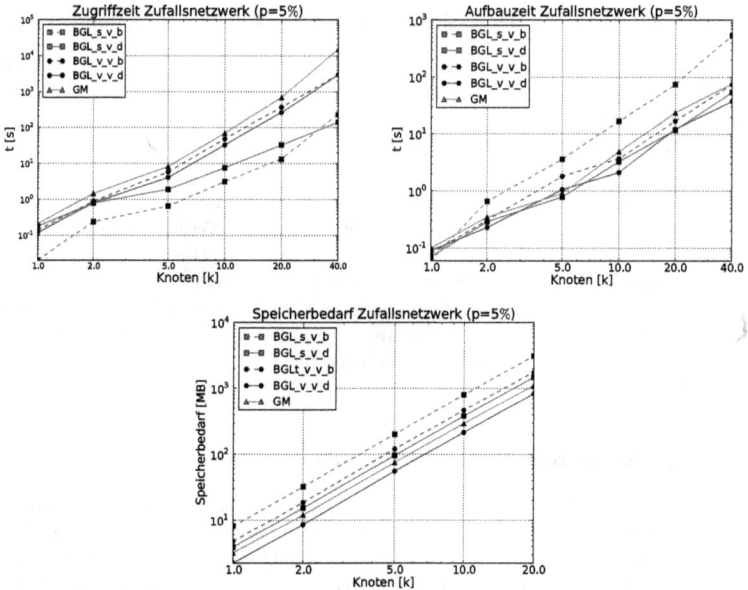

Abbildung 5.1: Abbildung des Skalierungsverhaltens des GM bezüglich der Zugriffszeit auf einzelne Knoten oben links, der Aufbauzeit des Graphen oben rechts und des Speicherbedarfs eines Graphen unten im Vergleich mit Containerklassen der C++ Klassenbibliothek BGL [160]. Doppelt logarithmische Darstellung der Ergebnisse bei Skalierung der Knotenanzahl des Graphen von 1 k bis 20 k beziehungsweise 40 k Knoten.

Dem GM vergleichend gegenübergestellt sind die Ergebnisse für über Verbindungslisten repräsentierte Graphen der BGL mit *Sets* (_s) oder *Vektoren* (_v) für Listen und jeweils für nur am Quellknoten gespeicherte *unidirektionale* Verbindungen (_d) oder am Quell- und Zielknoten gespeicherte *bidirektionale* Verbindungen (_b). In der Legende entspricht für die BGL Messwerte (BGL_<1>_<2>_<3>) der erste Parameter dem Containertyp für die Knotenlisten, der zweite Parameter dem Containertyp für die Verbindungslisten und der dritte Parameter dem Verbindungstyp.

---
[1] Die Skalierungstest wurden von Bernhard Vogginger und Sebastian Jeltsch durchgeführt und die Ergebnisse mit freundlicher Genehmigung zur Auswertung zur Verfügung gestellt.

Trotz der Unregelmäßigkeit der Kurven, welche mit einem einmaligen Testlauf zu begründen ist, lassen die Ergebnisse einen Vergleich der Modelle zu. Für einen direkten Vergleich mit dem GM ist die v_v_d Variante geeignet. Die Testergebnisse zeigen dass das GM
in etwa den gleichen Speicherbedarf wie der v_v_d Graph benötigt. Die auf Sets basierende
Variante hat hingegen durch *Hashing* und Aufbau eines Suchbaums inhärent mehr Speicherbedarf. Die Aufbauzeit ist für die unterschiedlichen Modelle, außer für den auf Verbindungs-
sets basierenden bidirektionalen Graph, in etwa gleich. Für letzteren darf gemutmaßt werden,
dass der erhöhte Zeitbedarf durch die gleichen Mechanismen verursacht wird, welche den erhöhten Speicherbedarf bedingen. Bezüglich der Zugriffszeiten ist stimmig mit den vorherigen
Ausführungen festzustellen, dass die Modelle mit Suchbaum einen Geschwindigkeitsvorteil
auf Kosten des Speicherbedarfs bieten. Hinsichtlich der hier als am ungünstigsten ermittelten
Zugriffszeiten für das GM kann an dieser Stelle vermutet werden, dass die BGL Graphen im
Gegensatz zum GM optimierte STL Containerklassen verwenden und sich nach Anpassung
des GM dieser Unterschied verringert. Die Ergebnisse belegen damit empirisch das Argument
aus Abschnitt 2.5, nach dem für eine Darstellung einfacher Graphen ohne hierarchische Beziehungen das GM anderen Modellen leicht unterlegen ist, da sich der Unterschied nicht
gänzlich aufheben wird.

Neben dem durch die Tests aufgezeigten bestehen weitere Möglichkeiten zur Abstimmung
der Performance des GM. So werden zur Vereinfachung der Graphenstruktur in der vorliegenden Implementierung die Daten eines Knoten grundsätzlich als alphanumerische Zei-
chenkette gehalten, welche je nach Anwendungsfall zu interpretieren ist und was im Falle von
Graphen mit überwiegend numerischen Daten unverhältnismäßig hohe Speicherkosten verursacht. Durch Einführung einer heterogenen Knotenstruktur lassen sich die Speicherkosten
verringern, jedoch erhöhen sich damit die Kosten des Zugriffs auf die Datenstruktur. Nach
dem gleichen Ansatz können häufig verwendete Knotendaten global verwaltet werden.

Zusammenfassend ist das GM eine flexible, für einen AP niedriger Komplexität angepasste Datenstruktur welche, neben noch ausstehenden Optimierungen, hinsichtlich der
Speicherkosten oder der Kosten für den Zugriff angepasst werden kann. Durch die fehlende
Funktionalität zur Verteilung der Datenstruktur ist die Verwendung im produktiven Einsatz
auf neuromorphische Emulationssysteme mittlerer Größe ($< 10k$ Neuronen) beschränkt.

5.2 Vorschlag einer Softwarearchitektur eines Abbildungsprozesses für den produktiven Einsatz

Wie in der Einführung zum Abschnitt 5.1 bereits erläutert, eignet sich die Architektur der
Referenzimplementierung nicht für den dauerhaften produktiven Einsatz. Aus Gründen der
besseren Wartbarkeit ist eine weitere Modularisierung und eine weitestgehende Verwendung
von Standardbibliotheken anzustreben. Ein hoher Grad der Modularisierung ermöglicht zudem das separate Testen der einzelnen Komponenten, was mit der vorliegenden Implementierung nicht gegeben ist.

Weiterhin ist insbesondere eine Abstraktion der Datenstruktur über definierte Schnittstellen notwendig, um eine von der konkreten Implementierung des Datenmodells unabhängige Entwicklung der Abbildungsalgorithmen zu ermöglichen, was mit der für die Beispielimplementierung eingesetzte Architektur nicht gegeben ist. Gleiches gilt für die im Konzept als
extern bezeichnete Datenbasis der Kalibrations-, Defekt- und Verfügbarkeitsinformationen.

Im Gegensatz zur vorliegenden Implementierung, in der von jedem Algorithmenschritt die benötigten Daten aus dem GM gelesen und die Ergebnisse in dieses geschrieben werden, ist für die Algorithmenschnittstelle eine Übergabe von temporären Abbildungsinformationen vorzusehen, da dies, wie in Abschnitt 2.10.3 beschrieben, die Prozessdauer verkürzen kann.

5.2.1 Die Modifikation des Datenmodells

Das Datenmodell der Implementierung integriert die abstrakten Darstellungen des HM und des BM. Es werden Elemente des GM für eine kompaktierte Darstellung des BM genutzt. Kompaktierungen sind beispielsweise geteilte Parametersätze, die Darstellung von Parameterwerten nicht über hierarchische Beziehungen, sondern durch die Zuweisung über EQUAL Kanten und die implizite Darstellung der synoptischen Verbindungen über nicht-hierarchische Kanten. Letzteres ist die effektivste Kompaktierung, da Synapsen mit Abstand die größte Anzahl an Elementen im BM darstellen [159].

Die *Expansion* von Populationen und Projektionen der Beschreibung einer NNA Struktur zu Neuronen und Synapsen als kleinsten Elementen des BM im Vorverarbeitungsschritt des AP vereinfacht diesen, verursacht aber vermeidbare Kosten bei bereits in den ersten Schritten des AP festgestellter unmöglicher Abbildbarkeit. Eine *verzögerte* Expansion oder sogar ein Wechsel zwischen Expandieren und Kollabieren der Struktur des BM ist hier günstiger, erhöht aber die Komplexität des AP. Das HM ist im Gegensatz zum BM nicht kompakter darstellbar jedoch verringert eine statische Datenstruktur im Vergleich zum dynamisch erzeugten GM entsprechend dem Argument in Abschnitt 2.5 die zeitlichen Kosten.

Unabhängig von den Optimierungsmöglichkeiten des für die Referenzimplementierung verwendeten Datenmodells ist für eine weiterentwickelte Implementierung des AP für den produktiven Einsatz, wie in Abschnitt 2.5 bereits begründet, eine Separation der Datenstruktur anzustreben. Unter der Voraussetzung eines separierten Datenmodells, bei dem das BM und das HM in verschiedenen und separaten Datenstrukturen existieren, ist auch für die Abbildungsinformationen eine eigene, separate Datenstruktur zu verwenden.

5.2.2 Eine Empfehlung für den Entwicklungsprozess

Um eine nachhaltige Entwicklung sicherzustellen, ist ein Entwicklungsablauf einzusetzen, der dem aktuellen Stand der Technik entspricht und, so möglich, aus quelloffener Entwicklungssoftware besteht. Den Kern der Entwicklungsumgebung bildet ein verteiltes Versionskontrollsystem zur Quelltextverwaltung[2] und eine webbasierte Projektmanagementplattform[3], welche unter Anderem ein Wiki, ein Ticketingsystem und ein Nutzerforum integriert, um die transparente Zusammenarbeit von Entwicklern und Anwendern zu ermöglichen. Um den Erstellungsvorgang eines großen Softwareprojektes wie der Implementierung eines AP beherrschbar und effizient zu gestalten, ist ein zeitgemäßes *Build System*[4] einzusetzen. Optional ist bei größer werdender Entwicklerzahl ein kollaboratives Quelltext-Reviewsystem[5] zur Qualitätssicherung zuzuschalten. Ein *Continuous Integration* (CI) System[6] übernimmt die Aufgabe der automatischen Erstellung aktueller Softwareversionen nach Änderungen durch die Entwickler, die Ausführung und die Auswertung von Regressionstests, von *Unit*-Tests[7]

---

[2]Derzeit im Einsatz: git (http://git-scm.com)
[3]Derzeit im Einsatz: Redmine (http://www.redmine.org)
[4]Derzeit im Einsatz: waf (http://code.google.com/p/waf)
[5]Derzeit im Einsatz: gerrit (http://code.google.com/p/gerrit)
[6]Derzeit im Einsatz: Jenkins (http://jenkins-ci.org)
[7]Derzeit im Einsatz: googletest (http://code.google.com/p/googletest)

und von in PyNN formulierten selbst-überprüfenden Tests mit Systemsimulation oder Hardwaresetup.

5.3 Die Reproduzierbarkeit der Untersuchungsergebnisse

Die vorgestellten Ergebnisse der Minimalbeispiele sind Messungen, welche bei vorhandenem Demonstrationsaufbau so qualitativ reproduzierbar sind. Größere Experimente sind zum gegenwärtigen Zeitpunkt weder auf dem Demonstrationsaufbau noch auf dem BrainScaleS *wafer-scale* Aufbau möglich, hier fehlen in erster Linie die entsprechenden Kalibrationsdaten, welche notwendig wären um auf dem Hardwaresystemen sinnvolle Ergebnisse für größere Netzwerkstrukturen zu liefern.

Die in der Arbeit vorgestellten Beispiele von NNAen sowie die vollständige Dokumentation der Referenzimplementierung des AP sind als Linux Live-System verfügbar. Die Ergebnisse der makroskopischen Beispiele sind ebenso wie die Skalierungstests unter Verwendung des Linux Live-Systems quantitativ reproduzierbar. Für die Laufzeiten ist zu beachten, dass diese abhängig vom eingesetzten Testsystem variieren.

5.4 Die Allgemeingültigkeit des Konzepts

Mit dem Vorläufer des HICANN [104] wurde für das in der vorliegenden Arbeit entwickelte Konzept bereits erfolgreich die Eignung für mindestens ein weiteres neuromorphisches System gezeigt [184]. Der Vorläufer des HICANN ist mit diesem vergleichbar, jedoch basiert die Kommunikationsarchitektur zur Vernetzung der FPNA anstatt auf dem asynchronen AER Protokoll des BrainScaleS-Systems auf einem isochronen Pulskommunikationsprotokoll [185]. Die Implementierung erfolgte als Machbarkeitsstudie parallel zur Entwicklung der in dieser Arbeit vorgestellten Referenzimplementierung für das BrainScaleS System. Begründet durch die Systemgröße von < 10k Neuronen und die einfachere Systemarchitektur des neuromorphischen Emulators ist eine Verwendung der in der Referenzimplementierung verwendeten Softwarearchitektur hier prinzipiell auch im produktiven Einsatz möglich.

Im Rahmen der Besprechung von Perspektiven zur Entwicklung großer neuromorphischer Hardwaresysteme von Hasler & Marr [186] wurde eine Reihe von FPNAs vorgestellt, für die eine Umsetzung des Konzepts ebenfalls möglich ist.

5.5 Für Anwender empfohlener Arbeitsablauf

In Abbildung 5.2 ist der Vorschlag eines allgemeinen Arbeitsablaufs für Anwender dargestellt. Nach Auswertung der Ergebnisse der Skalierungstests hinsichtlich der Laufzeiten für die Abbildung großer NNA Strukturen (> 10k Neuronen) auf den BrainScaleS Emulator mit der vorliegenden Beispielimplementierung, siehe Abschnitt 4.4, ergibt sich als Konsequenz, dass der Arbeitsablauf zuerst mit einer NNA der maximalen Größe von 10k Neuronen durchzuführen und dann für die größere Struktur zu wiederholen ist.

Ausgehend von einem in PyNN beschrieben Experiment ist zuerst anhand einer *Checkliste* zu überprüfen, ob ein Modell für die Abbildung auf den entsprechenden Emulator geeignet ist, Ausschlusskriterium für eine erfolgreiche Abbildung könnte beispielsweise ein nicht unterstütztes Neuronenmodell sein. Ist dies nicht der Fall, dann ist an dem Experiment beziehungsweise an der NNA eine *Remodellierung* vorzunehmen. Ist dies möglich, dann kann

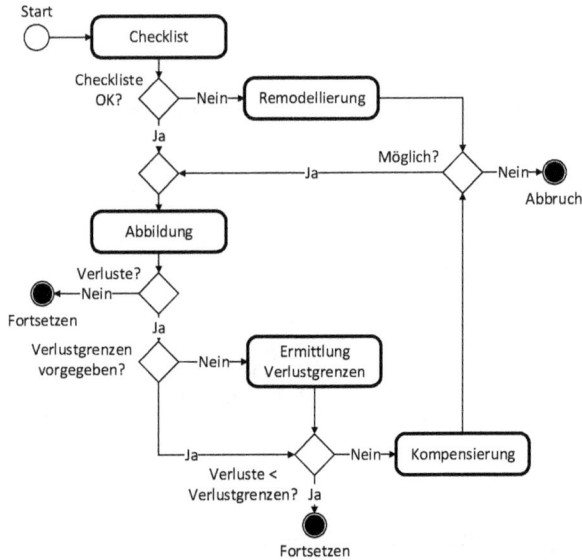

Abbildung 5.2: Ein für die Beispielimplementierung empfohlener Arbeitsablauf für die Abbildung von NNA auf den BrainScaleS Emulator.

mit der *Abbildung* begonnen werden, ansonsten erfolgt hier bereits der erfolglose *Abbruch* des Vorgangs.

Nach abgeschlossener Abbildung stehen die Verluste an der NNA Struktur fest. Sind keine Verluste zu verzeichnen, ist der AP hier beendet und es kann mit der Konfiguration des Emulators begonnen werden oder eine Iteration mit einer größeren Strukturgröße durchgeführt werden. Sind jedoch Verluste aufgetreten und keine Verlustgrenzen festgelegt, ist eine *Ermittlung der Verlustgrenzen*, beispielsweise durch Simulation verlustbehafteter NNA Strukturen, durchzuführen.

Werden nach der Abbildung die Verlustgrenzen nicht verletzt, ist der Vorgang erfolgreich abgeschlossen und es wird wie oben erläutert fortgesetzt, andernfalls ist eine *Kompensierung* entsprechend den Beispielen in Petrovici et al. [126] zu versuchen und wie dargestellt eine Iteration des bisher beschriebenen Prozesses durchzuführen.

6 Zusammenfassung

Mit der Entwicklung von Hardwaresystemen, die als neuromorphische Substrate regelmäßige Anordnungen von frei parametrisierbaren, neuronalen sowie synaptischen Modellgleichungen implementieren und die über ein auf neuronaler Signalverarbeitung basierendes konfigurierbares Kommunikationsnetzwerk verbunden sind, stellt sich die Frage, wie die zu emulierenden strukturellen und funktionellen neuronalen Modelle als Neuronale Netzwerkarchitekturen auf eine solche Emulationsplattform abzubilden sind. Die vorliegende Arbeit, welche thematisch dem Bereich der Neuroinformatik zuzuordnen ist, beantwortet diese Frage durch Entwicklung einer weitestgehend allgemeinen Methode zur Abbildung von Neuronalen Netzwerkarchitekturen auf neuromorphische Emulationssysteme.

Nach einer umfassenden Einführung in das Feld der neuromorphischen Forschung mit der Erläuterung der Grundlagen beginnend mit der Biologie über die Modellierung bis hin zur numerischen Simulation und der neuromorphischen Emulation wird ausgehend von der Betrachtung der Eigenschaften aktueller Neuronaler Netzwerkarchitekturen und einem Stellvertreter der oben genannten Emulatorklasse, ein Arbeitsablauf zur Abbildung zunächst konzeptionell entworfen und anschließend implementiert und untersucht. Die Vorlage für die Entwicklung bilden Abbildungsprozesse aus der Entwurfsautomatisierung für FPGA basierte Hardwaresysteme.

Im Detail werden dafür die Einbindung des Abbildungsprozesses in PyNN als universelle Schnittstelle zur Beschreibung von Experimenten in der *Computational Neuroscience*, die Möglichkeiten der internen Datenhaltung, Methoden zur statistischen Analyse der Modelle und der Abbildung für die Bewertung und Steuerung der Abbildung, sowie der Abbildungsablauf mit Sequenzen von Abbildungsalgorithmen untersucht und entwickelt.

Nach einer Beschreibung einer Auswahl an Neuronalen Netzwerkarchitekturen und des neuromorphischen Emulationssystems des BrainScaleS Projekts, welches stellvertretend für eine Reihe vergleichbarer Systeme steht, wird zu Beginn über die Definition der Anforderungen und die Abgrenzung des Abbildungsprozesses von anderen Prozessen und Bausteinen des Softwareökosystems für einen neuromorphischen Emulator der Bereich für die Entwicklung abgesteckt. Davon ausgehend werden dann die Integrationsmöglichkeiten für den Abbildungsprozess in die PyNN Schnittstelle untersucht sowie die Nutzerschnittstelle zur Parametrisierung und Ablaufsteuerung des Abbildungsprozesses entworfen. Anschließend wird mittels Analyse von Alternativen zur internen Darstellung abzubildender Neuronaler Netzwerkarchitekturen und eines neuromorphischen Emulators als Zielsystem ein integriertes und flexibles Datenmodell entwickelt und diesem eine textuelle Schnittstelle zur einfachen Navigation, Abfrage sowie Modifikation der Datenstruktur zur Seite gestellt. Dem schließt sich die Ausarbeitung der einzelnen Prozessschritte der Vorverarbeitung, der Abbildung, der Nachverarbeitung sowie der Algorithmensequenz und der Prozesssteuerung an.

Als Implementierung für ein konkretes neuromorphisches Emulationssubstrat wird das entwickelte Konzept für die BrainScaleS Plattform umgesetzt und mit dieser Realisierung Algorithmen für die als allgemeingültig identifizierten Abbildungsschritte der Platzierung, der Verbindung und der Parametertransformation vorgestellt. Die vorliegende Implementierung, welche als Referenz für weitere Entwicklungen frei zur Verfügung gestellt wird, ermöglicht die

Demonstration der prinzipiellen Funktionsweise des Ablaufs anhand von Beispielen, unter Verwendung eines Demonstrationsaufbaus oder einer ausführbaren Systemspezifikation des neuromorphischen Emulators sowie die Untersuchung der Leistungsfähigkeit über skalierbare Testfälle. Zusätzlich ermöglicht die Anbindung des Abbildungsprozesses an eine universale Schnittstelle zur Modellierung Neuronaler Netzwerkarchitekturen und der Beschreibung entsprechender Experimente prinzipiell einen Vergleich von Simulation und Emulation ohne grundlegende Modifikation von Versuchsaufbau und Versuchsbeschreibung.

Bei der beispielhaften Umsetzung des entwickelten Abbildungsverfahrens wird keine ingenieurtechnisch optimierte Implementierung des Abbildungsprozesses angestrebt, sondern vielmehr wird versucht, den Prozess und die Algorithmen vollständig zu definieren um als Vorlage und Maßstab für weitere Entwicklungen zu dienen. Ebenso erschöpft sich das wissenschaftliche Potential der Aufgabenstellung von der *Entwicklung und Analyse eines Verfahrens zur Abbildung von Neuronalen Netzwerkarchitekturen auf neuromorphische Emulationssysteme* nicht mit der vorliegenden Arbeit. Und somit ist die vorliegende Arbeit als ein weiterer Grundstein für zukünftige Entwicklungen auf dem Feld der neuromorphischen Forschung zu verstehen. So verbleibt beispielsweise, wie im Abschnitt zur Diskussion bereits erwähnt, als akademische Herausforderung die Entwicklung von weiteren Abbildungsalgorithmen mit einer, im Vergleich zu denen mit der Referenzimplementierung bereitgestellten Algorithmen, umfangreicheren Funktionalität oder verbesserten Performance. Ebenso offen ist die konkrete Entwicklung des konzeptionell angedachten iterativen Optimierungsverfahrens der Abbildungsqualität auf der Ebene der Algorithmensequenzen.

Zu den noch bestehenden Aufgaben und offenen Fragestellungen kommen weiterhin Herausforderungen, die mit der Weiterentwicklung des Forschungsfeldes entstehen. So ließe sich beispielsweise die Veränderung einer neuronalen Struktur mit fortschreitender Zeit modellieren, was eine Rekonfiguration des Emulationssystems während der Emulation erfordert und damit die zeitlichen Anforderungen an die Abbildungsdauer stark erhöht. Zudem werden zukünftige Modelle neuromorphischer Komponenten eine höhere Komplexität mit sich bringen, da ungeachtet der Leistungsfähigkeit aktueller Modelle diese immer noch eine starke Vereinfachung der biologischen Gegebenheiten darstellen, und somit die Parametertransformation erheblich erschweren. Nicht zuletzt sind über eine gemeinsame Schnittstelle wie PyNN heterogene Emulationssysteme oder sogar hybride Aufbauten aus Simulatoren und Emulatoren denkbar, was die Synthese momentan noch separat existierender Konzepte erfordert.

Eine weitere interessante Entwicklung ist der von Gehlhaar [187] präsentierte Ansatz der Verwendung eines FPNA als *Neural Processing Unit* (NPU), eingebettet in die Architektur eines *Multiprocessor System-on-Chip* (MPSoC). Im weiter gefassten Kontext der Entwicklung von Methoden zur Abbildung von NNAen auf neuromorphische Hardware besteht hier die Aufgabe in der Integration einer NPU in die Softwareumgebung eines konventionellen Systems, was die Entwicklung einer API und entsprechender Treiber, die unter Anderem den AP beinhalten, umfasst.

Und nicht zuletzt fließen die Erkenntnisse des BrainScaleS Projekts und somit auch dieser Arbeit ein in das *Human Brain Project* [188]. Dabei lässt die geplante Laufzeit von 10 Jahren und ein Fördervolumen von einer geschätzten Milliarde Euro den Wunsch nach Emulationssystemen in den Größenordnungen realer Nervensysteme entstehen. Stellt man nun die Kapazität eines BrainScaleS *wafer-scale* Elements den Größen der Gehirne von Wirbeltieren [98] gegenüber, nach dem ein solches Element mit einer verfügbaren Neuronenanzahl von 2×10^5 einem 100.000tel des menschlichen Gehirns entspricht, so lassen sich die Herausforderung für nachfolgende Arbeiten nur erahnen.

Literaturverzeichnis

[1] H. Markram, „The Human Brain Project," *Scientific American*, Bd. 306, S. 50–55, 2012.

[2] D. V. Essen, K. Ugurbil, E. Auerbach, D. Barch, T. Behrens, R. Bucholz, A. Chang, L. Chen, M. Corbetta, S. Curtiss, S. D. Penna, D. Feinberg, M. Glasser, N. Harel, A. Heath, L. Larson-Prior, D. Marcus, G. Michalareas, S. Moeller, R. Oostenveld, S. Petersen, F. Prior, B. Schlaggar, S. Smith, A. Snyder, J. Xu, und E. Yacoub, „The Human Connectome Project: A data acquisition perspective," *NeuroImage*, Bd. 62, Nr. 4, S. 2222 – 2231, 2012.

[3] A. Alivisatos, M. Chun, G. Church, R. Greenspan, M. Roukes, und R. Yuste, „The Brain Activity Map Project and the Challenge of Functional Connectomics," *Neuron*, Bd. 74, Nr. 6, S. 970 – 974, 2012.

[4] U. Zimmermann, „MRT Studie: *Analyse der räumlichen Strukturierung und zeitlichen Dynamik exekutiver neuronaler Aktivierungsmuster in Konfliktsituationen*," Technische Universität Dresden, Tech. Ber., 2011.

[5] M. Lundqvist, A. Compte, und A. Lansner, „Bistable, Irregular Firing and Population Oscillations in a Modular Attractor Memory Network," *PLoS Comput Biol.*, Bd. 6, S. e1000803, 2010.

[6] J. Schemmel, D. Brüderle, A. Grübl, M. Hock, K. Meier, und S. Millner, „A Wafer-Scale Neuromorphic Hardware System for Large-Scale Neural Modeling," in *Proceedings of the 2010 IEEE International Symposium on Circuits and Systems (ISCAS'10)*, 2010, S. 1947–1950.

[7] C. Mead, „Neuromorphic Electronic Systems," *Proceeings of the IEEE*, Bd. 78, Nr. 10, S. 1629–1636, 1990.

[8] C. A. Mead und M. Mahowald, „A silicon model of early visual processing," *Neural Networks*, Bd. 1, Nr. 1, S. 91 – 97, 1988.

[9] R. Lyon und C. Mead, „An analog electronic cochlea," *IEEE Transactions on Acoustics, Speech and Signal Processing*, Bd. 36, Nr. 7, S. 1119–1134, 1988.

[10] J. Lazzaro, J. Wawrzynek, M. Mahowald, M. Sivilotti, und D. Gillespie, „Silicon Auditory Processors as Computer Peripherals," *IEEE Trans. Neural Networks*, Bd. 4, S. 523–528, 1993.

[11] K. Boahen, „Neurogrid: Emulating a Million Neurons in the Cortex," *Engineering in Medicine and Biology Society, 2006. EMBS '06*, S. 6702 – 6702, 2006.

[12] M. Ehrlich, C. Mayr, H. Eisenreich, S. Henker, A. Srowig, A. Gruebl, J. Schemmel, und R. Schüffny, „Wafer-scale VLSI implementations of pulse coupled neural networks," in *Proceedings of 4th IEEE International Multi-Conference on Systems, Signals & Devices SSD07*, 2007, S. 409 ff.

[13] R. Ananthanarayanan, S. K. Esser, H. D. Simon, und D. S. Modha, „The Cat is Out of the Bag: Cortical Simulations with 10^9 Neurons, 10^{13} Synapses," in *Proceedings of the Conference on High Performance Computing Networking, Storage and Analysis*, 2009, S. 63:1–12.

[14] J. R. Wolpawa, N. Birbaumerc, D. J. McFarlanda, G. Pfurtschellere, und T. M. Vaughana, „Brain-computer interfaces for communication and control," *Clinical Neurophysiology*, Bd. 113, S. 767–791, 2002.

[15] M. Serruya und J. Donoghue, *Neuroprosthetics - Theory and Practice*. University of Utah, 2004, Kap. 7.9: Design Principles of a Neuromotor Prosthetic Device, S. 1158–1196.

[16] B. J. Gantz, C. Turner, K. E. Gfeller, und M. W. Lowder, „Preservation of Hearing in Cochlear Implant Surgery: Advantages of Combined Electrical and Acoustical Speech Processing," *The Laryngoscope*, Bd. 115(5), S. 796–802, 2005.

[17] J. D. Loudin, D. M. Simanovskii, K. Vijayraghavan, C. K. Sramek, A. F. Butterwick, P. Huie, G. Y. McLean, und D. V. Palanker, „Optoelectronic retinal prosthesis: system design and performance," *Journal of Neural Engineering*, Bd. 4(1), S. 72–84, 2007.

[18] R. F. Thompson, *Das Gehirn*, 2. Aufl. Spektrum, Akad. Verl., 2001.

[19] M. Trepel, *Neuroanatomie - Struktur und Funktion*, 2. Aufl. Urban und Fischer, 1999.

[20] G. M. Shepherd, *Neurobiology*, 3. Aufl. Oxford University Press, 1994.

[21] H. Haken, *Principles of brain functioning - a synergetic approach to brain activity, behavior and cognition*. Springer, 1996.

[22] D. Purves, Hrsg., *Neuroscience*. Sinauer Associates, 2008.

[23] C. U. M. Smith, *Elements of Molecular Neurobiology.*, 3. Aufl. Wiley & Sons, 2001.

[24] A. L. Hodgkin und A. F. Huxley, „Currents carried by sodium and potassium ions through the membrane of the giant axon of *LOLIGO*," *J. Physiol.*, Bd. 116, S. 449–472, 1952.

[25] J. Dudel, *Neuro- und Sinnesphysiologie*, 5. Aufl., R. F. Schmidt und H.-G. Schaible, Hrsgg. Springer, Berlin, 2006.

[26] A. M. Thomson und A. P. Bannister, „Interlaminar Connections in the Neocortex," *Cerebral Cortex*, Bd. 13(1), S. 5–14, 2003.

[27] R. S. Zucker und W. G. Regehr, „Short-Term Synaptic Plasticity," *Annual Review Physiology*, Bd. 64, S. 355–405, 2002.

[28] J. Dudel, W. Jänig, S. R.F., und M. Zimmermann, *Fundamentals of Neurophysiology*, R. F. Schmidt, Hrsg. Springer, 1985.

[29] G. Rizzolatti, L. Fadiga, V. Gallese, und L. Fogassi, „Premotor cortex and the recognition of motor actions." *Cognitive Brain Research*, Bd. 3(2), S. 131–141, 1996.

[30] M. Feldman, „Morphology of the neocortical pyramidal neuron," *Cerebral Cortex*, Bd. 1, S. 123–200, 1984.

[31] D. A. McCormick, B. W. Connors, J. W. Lighthall, und D. A. Prince, „Comparative electrophysiology of pyramidal and sparsely spiny stellate neurons of the neocortex," *JN Physiol.*, Bd. 54(4), S. 782–806, 1985.

[32] H. Markram, M. Toledo-Rodriguez, Y. Wang, A. Gupta, S. Gilad, und C. Wu, „Interneurons of the neocortical inhibitory system," *Nature Reviews Neuroscience*, Bd. 5, S. 793–807, 2004.

[33] D. Contreras, „Electrophysiological classes of neocortical neurons," *Neural Networks*, Bd. 17, S. 633–646, 2004.

[34] B. W. Connors und M. J. Gutnick, „Intrinsic firing patterns of diverse neocortical neurons," *Trends in Neurosciences*, Bd. 13 (3), S. 99–104, 1990.

[35] C. M. Gray und D. A. McCormick, „Chattering Cells: Superficial Pyramidal Neurons Contributing to the Generation of Synchronous Oscillations in the Visual Cortex," *Science*, Bd. 274(5284), S. 109–113, 1996.

[36] E. Neher und B. Sakmann, „Single-channel currents recorded from membrane of denervated frog muscle fibres," *Nature*, Bd. 260, S. 799–802, 1976.

[37] G. Santhanam, S. I. Ryu, B. M. Yu, A. Afshar, und K. V. Shenoy, „A high-performance brain-computer interface," *Nature*, Bd. 442, S. 195–198, 2006.

[38] A. D. Legatta, J. Arezzoa, und H. G. Vaughan Jr., „Averaged multiple unit activity as an estimate of phasic changes in local neuronal activity: effects of volume-conducted potentials," *Journal of Neuroscience Methods*, Bd. 2(2), S. 203–217, 1980.

[39] G. Wang, K. Tanaka, und M. Tanifuji, „Optical Imaging of Functional Organization in the Monkey Inferotemporal Cortex," *Science*, Bd. 272(5268), S. 1665–1668, 1996.

[40] A. W. Roe, „Long-term optical imaging of intrinsic signals in anesthetized and awake monkeys," *Applied Optics*, Bd. 46(10), S. 1–9, 2007.

[41] H. H. Schild, *MRI made easy.* Scheringe AG, 1990.

[42] S. Ogawa, T. M. Lee, A. R. Kay, und D. W. Tank, „Brain magnetic resonance imaging with contrast dependent on blood oxygenation," *PNAS*, Bd. 87, S. 9868–9872, 1990.

[43] A. H. Bell, F. Hadj-Bouziane, J. B. Frihauf, R. B. H. Tootell, und L. G. Ungerleider, „Object Representations in the Temporal Cortex of Monkeys and Humans as Revealed by Functional Magnetic Resonance Imaging," *J. Neurophysiol.*, Bd. 101, S. 688–700, 2009.

[44] U. Muscatello, „Golgis contribution to medicine," *Brain Research Reviews*, Bd. 55(1), S. 3–7, 2007.

[45] B. J. Baker, E. K. Kosmidis, D. Vucinic, C. X. Falk, L. B. Cohen, M. Djurisic, und D. Zecevic, „Imaging Brain Activity With Voltage- and Calcium- Sensitive Dyes," *Cellular and Molecular Neurobiology*, Bd. 25 (2), S. 245–282, 2005.

[46] S. Chemla und F. Chavane, „Voltage-sensitive dye imaging: Technique review and models." *J. Physiology*, Bd. 104(1-2), S. 40–50, 2010.

[47] J. Illes, K. Tairyan, C. A. Federico, A. Tabet, und G. H. Glover, „Reducing barriers to ethics in neuroscience," *Frontiers in Human Neuroscience*, Bd. 4, S. 176:1–5, 2010.

[48] S. Shinomoto, Y. Miyazaki, H. Tamura, und I. Fujita, „Regional and Laminar Differences in In Vivo Firing Patterns of Primate Cortical Neurons," *J. Neurophysiology*, Bd. 94, S. 567–575, 2005.

[49] M. Rudolph, M. Pospischil, I. Timofeev, und A. Destexhe, „Inhibition Determines Membrane Potential Dynamics and Controls Action Potential Generation in Awake and Sleeping Cat Cortex," *The Journal of Neuroscience*, Bd. 27(20), S. 5280–5290, 2007.

[50] T. W. Margrie, M. Brecht, und B. Sakmann, „In vivo, low-resistance, whole-cell recordings from neurons in the anaesthetized and awake mammalian brain," *Pflügers Archiv: European Journal of Physiology*, Bd. 444(4), S. 491–498, 2002.

[51] W.-C. A. Lee, H. Huang, G. Feng, J. R. Sanes, E. N. Brown, P. T. So, und E. Nedivi, „Dynamic remodeling of dendritic arbors in GABAergic interneurons of adult visual cortex." *PLoS Biology*, Bd. 4(2), S. e29, 2006.

[52] L. Lyck, I. D. Santamaria, B. Pakkenberg, J. Chemnitz, H. D. Schrøder, B. Finsen, und H. J. G. Gundersen, „An empirical analysis of the precision of estimating the numbers of neurons and glia in human neocortex using a fractionator-design with sub-sampling," *Journal of Neuroscience Methods*, Bd. 182, S. 143–156, 2009.

[53] A. Groh, C. P. J. de Kock, V. C. Wimmer, B. Sakmann, und T. Kuner, „Driver or Coincidence Detector: Modal Switch of a Corticothalamic Giant Synapse Controlled by Spontaneous Activity and Short-Term Depression," *The Journal of Neuroscience*, Bd. 28(39), S. 9652–9663, 2008.

[54] N. K. Logothetis, J. Pauls, M. Augath, T. Trinath, und A. Oeltermann, „Neurophysiological investigation of the basis of the fMRI signal," *NATURE*, Bd. 412(12), S. 150–157, 2001.

[55] B. Tian, T. Cohen-Karni, Q. Qing, X. Duan, P. Xie, und C. M. Lieber, „Three-Dimensional, Flexible Nanoscale Field - Effect Transistors as Localized Bioprobes," *Science*, Bd. 329, S. 830–834, 2010.

[56] W. Gerstner und W. M. Kistler, *Spiking Neuron Models: Single Neurons, Populations, Plasticity*. Cambridge University Press, 2002.

[57] R. Brette und W. Gerstner, „Adaptive Exponential Integrate-and-Fire Model as an Effective Description of Neuronal Activity," *Journal of Neurophysiology*, Bd. 94, S. 3637–3642, 2005.

[58] E. M. Izhikevich, „Which Model to Use for Cortical Spiking Neurons?" *IEEE Transactions on Neural Networks*, Bd. 15(5), S. 1063–1070, 2004.

[59] J. Touboul und R. Brette, „Dynamics and bifurcations of the adaptive exponential integrate-and-fire model," *Biological Cybernetics*, Bd. 99, S. 319–334, 2008.

[60] E. M. Izhikevich, „Simple Model of Spiking Neurons," *IEEE Transactions on Neural Networks*, Bd. 14(6), S. 1569–1572, 2003.

[61] R. Naud, N. Marcille, C. Clopath, und W. Gerstner, „Firing patterns in the adaptive exponential integrate-and-fire model," *Biological Cybernetics*, Bd. 99(4-5), S. 335–347, 2008.

[62] E. M. Izhikevich, *Dynamical systems in neuroscience: the geometry of excitability and bursting*. MIT Press, 2007.

[63] N. Fourcaud-Trocmé, D. Hansel, C. van Vreeswijk, und N. Brunel, „How Spike Generation Mechanisms Determine the Neuronal Response to Fluctuating Inputs," *The Journal of Neuroscience*, Bd. 23(37), S. 11 628–11 640, 2003.

[64] H. Meffin, A. N. Burkitt, und D. B. Grayden, „An Analytical Model for the Large, Fluctuating Synaptic Conductance State Typical of Neocortical Neurons In Vivo," *Journal of Computational Neuroscience*, Bd. 16, S. 159–175, 2004.

[65] A. Roth und M. C. V. v. Rossum, *Computational Modeling Methods for Neuroscientists*. MIT

Press, 2009, Kap. 6 Modeling Synapses, S. 139 – 160.

[66] A. Destexhe, M. Rudolph, J. Fellous, und T. Sejnowski, „Fluctuating synaptic conductances recreate in vivo-like activity in neocortical neurons." *Neuroscience*, Bd. 107, S. 13–24, 2001.

[67] A. Morrison, M. Diesmann, und W. Gerstner, „Phenomenological models of synaptic plasticity based on spike timing," *Biological Cybernetics*, Bd. 98, Nr. 6, S. 459–478, 2008.

[68] H. Markram, D. Pikus, A. Gupta, und M. Tsodyks, „Potential for multiple mechanisms, phenomena and algorithms for synaptic plasticity at single synapses," *Neuropharmacology*, Bd. 37(4-5), S. 489–500, 1998.

[69] M. Tsodyks und H. Markram, „The neural code between neocortical pyramidal neurons depends on neurotransmitter release probability," *PNAS*, Bd. 94, S. 719–723, 1997.

[70] M. Tsodyks, A. Uziel, und H. Markram, „Synchrony Generation in Recurrent Networks with Frequency-Dependent Synapses," *The Journal of Neuroscience*, Bd. 20, S. RC50(1–5), 2000.

[71] H. Markram, Y. Wang, und M. Tsodyks, „Differential signaling via the same axon of neocortical pyramidal neurons," *PNAS*, Bd. 95, S. 5323–5328, 1998.

[72] W. Gerstner, R. Kempter, J. L. van Hemmen, und H. Wagner, „A neuronal learning rule for sub-millisecond temporal coding," *Nature*, Bd. 383, S. 76–78, 1996.

[73] H. Markram, J. Lübke, M. Frotscher, und B. Sakmann, „Regulation of Synaptic Efficacy by Coincidence of Postsynaptic APs and EPSPs," *Science*, Bd. 275(5297), S. 213–215, 1997.

[74] S. Song, K. Miller, und L. Abbott, „Competitive Hebbian learning through spike-timing-dependent synaptic plasticity." *Nat Neurosci.*, Bd. 3(9), S. 919–26, 2000.

[75] L. Abbott und S. B. Nelson, „Synaptic plasticity: taming the beast," *Nature Neuroscience*, Bd. 3, S. 1178–1183, 2000.

[76] S. Haeusler, K. Schuch, und W. Maass, „Motif distribution, dynamical properties, and computational performance of two data-based cortical microcircuit templates," *Journal of Physiology*, Bd. 103, S. 73–87, 2009.

[77] A. Lansner, „Associative memory models: from the cell-assembly theory to biophysically detailed cortex simulations," *Trends in Neurosciences*, Bd. 32(3), S. 178 – 186, 2009.

[78] A. Destexhe, „Self-sustained asynchronous irregular states and Up/Down states in thalamic, cortical and thalamocortical networks of nonlinear integrate-and-fire neurons." *Journal of Computational Neuroscience*, Bd. 3, S. 493–506, 2009.

[79] S. Ramón y Cajal, *Textura del sistema nervioso del hombre y de los vertebrados*, 1904.

[80] K. Brodmann, *Localisation in the Cerebral Cortex (Originaltitel „Vergleichende Lokalisationslehre der Großhirnrinde : in ihren Prinzipien dargestellt auf Grund des Zellenbaues")*, L. J. Garey, Hrsg. Imperial College Press Preprint (Original Barth/ Leipzig), 1909.

[81] M. T. Wallace, R. Ramachandran, und B. E. Stein, „A revised view of sensory cortical parcellation," *PNAS*, Bd. 101(7), S. 2167–2172, 2004.

[82] V. B. Mountcastle, „The columnar organization of the neocortex," *Brain*, Bd. 120, S. 701–722, 1997.

[83] R. J. Douglas und K. A. Martin, „Mapping the Matrix: The Ways of Neocortex," *Neuron*, Bd. 56(2), S. 226–238, 2007.

[84] V. B. Mountcastle, „Modality and topographic properties of single neurons of cat's somatic sensory cortex," *J. Neurophysiol.*, Bd. 20, S. 408 – 434, 1957.

[85] R. J. Douglas, K. A. Martin, und D. Whitteridge, „A Canonical Microcircuit for Neocortex," *Neural Computation*, Bd. 1(4), S. 480–488, 1998.

[86] S. Haeusler und W. Maass, „A Statistical Analysis of Information- Processing Properties of Lamina-Specific Cortical Microcircuit Models," *Cerebral Cortex*, Bd. 17(1), S. 149–162, 2007.

[87] W. Gerstner, *Pulsed Neural Networks*. MIT Press, 1999, Kap. Spiking Neurons.

[88] W. Maass und C. M. Bishop, *Pulsed Neural Networks*. MIT Press, 1999.

[89] J. F. G. de Freitas, „Bayesian Methods for Neural Networks," Doktorarbeit, Trinity College, University of Cambridge, 2000.

[90] E. Fransén und A. Lansner, „A model of cortical associative memory based on a horizontal network of connected columns," *Network: Comput. Neural Syst.*, Bd. 9, S. 235–264, 1998.

[91] A. Davison, D. Brüderle, J. Eppler, J. Kremkow, E. Muller, D. Pecevski, L. Perrinet, und P. Yger., „PyNN: a common interface for neuronal network simulators," *Frontiers in Neuroinformatics*, Bd. 2, S. 11:1–10, 2009.

[92] D. Pecevski, T. Natschläger, und K. Schuch, „PCSIM: A Parallel Simulation Environment for Neural Circuits Fully Integrated with Python," *Frontiers in Neuroinformatics*, Bd. 3, S. 11, 2009.

[93] M. L. Hines, A. P. Davison, und E. Muller, „NEURON and Python," *Frontiers in Neuroinformatics*, Bd. 3, Nr. 1, 2009.

[94] M.-O. Gewaltig und M. Diesmann, „NEST (Neural Simulation Tool)," *Scholarpedia*, Bd. 2(4), S. 1430, 2007.

[95] D. Goodman und R. Brette, „Brian: A Simulator for Spiking Neural Networks in Python," *Frontiers in Neuroinformatics*, Bd. 2, S. 5, 2008.

[96] M. Djurfeldt, J. Hjorth, J. Eppler, N. Dudani, M. Helias, T. Potjans, U. Bhalla, M. Diesmann, J. Kotaleski, und O. Ekeberg, „Run-time interoperability between neuronal network simulators based on the MUSIC framework." *Neuroinformatics*, Bd. 8, S. 1:43–60, 2010.

[97] E. M. Izhikevich und G. M. Edelman, „Large-scale model of mammalian thalamocortical systems," *PNAS*, Bd. 105(9), S. 3593–3598, 2008.

[98] C. Johansson und A. Lansner, „Towards cortex sized artificial neural systems," *Neural Networks*, Bd. 20, S. 48–61, 2007.

[99] J. M. Nageswarana, N. Dutt, J. L. Krichmar, A. Nicolau, und A. V. Veidenbauma, „A configurable simulation environment for the efficient simulation of large-scale spiking neural networks on graphics processors," *Neural Networks*, Bd. 22, S. 791–800, 2009.

[100] A. Nere und M. Lipasti, „Cortical Architectures on a GPGPU," *Proceedings of the 3rd Workshop on General-Purpose Computation on Graphics Processing Units GPGPU'10*, S. 12–18, 2010.

[101] M. Richert, J. M. Nageswaran, N. Dutt, und J. L. Krichmar, „An Efficient Simulation Environment for Modeling Large-Scale Cortical Processing," *Frontiers in Neuroinformatics*, Bd. 5, S. 19:1–12, 2011.

[102] H. Markram, „The Blue Brain Project," *Nature Reviews/ Neuroscience*, Bd. 7, S. 153–160, 2006.

[103] S.-C. Liu und T. Delbruck, „Neuromorphic sensory systems," *Current Opinion in Neurobiology*, Bd. 20(3), S. 288–295, 2010.

[104] J. Schemmel, A. Gruebl, K. Meier, und E. Mueller, „Implementing Synaptic Plasticity in a VLSI Spiking Neural Network Model," in *Proceedings of the 2006 International Joint Conference on Neural Networks (IJCNN 2006)*, 2006, S. 1–6.

[105] E. Farquhar und P. Hasler, „A bio-physically inspired silicon neuron," *IEEE Transactions on Circuits and Systems I: Regular Papers*, Bd. 52, Nr. 3, S. 477–488, march 2005.

[106] J. H. B. Wijekoon und P. Dudek, „Compact silicon neuron circuit with spiking and bursting behaviour." *Neural Networks*, Bd. 21, Nr. 2-3, S. 524–534, 2008.

[107] P. Livi und G. Indiveri, „A current-mode conductance-based silicon neuron for address-event neuromorphic systems," in *Proceedings of the 2009 IEEE International Symposium on Circuits and Systems (ISCAS'09)*, 2009, S. 2898–2901.

[108] S. Millner, A. Grübl, K. Meier, J. Schemmel, und M.-O. Schwartz, „A VLSI Implementation of the Adaptive Exponential Integrate-and-Fire Neuron Model," *Advances in Neural Information Processing Systems*, Bd. 23, S. 1642–1650, 2010.

[109] M. Badoual, Q. Zou, A. Davison, M. Rudolph, T. Bal, Y. Fregnac, und A. Destexhe, „Biophysical and phenomenological models of multiple spike interactions in spike-timing dependent plasticity." *Int J. Neural Syst.*, Bd. 16, S. 79–97, 2006.

[110] C. Bartolozzi und G. Indiveri, „Synaptic Dynamics in Analog VLSI," *Neural Comput.*, Bd. 19(10), S. 2581–2603, 2007.

[111] G. Indiveri, E. Chicca, und R. Douglas, „A VLSI Array of Low-Power Spiking Neurons and Bistable Synapses With Spike-Timing Dependent Plasticity," *IEEE Transactions on Neural Networks*, Bd. 17(1), S. 211–221, 2006.

[112] S. Renaud, J. Tomas, Y. Bornat, A. Daouzli, und S. Saighi, „Neuromimetic ICs with analog cores: an alternative for simulating spiking neural networks," in *Proceedings of the 2007 IEEE International Symposium on Circuits and Systems (ISCAS'07)*, 2007, S. 3355–3358.

[113] E. Farquhar, C. Gordon, und P. Hasler, „A Field Programmable Neural Array," in *Proceedings of the 2006 IEEE International Symposium on Circuits and Systems (ISCAS'06)*, 2006, S. 4114–4117.

[114] L. Miro-Amarante, A. Jimenez, A. Linares-Barranco, F. Gomez-Rodriguez, R. Paz, G. Jimenez, A. Civit, und R. Serrano-Gotarredona, „A LVDS Serial AER Link," in *ICECS 2006*, 2006, S. 938–941.

[115] H. Berge und P. Hafliger, „High-Speed Serial AER on FPGA," in *Proceedings of the 2007 IEEE International Symposium on Circuits and Systems (ISCAS'07)*, may 2007, S. 857–860.

[116] E. Chicca, A. M. Whatley, P. Lichtsteiner, V. Dante, T. Delbruck, P. Del Giudice, R. J. Douglas, und G. Indiveri, „A Multichip Pulse-Based Neuromorphic Infrastructure and Its Application to a Model of Orientation Selectivity," *IEEE Transactions on Circuits and Systems I: Regular Papers*, Bd. 54(5), S. 981–993, 2007.

[117] R. Serrano-Gotarredona, M. Oster, P. Lichtsteiner, A. Linares-Barranco, R. Paz-Vicente, F. Gomez-Rodriguez, L. Camunas-Mesa, R. Berner, M. Rivas-Perez, T. Delbruck, L. SC., R. Douglas, P. Hafliger, G. Jimenez-Moreno, A. Civit Ballcels, T. Serrano-Gotarredona, A. Acosta-Jimenez, und B. Linares-Barranco, „CAVIAR: a 45k neuron, 5M synapse, 12G connects/s AER hardware sensory-processing- learning-actuating system for high-speed visual object recognition and tracking." *IEEE Transactions on Neural Networks*, Bd. 20(9), S. 1417–1438, 2009.

[118] P. A. Merolla, J. V. Arthur, B. E. Shi, und K. A. Boahen, „Expandable Networks for Neuromorphic Chips," *IEEE Transactions on Circuits and Systems I: Regular Papers*, Bd. 54(2), S. 301–311, 2007.

[119] K. Boahen, „Neuromorphic Microchips," *Scientific American*, Bd. 5, S. 56–63, 2005.

[120] F. Folowosele, A. Harrison, A. Cassidy, A. Andreou, R. Etienne-Cummings, S. Mihalas, E. Niebur, und T. Hamilton, „A switched capacitor implementation of the generalized linear integrate-and-fire neuron," in *Proceedings of the 2009 IEEE International Symposium on Circuits and Systems (ISCA'09)*, 2009, S. 2149–2152.

[121] P. Merolla, J. Arthur, F. Akopyan, N. Imam, R. Manohar, und D. Modha, „A digital neurosynaptic core using embedded crossbar memory with 45pJ per spike in 45nm," in *IEEE Custom Integrated Circuits Conference (CICC 2011)*, 2011, S. 1–4.

[122] S. Furber, D. Lester, L. Plana, J. Garside, E. Painkras, S. Temple, und A. Brown, „Overview of the SpiNNaker System Architecture," *IEEE Transactions on Computers*, Bd. 99, Nr. 99, S. 49–56, 2012.

[123] D. Brüderle, E. Müller, A. Davison, E. Muller, J. Schemmel, und K. Meier, „Establishing a Novel Modeling Tool: A Python-based Interface for a Neuromorphic Hardware System," *Frontiers in Neuroinformatics*, Bd. 3, S. 17, 2009.

[124] [Online]. Available: http://www.neuralensemble.org/PyNN

[125] F. Galluppi, A. Rast, S. Davies, und S. Furber, „A General-Purpose Model Translation System for a Universal Neural Chip," in *ICONIP 2010*, Serie LNCS, K. W. et al., Hrsg., Bd. I, Nr. 6443. Springer, Berlin, Heidelberg, 2010, S. 58–65.

[126] M. A. Petrovici, B. Vogginger, P. Müller, O. Breitwieser, M. Lundqvist, L. Muller, M. Ehrlich, A. Destexhe, A. Lansner, R. Schüffny, J. Schemmel, und K. Meier, „Characterization and Compensation of Network-Level Anomalies in Mixed-Signal Neuromorphic Modeling Platforms," *PLOS One*, Bd. 9, S. e108590, 2014.

[127] J. Kremkow, L. Perrinet, A. Aertsen, und G. Masson, „Functional consequences of correlated excitatory and inhibitory conductances," *Journal of Computational Neuroscience*, Bd. 28(3), S. 579–594, 2010.

[128] M. Lundqvist, M. Rehn, M. Djurfeldt, und A. Lansner, „Attractor dynamics in a modular network of neocortex," *Network:Computation in Neural Systems*, Bd. 17:3, S. 253–276, 2006.

[129] M. Abeles, *Corticonics: Neural Circuits of the Cerebral Cortex.* Cambridge University Press, 1991.

[130] M. Diesmann, M.-O. Gewaltig, und A. Aertsen, „Stable propagation of synchronous spiking in cortical neural networks," *Nature*, Bd. 402, S. 529–533, 1999.

[131] M. Ehrlich und R. Schüffny, „Neural Schematics as a unified formal graphical representation of large-scale Neural Network Structures," *Frontiers in Neuroinformatics*, Bd. 7, S. 22:1–12, 2013.

[132] P. Hammarlund und Ö. Ekeberg, „Large Neural Network Simulations on Multiple Hardware Platforms," *Journal of Computational Neuroscience*, Bd. 5(4), S. 443–459, 1998.

[133] J. C. Horton und D. L. Adams, „The cortical column: a structure without a function," *Philosophical Transaction of The Royal Society of London B Biological Sciences*, Bd. 360(1456), S. 837–862, 2005.

[134] A. Compte, N. Brunel, P. S. Goldman-Rakic, und X.-J. Wang, „Synaptic Mechanisms and Network Dynamics Underlying Spatial Working Memory in a Cortical Network Model," *Cereb. Cortex*, Bd. 10(9), S. 910–923, 2000.

[135] J. Schemmel, „Specification of the HICANN Microchip," Ruprecht-Karls-Universität Heidelberg, Tech. Ber., 2011.

[136] S. Scholze, S. Henker, J. Partzsch, C. Mayr, und R. Schüffny, „Optimized Queue Based Communication in VLSI Using a Weakly Ordered Binary Heap," in *IEEE International Conference on Mixed Design of Integrated Circuits and Systems (MIXDES 2010)*, 2010, S. 316–320.

[137] A. Kononov, „AdEx model with two adaptive terms and its restrictions due to hardware limitations of the HICANN chip," Ruprecht-Karls-Universität Heidelberg, Tech. Ber., 2010.

[138] J. Bill, K. Schuch, D. Brüderle, J. Schemmel, W. Maass, und K. Meier, „Compensating inhomogeneities of neuromorphic VLSI devices via short-term synaptic plasticity," *Front. Comp. Neurosci.*, Bd. 4, Nr. 129, 2010.

[139] J. Fieres, J. Schemmel, und K. Meier, „Realizing Biological Spiking Network Models in a Configurable Wafer-Scale Hardware System," in *IEEE International Joint Conference on Neural Networks IJCNN*, 2008, S. 969–976.

[140] J. Schemmel, D. Brüderle, K. Meier, und B. Ostendorf, „Modeling Synaptic Plasticity within Networks of Highly Accelerated I&F Neurons," in *Proceedings of the 2007 IEEE International Symposium on Circuits and Systems (ISCAS'07)*. IEEE Press, 2007, S. 3367–3370.

[141] T. Lande, H. Ranjbar, M. Ismail, und Y. Berg, „An analog floating-gate memory in a standard digital technology," in *Proceedings of Fifth International Conference on Microelectronics for Neural Networks*, 1996, S. 271–276.

[142] A. Kononov, „Testing of an Analog Neuromorphic Network Chip," Diplom-/ Masterarbeit, Kichhoff-Institute for Physics, 2011.

[143] J. Lienig, *Layoutsynthese elektronischer Schaltungen - Grundlegende Algorithmen für die Entwurfsautomatisierung.* Springer Berlin, Heidelberg, 2006.

[144] G.-J. H. Nam, *Modern circuit placement / best practices and results.* New York: Springer, 2007.

[145] S. K. Lim, *Practical problems in VLSI physical design automation.* Springer, 2008.

[146] A. B. Kahng und J. Lienig, *VLSI physical design / from graph partitioning to timing closure.* Dordrecht ; Heidelberg [u.a.]: Springer, 2011.

[147] U. Farooq, Z. Marrakchi, und H. Mehrez, *Tree-based Heterogeneous FPGA Architectures.* Springer, 2012, Kap. FPGA Architectures: An Overview, S. 7–48.

[148] R. G. Tessier, „Fast Place and Route Approaches for FPGAs," Doktorarbeit, MIT, 1999.

[149] J. P. Marques-Silva und K. A. Sakallah, „Boolean satisfiability in electronic design automation," in *Proceedings of the 37th Annual Design Automation Conference DAC '00*, 2000.

[150] L. Sterpone und M. Violante, „A New Reliability-Oriented Place and Route Algorithm for SRAM-Based FPGAs," *IEEE Transactions on Computers*, Bd. 55(6), S. 732–744, 2006.

[151] P. Miettinen, M. Honkala, und J. Roos, „Using METIS and hMETIS Algorithms in Circuit Partitioning," Helsinki University of Technology / Department of Electrical and Communications Engineering / Circuit Theory Laboratory, Circuit Theory Laboratory Report Series, CT-49, 2006.

[152] A. Mishchenko, S. Chatterjee, und R. K. Brayton, „Improvements to Technology Mapping for LUT-Based FPGAs," *IEEE Transactions on Computer-Aided Design of Integrated Circuits and Systems*, Bd. 26(2), S. 240–253, 2007.

[153] M. Ehrlich, K. Wendt, L. Zühl, R. Schüffny, D. Brüderle, E. Müller, und B. Vogginger, „A software framework for mapping neural networks to a wafer-scale neuromorphic hardware system," in *Proceedings of ANNIIP 2010*, 2010, S. 43–52.

[154] T. P. Wong, „Aging of the Cerebral Cortex," *McGill J. Med.*, Bd. 6, S. 104–113, 2002.

[155] D. Brüderle, „Neuroscientific Modeling with a Mixed-Signal VLSI Hardware System," Doktorarbeit, Ruprecht-Karls-Universität Heidelberg, 2009.

[156] M.-O. Schwartz, „Reproducing Biologically Realistic Regimes on a Highly-Accelerated Neuromorphic Hardware System," Doktorarbeit, Ruprecht-Karls-Universität Heidelberg, 2013.

[157] D. Brüderle, M. Petrovici, B. Vogginger, M. Ehrlich, T. Pfeil, S. Millner, A. Grübl, K. Wendt, E. Müller, M. Schwartz, D. Husmann de Oliveira, S. Jeltsch, J. Fieres, M. Schilling, P. Müller, O. Breitwieser, V. Petkov, L. Muller, A. Davison, P. Krishnamurthy, J. Kremkow, M. Lundqvist, E. Muller, J. Partzsch, S. Scholze, L. Zühl, C. Mayr, A. Destexhe, M. Diesmann, T. Potjans, A. Lansner, R. Schüffny, J. Schemmel, und K. Meier, „A Comprehensive Workflow for General-Purpose Neural Modeling with Highly Configurable Neuromorphic Hardware Systems," *Biological Cybernetics*, Bd. 104 (4), S. 263–296, 2011.

[158] S. Scholze, M. Ehrlich, und R. Schüffny, „Modellierung eines Wafer-Scale Systems für pulsgekoppelte neuronale Netze," in *Dresdner Arbeitstagung Schaltungs- und Systementwurf DASS 2007*, 2007, S. 61–66.

[159] K. Wendt, M. Ehrlich, und R. Schüffny, „A graph theoretical approach for a multistep mapping software for the FACETS project," in *2nd WSEAS Int. Conf on Computer Engineering and Applications (CEA'08)*, 2008, S. 189–194.

[160] J. Siek, L.-Q. Lee, und A. Lumsdaine, *The Boost Graph Library - User Guide and Reference*

Manual. Addison-Wesley, 2002.

[161] K. Mehlhorn, S. Näher, und C. Uhrig, „The LEDA platform for combinatorial and geometric computing," *Automata, Languages and Programming Lecture Notes in Computer Science*, Bd. 1256, S. 7–16, 1997.

[162] T. Koopman, „A Generative Graph Template Toolkit (GraTe-TK) for C++," Diplom-/ Masterarbeit, University Of Pretoria, 2009.

[163] D. Gregor und A. Lumsdaine, „The Parallel BGL: A generic library for distributed graph computations," in *In Parallel Object-Oriented Scientific Computing (POOSC)*, 2005.

[164] J. Ellson, E. R. Gansner, E. Koutsofios, S. C. North, und G. Woodhull, *Graph Drawing Software.* Springer, 2004, Kap. Graphviz and Dynagraph – Static and Dynamic Graph Drawing Tools, S. 127–148.

[165] C. Mayr, M. Ehrlich, S. Henker, K. Wendt, und R. Schüffny, „Mapping Complex, Large-Scale Spiking Networks on Neural VLSI," *Enformatika Transactions on Engineering, Computing and Technology*, Bd. 19, S. 40–45, 2007.

[166] B. Vogginger, M. Ehrlich, K. Wendt, und S. Jeltsch, „TA21 Pending Data Objects," in *BrainScaleS Mapping Software Meeting 2012*, 2012.

[167] D. Hussmann de Oliviera, *persönliche Kommunikation*, 2011.

[168] A. Grübl, *persönliche Kommunikation*, 2011.

[169] *JavaScript Programming Language, Standard ECMA-262*, ECMA Std., Rev. 3rd, December 1999.

[170] (2014, January) BrainScaleS Live-System online. [Online]. Available: http://brainscales.kip.uni-heidelberg.de

[171] L. Buesing, J. Bill, B. Nessler, und W. Maass, „Neural Dynamics as Sampling: A Model for Stochastic Computation in Recurrent Networks of Spiking Neurons," *PLoS Comput. Biol.*, Bd. 7, S. e1002211, 2011.

[172] S. Millner, „Development of a Multi-Compartment Neuron Model Emulation," Doktorarbeit, Ruprecht-Karls-Universität Heidelberg, 2012.

[173] K. Wendt, M. Ehrlich, und R. Schüffny, „GMPath - a path language for navigation, information query and modification of data graphs," in *Proceedings of ANNIIP 2010*, 2010, S. 31–42.

[174] M. Ehrlich, K. Wendt, und R. Schüffny, „Parallel mapping algorithms for a novel mapping and configuration software for the FACETS project," in *Proceedings of the WSEAS CEA 2008*, 2008, S. 152–157.

[175] V. Betz, J. Rose, und A. Marquardt, *Architecture and CAD for Deep-Submicron FPGAs.* Norwell, MA, USA: Kluwer Academic Publishers, 1999.

[176] I. Kokkinos, „Feasibility Study On Declarative Routing For Neuromorphic Hardware," Diplom-/ Masterarbeit, Ruprecht-Karls-Universität Heidelberg, 2012.

[177] G. Karypis, K. Schloegel, und V. Kumar, *ParMETIS – Parallel Grpah Partitioning and Sparse Matrix Ordering Library Version 3.1*, University of Minnesota, Department of Computer Science

and Engineering & Army HPC Research Center, 2003.

[178] G. Karypis, *METIS – A Software Package for Partitioning Unstructured Graphs, Partitioning Meshes, and Computing Fill-Reducing Orderings of Sparse Matrices Version 5.0*, Department of Computer Science & Engineering University of Minnesota.

[179] G.-J. Nam, F. Aloul, K. Sakallah, und R. Rutenbar, „A comparative study of two Boolean formulations of FPGA detailed routing constraints," *IEEE Transactions on Computers*, Bd. 53, Nr. 6, S. 688–696, 2004.

[180] M. W. Moskewicz, C. F. Madigan, Y. Zhao, L. Zhang, und S. Malik, „Chaff: engineering an efficient SAT solver," in *Proceedings of the 38th annual Design Automation Conference*. ACM, 2001, S. 530–535.

[181] N. S. Niklas Eén, „An Extensible SAT-solver," *Lecture Notes in Computer Science*, Bd. 2919, S. 502–518, 2004.

[182] D. L. Berre und A. Parrain, „The Sat4j library, release 2.2," *JSAT*, Bd. 7, Nr. 2-3, S. 59–64, 2010.

[183] „2nd BrainScaleS Plenary Meeting," Jülich 2012.

[184] D. Brüderle, J. Bill, B. Kaplan, J. Kremkow, K. Meier, E. Müller, und J. Schemmel, „Simulator-Like Exploration of Cortical Network Architectures with a Mixed-Signal VLSI System," in *Proceedings of the 2010 IEEE International Symposium on Circuits and Systems (ISCAS'10)*, 2010.

[185] S. Philipp, „Design and Implementation of a Multi-Class Network Architecture for Hardware Neural Networks," Doktorarbeit, Ruprecht-Karls-Universität Heidelberg, 2008.

[186] J. Hasler und H. B. Marr, „Finding a Roadmap to achieve Large Neuromorphic Hardware Systems," *Frontiers in Neuroscience*, Bd. 7, S. 118:1:29, 2013.

[187] J. Gehlhaar, „Neuromorphic processing: a new frontier in scaling computer architecture," in *Proceedings of the 19th international conference on Architectural support for programming languages and operating systems (ASPLOS '14)*, 2014, S. 317–318.

[188] Human Brain Project. [Online]. Available: http://www.humanbrainproject.eu

[189] P. S. Churchland, C. Koch, und T. J. Sejnowski, *Computational Neuroscience*. MIT Press, 1993, Kap. What is computational neuroscience?, S. 46–55.

[190] E. M. Izhikevich. [Online]. Available: http://www.izhikevich.org

[191] R. Diestel, *Graph Theory*, 3. Aufl. Springer, Heidelberg, 2005, (electronic edition).

[192] (2007) GOLD Parser System. [Online]. Available: http://www.devincook.com/goldparser

[193] D. E.Knuth, „backus normal form vs. Backus Naur form," *Communications of the ACM*, Bd. 7(12), S. 735–736, 1964.

Sachregister

Glossar

Assoziativspeicher

Der Assoziativspeicher beschreibt einen inhaltsadressierbaren Speicher wie beispielsweise bei Mustervervollständigung aus einem Assoziativspeicher über ein gegebenes Fragment des Musters.

Bionik

Die Bionik beschäftigt sich mit der Anwendung von Vorlagen der Natur bei der Konstruktion technischer Systeme.

Computational Neuroscience

Das interdisziplinäre Forschungsfeld der *Computational Neuroscience* beschäftigt sich mit den informationsverarbeitenden Eigenschaften des Nervensystems [189].

Cortical Mapping

Das *Cortical Mapping* beziehungsweise das *Functional Mapping* bezeichnet die Zuordnung von Aufgabenbereichen neuronaler Informationsverarbeitung zu einzelnen Hirnarealen. Hierfür nutzt man *klinisch-pathologische*, *klinisch-pharmakologische* oder *klinisch-visuelle* Korrelationen [22]. Für die klinisch-pathologischen Untersuchungen werden hauptsächlich Läsionen des NVS genutzt oder es werden einzelne Hirnareale beispielsweise bei der *Transkranialen Magnetischen Stimulation* sowohl intra- als auch extrakranial über Magnetfelder beeinflußt [22]. Die klinisch-pharmakologische Methode erreicht die Beeinflussung mit pharmakologischen Mitteln. Für klinisch-visuelle Korrelationen kommen die PET oder die fMRT zum Einsatz [42, 43].

Elektroenzephalogramm

Im Bild gebenden Messverfahren des *Elektroenzephalogramms* werden durch neuronale Aktivität hervorgerufene intrazerebrale Ladungsverschiebungen perpendikular zur Oberfläche des Gehirns detektiert. Die Ladungsverschiebungen werden durch wahrnehmbare Veränderungen im elektrischen Feld zwischen gleichmäßig auf dem Schädel des Probanden angebrachten, planaren Elektroden aufgezeichnet [21].

Färben

Als Färben oder auch *Staining* bezeichnet man die Färbung neuraler Strukturen durch *Stain* oder *Dye* genannte Stoffe für histologische, morphologische oder elektrophysiologische Versuche. Die populärste histologische Färbung wurde 1873 von Golgi [44] mit Silbernitrat vorgenommen. Diese eignet sich jedoch lediglich zur post-mortem Färbung der vollständigen Nervenzelle. In aktuellen Methoden der Immunohistochemie (IHC) transportieren Antigene zelleigener Proteine fluoreszierende Stoffe. Die Antigene binden an den entsprechenden Proteinen als dem spezifischen Antikörper und markieren diese damit. Die Markierung ist reversibel und ermöglicht in-vivo Versuche [45].

Histologie

Die *Histologie* ist die Lehre von den Geweben in der Biologie.

Intrinsic Signal Optical Imaging

Im *Intrinsic Signal Optical Imaging* wird die neuronale Aktivität über Änderungen des den neuronalen Strukturen zugeführten Blutvolumens, und der damit einhergehenden Größenänderung kortikaler Kapillargefäße, unter Zuhilfenahme herkömmlicher Bildbearbeitungsverfahren beobachtet [40].

Lokales Feldpotential

Das Lokale Feldpotential ist eine in [38] beschriebene Methode zur Interpretation der Veränderung des an einer Mikroelektrode, im extrazellulären Umfeld aktiver Nervenzellen, gemessen Potentials. Das Signal repräsentiert die gemittelten ionischen Aktivitäten, hervorgerufen durch die umliegenden Neuronen. Ein Tiefpaß entfernt aus dem Signal die hochfrequenten Anteile präsynaptischer Aktionspotentiale. Die tieffrequenten Anteile werden als synchrones postsynaptisches Eingangssignal in die die Mikroelektrode umgebenden Neuronen gedeutet.

Magnetenzephalogramm

Im Bild gebenden Messverfahren des *Magnetenzephalogramms* werden durch neuronale Aktivität hervorgerufene intrazerebrale Stromflüsse parallel zur zur Oberfläche des Gehirns detektiert. Die Ströme werden durch wahrnehmbare Veränderungen im magnetischen Feld unter gleichmäßig auf dem Schädel des Probanden verteilten Magnetfelddetektoren aufgezeichnet [21].

Magnetresonanzthomographie (funktionelle)

Im Verfahren der *funktionellen Magnetresonanzthomographie* wird neuronale Aktivät über den lokalen Sauerstoffgehalt des Hämoglobin erfasst. Die magnetischen Eigenschaften von Hämoglobin ändern sich in Abhängigkeit vom Grad seiner Oxygenierung. Desoxyhemoglobin verursacht dabei durch die Wechselwirkung mit den umgebenden, Wasserstoff enthaltenden Molekülen indirekt einen höheren Bildkontrast als Oxyhemoglobin. Durch diese Wechselwirkung lässt sich neuronale Aktivität über den Sauerstoffgehalt im Blut im Verfahren der Magnetresonanzthomographie indirekt messen.

Morphologie

Die *Morphologie* ist die Lehre von Form und Struktur einzelner Zellen in der Neurobiologie.

Neuroinformatik

Das Forschungsfeld der Neuroinformatik beschäftigt sich unter Anderem mit der Bereitstellung von informationstechnischen Werkzeugen für die Neurowissenschaften.

Neuronenschaltkreise

Unter Neuronenschaltkreisen versteht man funktional abgrenzbare Gruppen von Neuronen [19].

Neurotransmitter

Die Gruppe der Neurotransmitter umfasst (Boten-)Stoffe, die bei der schnellen, biochemischen synaptischen Übertragung eine Rolle spielen. Ein Neurotransmitter hat einen Konkurrenten mit gleicher Wirkung, den *Agonist* oder einen mit keiner Wirkung auf den Rezeptor aber hinsichtlich des Neurotransmitters blockierenden Funktion, den *Antagonist*, welche mit ihm um die Bindung am entsprechenden Rezeptor konkurrieren und diesen bei entsprechend höherer Affinität des Rezeptors für jene verdrängen.

Optical Imaging

Unter passivem *Optical Imaging* versteht man die Beobachtung neuronaler Aktivität über die von diesen Vorgängen abhängige Veränderung des Blutsauerstoffgehalts und der damit einhergehenden Veränderung der Lichtabsorption der Blutgefäße [39], hier besonders im Wellenlängenbereich von $580nm$ (orange) bis $700nm$ (rot) [22].

Patch-Clamp

Als *Patch-Clamp* oder (Membran-)Fleckenklemme wir eine zur Meßspitze gezogene Glaspipette bezeichnet. Die Patch-Clamp erlaubt Messungen der elektrophysiologischen Vorgänge sowohl im intrazellulären als auch im extrazellulären Bereich. Die möglichen Konfigurationen die in Verbindung mit einer Zellmembran möglich sind: *single-cell*, *whole-cell*, *inside-out* und *outside-in*.

Positronenemissionsthomographie

Im Bild gebenden Messverfahren der *Positronenemissionstomographie* wird durch Strahlungsmessung zum Einen die Konzentration an Glukose und zum Anderen die Durchblutung in neuralen Strukturen aufgenommen. Als *Tracer* werden hier Radiopharmaka eingesetzt, das sind beispielsweise mit dem Nuklid ^{18}F markierte Glukose oder durch das Isotop $^{15}O_2$ maskiertes Wasser [21].

Umkehrpotential

Das Umkehrpotential eines Ionenkanals einer Nervenzelle ist sein jeweils isoliert betrachtetes Gleichgewichtspotential.

Voltage-Clamp

Die *Voltage-Clamp* oder Spannungsklemme fixiert das Membranpotential einer Zelle durch Aufprägung eines Ausgleichstroms in die Nervenzelle. Der Ausgleichsstrom entspricht der Summe aus den Strömen durch die resistive Zellmembran und den Ladungsverschiebungsströmen über ihre kapazitiven Anteile.

Zytologie

Die *Zytologie* ist die Lehre von den Zellen in der Biologie.

elektrotonisch

Unter elektrotonischer Ausbreitung versteht man die Fortpflanzung eines Erregungsimpulses über die passiven elektrischen Elemente der Nervenzellmembran.

I Modellierung

Pulsmuster ausgewählter elektrophysiologischer Nervenzellklassen

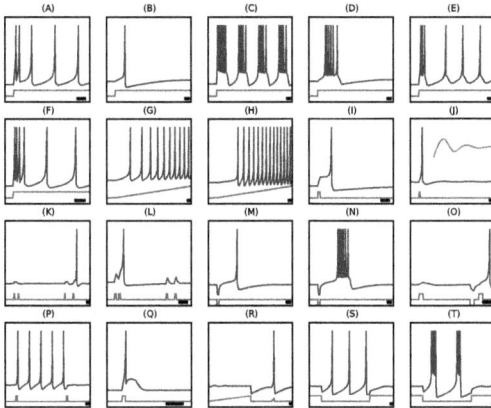

Abbildung I.1: Qualitative Darstellung von Pulsmustern für ausgewählte Neuronentypen nach [58] in einer Python-Portierung des freien MATLAB-Quellcodes [190]; Darstellung der einzelnen Pulsmuster jeweils als Membranspannungsverlauf oben und entsprechendem Stromstimulus darunter; Unter jedem Diagramm ist die zeitlichen Auflösung mit einem $20ms$ entsprechendem, horizontalen Balken angegeben. Dargestellt sind von links oben beginnend in Zeilen nach rechts unten: (**A**) *Tonisch Pulsend* - eine Folge von Pulsen bei anhaltendem Stimulus, (**B**) *Phasisch Pulsend* - einzelner Puls zu Beginn eines Stimulus, (**C**) *Tonisch Burstend* - eine Folge von Pulsbursts bei anhaltendem Stimulus, (**D**) *Phasisch Burstend* - einzelner Burst bei einsetzendem Stimulus, (**E**) *Mixed Mode* - einzelner Burst zum Beginn eines Stimulus dann Folge von Pulsen bei anhaltendem Stimulus, (**F**) *Pulsfrequenzanpassung* - im Zusammenhang mit tonischem Pulsen zunehmendes Interspikeintervall bei anhaltendem Stimulus, (**G**) *Erregbarkeitsklasse 1* - zeigt bei geringer überschwelliger Stimulierung einsetzendes tonisches Pulsen niedriger Frequenz ($2Hz$), (**H**) *Erregbarkeitsklasse 2* - zeigt bei überschwelliger Erregung einsetzendes tonisches Pulsverhalten vergleichsweise hoher Frequenz (40Hz) (**I**) *Pulsverzögerung* - Verzögerung des Pulszeitpunktes in Abhängigkeit von der Stärke des Stimulus, je schwächer der Stimulus desto größer die Verzögerung. (**J**) *Unterschwellige Oszillation* - Oszillation des Membranpotentials unterhalb der Erregungsschwelle, (**K**) *Resonatoren* - Pulsen bei Übereinstimmung von Frequenz unterschwelliger Oszillationen mit dem Interspikeintervall aufeinander folgender erregender Pulse, (**L**) *Integratoren* - Pulsen durch Aufintegration der Stimuli, (**M**) *Rebound Puls* - post-inhibitorische Pulse, (**N**) *Rebound Burst* - post-inhibitorische Bursts, (**O**) *Schwellwertvariabilität* - vom Stimulus abhängige Veränderlichkeit des Schwellwerts, (**P**) *Bistabilität* - durch Stimulus umschaltbar zwischen Ruhezustand und pulsend, (**Q**) *Depolarisierendes Folgepotential* - eine auf Pulse folgende, zeitlich begrenzte, höhere Erregbarkeit durch ein anhaltendes depolarisierendes Folgepotential, (**R**) *Anpassung* - langsam ansteigende Stimuli lösen keine Stimuli aus, da zelleigene Ausgleichsmechanismen mit gleichen Zeitkonstanten entsprechend kompensieren, (**S**) *Inhibitionsinduziertes Pulsen* - tonisch, (**T**) *Inhibitionsinduziertes Bursting* - tonisch.

Neuronale Schaltpläne als vereinheitlichte formale Darstellungsform großer Neuronaler Netzwerkstrukturen

In [131] wird das Konzept der Neuronalen Schaltpläne (engl. *Neural Schematics*) als vereinheitlichte formale Darstellungsform großer Neuronaler Netzwerkstrukturen entwickelt. Mit den *Neural Schematics* werden *i)* vereinheitlichte Symbole, mit einem einheitlichen Schema zur Benamung von *Populationen* und *Projektionen*, als Grundelemente zur Beschreibung einer Neuronalen Netzwerkstruktur eingeführt sowie *ii)* für *Schichten, Areale, Non-Cortical Regions* und *Units* Vorgaben zur Annotierung zusätzlicher struktureller Informationen gemacht.

Populationen

Populationen erden grundsätzlich durch Rechtecke beliebiger Größe repräsentiert, der Linienstil ist voll. Die Vorlage einer Population ist in Abbildung I.2 abgebildet. Populationen sind Quelle und/oder Senke von Projektionen. Projektionen haben ihren Ursprung auf der rechten Seite einer Population und enden auf deren linker Seite.

Die Benamung der Population erfolgt prinzipiell auf Grundlage der gemeinsamen elektrophysiologischen Eigenschaften der Neuronen einer Population, beziehungsweise einem das Pulsverhalten beschreibenden Namen, in normalem Schriftstil und/oder dem morphologischen Typ, beziehungsweise einem frei wählbaren beschreibenden Namen, im kursiven Schriftstil. Weitere Attribute einer Population werden in der grafischen Darstellung nicht verwendet.

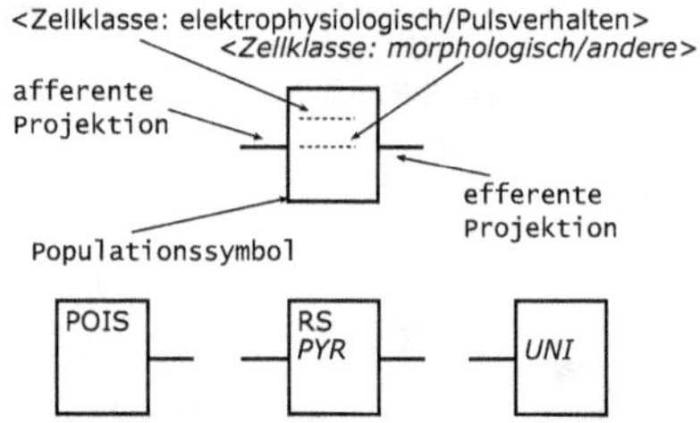

Abbildung I.2: Vorlage für ein Populationssymbol und drei Beispiel für Populationen in einem Neuronalen Schaltplan. Entsprechend der Vorlage wird eine Population durch ein Rechteck repräsentiert, die Beschriftung erfolgt mit der elektrophysiologischen Zellklasse und/oder dem morphologischen Typ der Neuronen einer Population. Afferente Projektionen laufen von links in ein Populationssymbol ein und efferente Projektionen verlassen das Populationssymbol auf seiner rechten Seite.

In Abbildung I.2 sind unter der Vorlage für ein Populationssymbol drei Beispiele dafür dargestellt. Auf der linken Seite befindet sich eine Stimuluspopulation namens POIS welche Poisson verteilte Pulse generiert. In der Mitte zu erkennen ist eine Population von Zellen mit RS Verhalten und *PYR* Morphologie und auf der rechten Seite ein Population von Motoneuronen mit *UNI* Morphologie.

Projektionen

Projektionen verbinden Populationen als volle Linien wie in Abbildung I.3 links. Zur Unterscheidung des Erregungstyps einer Projektion wird ein leerer Kreis am Ende einer inhibitorischen Afferenz zu einer Population hinzugefügt.

Zur Kennzeichnung der Stärke einer Projektion kann die Verbindungsdichte der Projektion angegeben werden. Weitere Attribute einer Projektion werden in der grafischen Darstellung nicht verwendet.

Projektionen sind eins-zu-eins, das heißt sie verzweigen oder vereinigen sich nicht. Projektionen ohne Quelle sind Eingänge einer Neuronalen Netzwerkstruktur und Projektionen ohne Senke sind entsprechend Ausgänge. Eine Population kann wie auf andere Populationen auch auf sich selbst projizieren.

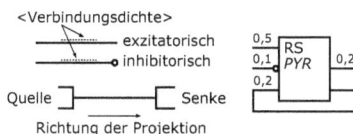

Abbildung I.3: Vorlage für eine Projektion und Projektionsbeispiele. Entsprechend der Vorlage wird eine Projektion als volle Linie dargestellt und kann mit ihrer Verbindungsdichte gekennzeichnet werden. Die Richtung der Verbindung wird durch die Seitenkonvention der Population bestimmt. Eine inhibitorische Projektion wird durch einen leeren Kreis an ihrem Abschluss unterschieden.

In Abbildung I.3 rechts sind Beispiele von Projektionen an einer Population dargestellt. Auf der linken Seite des Populationssymbols befinden sich eine einlaufende exzitatorische Projektion mit einer Verbindungsdichte von 0,5, eine einlaufende inhibitorische Projektion mit einer Verbindungsdichte von 0,1 und eine einlaufende exzitatorische Rückkopplungsprojektion als Rückprojektion der Population auf sich selbst mit einer Verbindungsdichte von 0,2. Auf der linken Seite der Population ist neben der auslaufenden Rückprojektion eine zweite Efferenz mit einer Verbindungsdichte von 0,2 zu erkennen.

Layers

Layers (zu dt. Schichten) können, wie in Abbildung I.4 dargestellt, in die grafische Darstellung einer *Neural Network Structure* (NNS) als gepunktete horizontale Linien eingefügt werden. Schichten werden zu ihrer rechten Seite mit römischen Numeralen und den Großbuchstaben einer dicktengleichen Schrift bezeichnet. Die Schichten werden absteigend von oben angeordnet.

Areas

Areas (zu dt. Areale) können in einen Neuronalen Schaltplan als gepunktete vertikale Linien eingefügt werden, um sie, wie in Abbildung I.4, abzugrenzen. Areale können von Schichten unterteilt werden und sind im normalen Stil einer dicktengleichen Schrift zu bezeichnen.

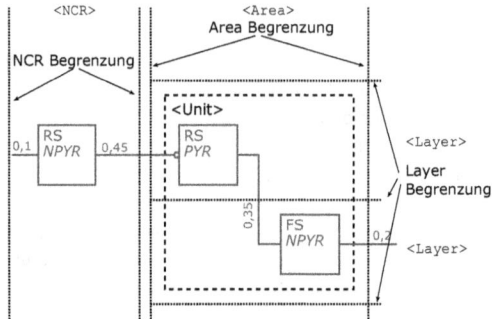

Abbildung I.4: Vorlage und Beispiele für die Darstellung von kortikalen Schichten (*Layers*), Arealen (*Areas*), Nichtkortikalen Regionen (*NCRs*) und funktionalen Einheiten (*Units*). Schichtgrenzen werden als gepunktete horizontale Linien gekennzeichnet, jedes Areal oder jede NCR wird durch vertikale Linien im gleichen Stil abgegrenzt. Ein gestricheltes Rechteck, welches im Beispiel zwei Populationen gruppiert, repräsentiert eine funktionelle Einheit.

NCRs

NCRs werden nach der gleichen Vorlage wie Areale dargestellt, dürfen jedoch keinen Schichtgrenzen enthalten.

Units

Units bieten die Option Populationen funktional zu gruppieren. Eine funktionelle Einheit wird von einem Rechteck beliebiger Größe umgrenzt. Zur Darstellung des Rechtecks wird ein gestrichelter Linientyp verwendet. Projektionen zu und von einer logischen Einheit können an jeder Seite ein- oder auslaufen. Der Name einer Einheit wird durch ihre Funktion bestimmt und in normalem Schriftstil gekennzeichnet. Eine funktionelle Einheit kann neben Untereinheiten auch Populationen enthalten und ist somit kein rein hierarchisches Element.

II Simulation/Emulation

PyNN Beispielskript

Quelltext II.1: PyNN Beispielskript für die Simulation oder Emulation eines AdEx Neurons [57] stimuliert durch Pulse mit poisson-verteiltem ISI

```python
#!/usr/bin/python
import pyNN.hardware.facets as pynn
#import pyNN.nest as pynn
#import pyNN.neuron as pynn

# AdEx Modellparameter
adex_params = {
    'cm': 0.281, 'tau_m': 9.3667,
    'tau_refrac': 0.0, 'delta_T': 2.0,
    'e_rev_E': 0.0, 'e_rev_I': -80.0,
    'v_init': -70.6, 'v_reset': -70.6,
    'v_rest': -70.7, 'v_spike': -40.0,
    'v_thresh': -50.4, 'i_offset': 0.0,
    'w_init': 0.0, 'tau_w': 144.0,
    'tau_syn_E': 5.0, 'tau_syn_I': 5.0,
    'a': 4.0, 'b': 0.0805}

# Pulsquellenparmater
poisson_source_params = {
    'duration': 120,# Dauer der Pulssequenz [ms]
    'rate': 15, # Mittlere Pulsfrequenz [Hz]
    'start': 30.0}  # Startzeit der Pulssequenz [ms]

# Simulator/Emulator Setup
pynn.setup(timestep = 0.01, speedupFactor = 10000)

# Neuron
AdExNeuron = pynn.Population(
    1, pynn.EIF_cond_exp_isfa_ista,
    cellparams = adex_params)

# Pulsquelle
PoissonSpikeSource = pynn.Population(
    50, pynn.SpikeSourcePoisson,
    cellparams = poisson_source_params)

# Projection von Pulsquelle auf Neuron
pynn.Projection(
    PoissonSpikeSource, AdExNeuron,
    pynn.FixedProbabilityConnector(1.0,weights=0.01),
    target='excitatory')

# Aufzeichnung
pynn.record(mySpikeSourcePoisson,'stimuli.dat')
pynn.record_v(AdExNeuron,'voltage.dat')
# Simulation/ Emulation
pynn.run(150) # Simulationsdauer [ms]
pynn.end()
```

A Short Reference for PyNN 0.7

This Short Reference for PyNN[1] 0.7 is based on its detailed documentation to be found on the web under: neuralensemble.org/PyNN.

The document is intended as course material and as such it may be used royalty free for research, teaching and similar non-commercial purposes as long as you mention the creator of it.

Please note that this Short Reference is not a complete documentation of all the classes and methods available in PyNN, e.g. the Procedural Interface for neural network creation or classes for Exceptions as well as the Utility Module were left out. So for further information we advise the reader to refer to the website given above.

Choosing a Simulator/Emulator

At the beginning of each script describing an experiment one has to select a simulator or emulator to execute the experiment on by importing its PyNN module.

```
import pyNN.<simulator/emulator> as pynn
```

Choose the <simulator/emulator> of your preference such as nest, neuron or hardware.brainscales

Setup & Control

The sequence for running the experiment is setting up the simulator/emulator first, then run the experiment and clean up afterwards.

```
pynn.setup()
```
Setup the Simulator/Emulator, then describe the neural architecture and its stimuli

```
pynn.run(runtime)
```
Run the experiment for runtime [ms]

```
pynn.end()
```
Clean up

Neuron Models

PyNN defines a set of standard neuron models but is not limited to them, i.e. one can extend this set by implementing other models or depending on the simulator/emulator chosen their may be more available.

```
pynn.IF_<curr>/<cond>_<exp>/<alpha>
```
Leaky Integrate & Fire (IF) model with fixed threshold and exponential-<exp> decay or alpha-function-<alpha> shaped post-synaptic current <curr> or conductance <cond>, separate synaptic currents/conductances for excitatory and inhibitory synapses

```
pynn.EIF_cond_<exp>/<alpha>_isfa_ista
```
(Adaptive) Exponential IF (AdEx) model with spike frequency and spike triggered and sub-threshold adaptation currents, post-synaptic conductivity trajectories might be exponential-<exp> or alpha-function-shaped <alpha>

```
pynn.IF_facets_hardware1
```
Leaky IF model with conductance-based synapses and fixed threshold as implemented by the FACETS Stage 1 HW

```
pynn.HH_cond_exp
```
Single-compartment Hodgkin-Huxley (HH) model

Stimulus

One can stimulate a neural network via pulses or by injecting current into neurons.

Pulse Stimulus

```
pynn.SpikeSourcePoisson
```
Spike source generating spikes at times determined by a Poisson process

```
pynn.SpikeSourceArray
```
Spike source generating spikes at the times given in a spike_times array

Current Stimulus

```
my_source = pynn.DCSource(<amplitude>, <start>, <stop>)
```
DC source producing a single pulse of current of constant <amplitude> with a <start> and a <stop> time in [ms] with respect to experiment run-time

```
my_source = pynn.StepCurrentSource(<times>, <amplitudes>)
```
Step current source producing a current that steps at a time in a <times> array to an amplitude in a <amplitudes> array

```
my_source.inject_into(<cells>)
```
s Inject the current into the cells in the given <cells> list

Neural Network Creation

One can create a neural network and record from its elements via an object-oriented interface.

Populations

A Population is a class of neurons of the same model type.

```
my_population = pynn.Population(<size>, <cellclass>, <cellparams>, <structure>)
```
Create a population my_population of neurons, that is an array of <size> of neurons with of all the same cells of <cellclass> with their <cellparams> and a given spatial network structure <structure>

```
my_population.initialize(<variable>, <value>)
```
Initialize a <variable>, e.g. v of all neurons in a population to a <value>

PopulationViews

A Population View is a hierarchical class that contains a subset of a population's cells.

```
my_popview = pynn.PopulationView(<parent>, <selector>)
```
Create a view of a subset of neurons within a <parent> population using a selector, i.e. a slice or numpy mask array or or use the sample() method of a population

Assembly

An Assembly is a hierarchical class that might contain populations, population views or even other assemblies.

```
my_assembly = pynn.Assembly(...)
```
Create an assembly of populations and/or population views that might be a heterogeneous group of neurons

Projections

Connect objects that hold neurons via projections.

```
my_projection = pynn.Projection(<from>, <to>, <connector>, <sourceattr>, <targetsyn>, <syndynamics>)
```
Connecting <from> a population <to> a population with a certain <connector> method, with all the same synapse type. The synapse type is specified by a <sourceattr>, i.e. variable of the presynaptic cell it depends on, e.g. v_m a

[1] For an introduction to PyNN see the following paper: Davison AP, Brüderle D, Eppler JM, Kremkow J, Muller E, Pecevski DA, Perrinet L and Yger P (2008) PyNN: a common interface for neuronal network simulators. Front. Neuroinform. doi:10.3389/neuro.11.011.2008

<targetsyn> excitation type to the postsynaptic cell it connects to, i.e. extiatory or inhibitory and the plasticity mechanisms given by <syndynamics>

Specification of Synaptic Plasticity

Several mechanisms of short- and long-term plasticity are provided.

pynn.SynapseDynamics(fast=<STP>, slow=<LTP>)

Specify the synapse dynamics with a short-term <STP> and a long-term <LTP> plasticity mechanism as an argument to a projection

pynn.TsodyksMarkramMechanism()

A short-term plasticity mechanism

pynn.STDPMechanism(timing_dependence=<td>, weight_dependence=<wd>)

Long-term plasticity spike timing dependency mechanism with its timing-dependency <td> and weight-dependency <wd> rules, <td> rule for STDP might be the SpikePairRule() whereas <wd> rules to the STDP mechanism are, e.g. Additive-, Multiplicative- or Gutig-WeightDependence()

Connectors

A set of connectors to be rendered in projections, they all require weight and delay attributes to be specified.

AllToAllConnector

Connects all cells in the presynaptic population to all cells in the postsynaptic population

OneToOneConnector

Where the pre- and postsynaptic populations have the same size, connect cell i in the presynaptic population to cell i in the postsynaptic population for all cells

FixedProbabilityConnector

For each pair of pre-post cells, the connection probability is constant

DistanceDependentProbabilityConnector

A pair of pre- and post cells, the connection probability depends on distance

FixedNumber<Pre>/<Post>Connector

Each post/pre-synaptic neuron is connected to exactly n <Pre>/<Post>-synaptic neurons chosen at random

From<List/<File>Connector

Make connections according to a <List>, or a list read from a <File> where the elements are tuples of pre- and postsynaptic neuron ID's with weight and delay for each connection

SmallWorldConnector

A pair of pre-post cells will be connected if the distance is < then a defined spatial boundary with a probability for *rewiring*, it requires a <structure> object for its pre- and postsynaptic populations

Defining Spatial Structure

Several functions are provided to specify the spatial structure through the positions of neurons in a neural architecture.

Space(...)

Class representing a space within distances can be calculated. The space is Cartesian, may be 1-, 2- or 3-dimensional, and may have periodic boundaries in any of the dimensions

Line(...)

Represents a structure with neurons distributed evenly on a straight line

Grid<2D>/<3D>(...)

Represents a structure with neurons distributed on a <2D>/<3D> grid

RandomStructure(...)

Represents a structure with neurons distributed randomly within a given volume

Cuboid(...)

Represents a cuboidal volume within which neurons may be distributed

Sphere(...)

Represents a spherical volume within which neurons may be distributed

Experiment Data

One can specify which elements data to record during an experiment and obtain simulation data from neuronal elements created.

Specify Probes

record/_gsyn/_v

Specify from which cells to record spikes, the synaptic conductance g_{syn} or membrane voltage v

Obtain Experiment Data

get/_spike_counts

get the parameter values or spike counts for every cell in a population

getSpikes/_gsyn/_v

get the recorded spikes, g_{syn} or v from cells

printSpikes/_gsyn/_v/<file>

print recorded spikes, g_{syn} or v from cells to a <file>

PyNN Files

PyNN provides some special functions on files that are noteworthy.

my_file.write(<data>, <metadata>)

Write <data> as numpy array and its <metadata> as dictionary to a file

my_file.read()

returns a numpy array with the data in the file

my_file.get_metadata()

returns a dictionary with the metadata of the data in the file

Data of an experiment can be stored as StandardTextFile() where data and metadata are written as text, data with one data point per line, the metadata at the top of the file, each line preceded by # Optionally you can pack data into a NumpyBinaryFile() in .npz format, that is a zipped archive of arrays, pickle the data with PickleFile() or use pynn.HDF5ArrayFile() where data is held as an array within a node named <data> and metadata is saved as attributes of this node

The Random Module

Several random generators are provided.

import pyNN.random as pynnrandom

Does make available the classes of PyNN.random via pynnrandom

my_rand = pynnrand.NumpyRNG(...)

Wrapper for numpy.random.RandomState (Mersenne Twister PRNG)

my_rand = pynnrand.GSLRNG(...)

Wrapper for the GSL random number generators

my_rand = pynnrand.NativeRNG(...)

Signals that the simulator's own native RNG should be used

my_rand = pynnrand.RandomDistribution(...)

Class which defines a $next(n)$ method which returns an array of n random numbers from a given distribution

Author: Matthias.Ehrlich@tu-dresden.de
Revision: 0.7 1
©TUD October 29, 2014

III Datenmodell

Grundlagen der Graphentheorie

Die Definitionen der Begrifflichkeiten zur Graphentheorie folgen [191] wenn nicht anders angegeben: Ein Graph $G = (V, E)$ wie in Abbildung III.1 oben links dargestellt besteht aus einer Menge V von *Knoten* v (engl.: *vertices*) und einer Menge E von *Kanten* e (engl.: *edges*) als Verbindungen zwischen den Knoten. Eine Kante bestimmt eine Verbindung zwischen zwei Knoten, wodurch die Elemente einer Kante zwei-elementige Teilmengen von V sind. Die Anzahl der Knoten wird mit $|V|$ oder mit $|G|$ als *Ordnung* des Graphen bezeichnet, die Menge der Kanten entsprechend als $|E|$ oder $||G||$.

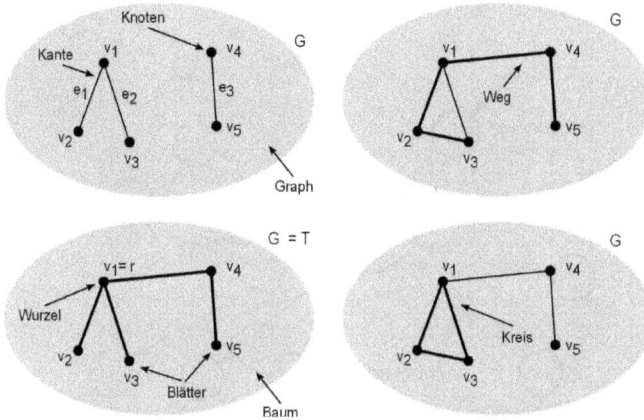

Abbildung III.1: Von links oben im Uhrzeigersinn: Beispiel eines einfachen Graphen, bestehend aus fünf Knoten und drei Kanten, Beispiel eines Weges und eines Kreises in einem Graphen, Beispiel eines Wurzelbaumes

Knoten sind paarweise betrachtet entweder benachbart oder unabhängig, Gleiches gilt für Kanten. Zwei Knoten sind benachbart, wenn sie über eine Kante des Graphen verbunden sind, zwei Kanten sind *adjazent*, wenn sie einen gemeinsamen Endknoten besitzen. Sind die Knoten eines Graphen paarweise adjazent, ist dieser *vollständig* und wird mit $K^{|V|}$ bezeichnet. Paarweise nicht benachbarte Knoten sind *unabhängig*, gleiches gilt für Kanten. Für die größte Menge unabhängiger Knoten steht die *Unabhängigkeitszahl* $\Lambda(G)$, für die größte Menge abhängiger Knoten steht die *Cliquenzahl* $\Delta(G)$.

In Abbildung III.1 ist rechts oben ein *Weg* durch einen Graphen und rechts unten ein *Kreis* in einem Graphen dargestellt. Ein zusammenhängender Graph ohne Kreise ist ein *Baum* T dessen Knoten ersten Grades die *Blätter* darstellen. Durch die Festlegung eines Knotens als *Wurzel* wie in Abbildung III.1 unten links wird die Modellierung einer Hierarchie ausgehend von der Wurzel ermöglicht. In einem Baum werden nicht-hierarchische Verbindungen von mindestens zwei Knoten als *Hyperkanten* bezeichnet.

GMPath - Sprache zur Navigation durch das Graphenmodell

Dieser Anhang ist die sinngemäße Übertragung aus dem Englischen ins Deutsche von Teilen der gleichnamigen Publikation von Wendt et al. [173]. Der Verfasser der vorliegenden Arbeit ist Mitautor der Veröffentlichung, in welcher sich eine ausführliche Beschreibung des Entwurfs, der Grammatik und der Anwendung von GMPath an Beispielen findet.

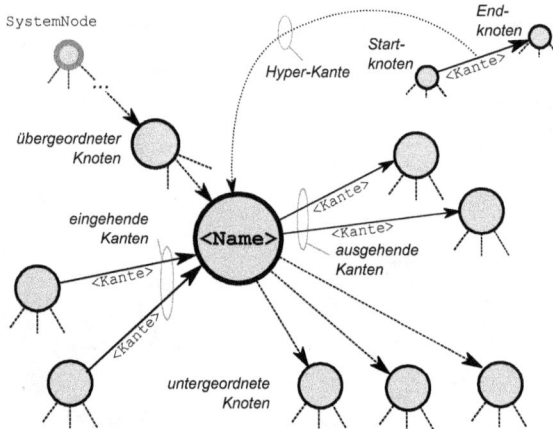

Abbildung III.2: Logische Umgebung von Elementen des Graphenmodells.

Abbildung III.2 zeigt die logische Umgebung eines Knotens oder einer Kante des GM. Das GM verfügt über Knoten mit je einem Attribut vom Typ String, hier <Name>. Knoten können zu anderen Knoten hierarchisch in Beziehung stehen, hier gestrichelt dargestellt. Der <Name> - Knoten hat einen übergeordneten Knoten und kann mit mehreren untergeordneten Knoten verbunden sein. Den obersten Knoten in der hierarchischen Baumstruktur bildet der SystemNode. Nicht-hierarchische Verbindungen, voll dargestellte Verbindungspfeile, werden über mit Namen versehene Kanten, hier <Kante> hergestellt. Jeder Knoten kann Endknoten von eingehenden Kanten und Startknoten von ausgehenden Kanten sein. Eine Spezialisierung der nicht-hierarchischen Kanten sind die Hyperkanten, welche als nicht-hierarchische Kanten mit einem Knoten als Wertattribut verbunden sind, hier gepunktet dargestellt.

Der Zugriff auf ein benachbartes Element erfordert eine Navigationsoperation, den „Separationsschritt". Der hierarchischen Struktur folgend verschiebt sich dabei der Navigationsfokus vom jeweils aktuellen Knoten nach oben oder unten in der Hierarchie zum entsprechend übergeordneten Knoten (*superior node*) und dessen unmittelbarer horizontaler Umgebung oder den untergeordneten Knoten (*subjacent nodes*). Für benamte, nicht hierarchische Kanten oder Hyperkanten ist es möglich, entlang dieser Kanten vorwärts und rückwärts zu ihren Startknoten oder ihren Endknoten zu navigieren.

Grammatik und Semantik

GMPath ist über eine Grammatik in der *GOLD Meta-Language* definiert[1]. Die Metabeschreibungssprache verwendet zur Spezifikation der Grammatik:

- *character sets* – Mengen von Zeichen,
- *terminal symbols* – Terminalsymbole als Regulärer Ausdrücke,
- *production rules* – Produktionsregeln in BNF[2].

Terminalsymbole:

Tabelle III.1 listet die fünf Terminalsymbole von GMPath. Diese umfassen Kommentare (%), sowie zwei mögliche Einstiegspunkte (*SystemNode* und *HERE*) für eine Anfrage. Weiterhin ein Jokersymbol (∗), welches eine Gruppe von GM Elementen repräsentiert ohne diese zu benennen und Identifikatoren stellvertretend für Listen von Knoten oder Kanten.

Tabelle III.1: Die GMPath Terminalsymbole

Terminalsymbol	Beschreibung
%	Kommentarzeile
*	Joker für Gruppen von Knoten oder Kanten
SystemNode	Wurzelknoten des aktuellen GM, Einstiegspunkt einer Anfrage
HERE	Aktuelles Startelement, Einstiegspunkt einer Anfrage
(Edge-)Identifier	(#) + Alphanumerische + Spezielle Zeichen für Namen von Knoten und Kanten

Produktionsregeln:

Produktionsregeln definieren die Syntax der Grammatik. Ein GMPath Programm ist eine Sequenz von Operationen beliebiger Länge. Die Operationen werden in der gegebenen Reihenfolge sequentiell interpretiert.

```
<Program> ::= <operation> <Program>
```

GMPath unterscheidet vier unterschiedliche Typen von Operationen, die in Tabelle III.2 aufgeführt sind. Jede GMPath Operation ist durch das \n Symbol abzuschließen. Im Folgenden werden die einzelnen Operationen erklärt.

Tabelle III.2: Die GMPath Operationen

Operation	Beschreibung
commands	Wechsel zwischen Suchmodus und Manipulationsmodus
assignment	Zuweisung einer Liste von Knoten oder Kanten zu einem Variablennamen
node path operation	Pfadoperation mit einer Knotenliste als Ergebnis
edge path operation	Pfadoperation mit einer Kantenliste als Ergebnis

Durch eine Kommandooperation kann zwischen den beiden folgenden Modi gewechselt werden:

```
<commands> ::= 'EnableCreateMode' | 'EnableFindMode'
```

---

[1]GMPath wurde mit dem *Gold Parsing System* [192] entworfen und validiert.
[2]Backus-Naur Form [193]

Die Voreinstellung des Sprachinterpreters ist der `FindMode`. Im `FindMode` liefert eine Anfrage auf ein nicht existentes GM-Element eine leere Liste, oder alternativ eine Liste mit
einem `Invalid`-Element. Im `CreateMode` wird bei der eindeutigen Anfrage auf ein nicht
vorhandenes Element dieses in das GM eingefügt.

Die Ergebnisse einer Anfrage können ersatzweise Identifikatoren zugewiesen werden:

```
<assignment> ::= Identifier '=' <node path operation> |
                 ConIdentifier '=' <edge path operation>
```

Dadurch können die Identifikatoren anstatt der Verkettung langer Ausdrücke zur vereinfachten Formulierung komplexer Anfragen verwendet werden.

Pfadoperationen dienen zur Navigation im GM entlang der Knotenbeziehungen oder der
Kantenverbindungen:

```
<path operation> ::= <node path operation> |
                     <edge path operation>
```

Pfadoperation sind prinzipiell eine Aneinanderreihung von Knotennamen oder Kantennamen
verkettet durch *Separatoren* zur Beschreibung eines Pfades. Die **Separatoren** definieren die
logische Richtung eines Navigationsschritts, siehe auch Abbildung III.2). Die Separatoren
sind in Tabelle III.3 aufgeführt.

Tabelle III.3: Die `GMPath` Separatoren

Separator	Beschreibung
/	Schritt abwärts in der Hierarchie
//	Knoten darunter in der Hierarchie
\	Schritt aufwärts in der Hierarchie
\\	Knoten darüber in der Hierarchie
>	Ausgehende Kante(n), vorwärts verbundene Knoten
<	Eingehende Kanten(s), rückwärts verbundene Knoten
∧	Zu und Von hyper-verbundenen Knoten
?(...)	Schnittmenge mit lokaler Abfrage ...

Separatoren werden benutzt um die aktuelle Liste von Knoten und Kanten durch eine
Liste benachbarter GM- Elemente zu ersetzen. Die Liste benachbarter Knoten wird entweder durch den gegebenen Namen gefiltert oder alternativ das Jokersymbol eingesetzt. Damit
steht der Separator für grundlegende „Bewegungen" durch das GM wie am Beispiel in Abbildung III.3.

Der Schnitt '?(...)' bearbeitet unabhängige lokale Anfragen für jedes GM-Element der
aktuellen Liste als Startelement. Die Elemente der aktuellen Liste, deren lokale Anfrage
kein nichtleeres Ergebnis liefert, werden verworfen. Durch die Verkettung von Knoten und
Kanten getrennt durch Separatoren lassen sich über das iterative Adressieren benachbarter
GM-Elemente komplexe GM-Abfragen konstruieren, siehe auch Abbildung III.2.

Somit kann man einerseits aufwärts und abwärts in der hierarchischen Struktur des GM
navigieren, sich aber auch entlang der der benamten Kanten und der Hyperkanten des GM
vorwärts und rückwärts bewegen.

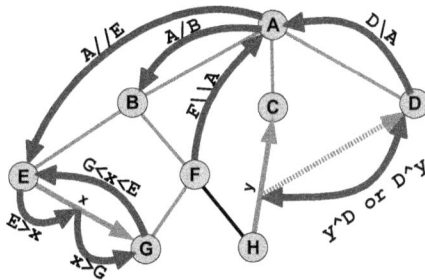

Abbildung III.3: Illustration grundlegender GMPath Operationen mittels Separatoren zur Graphennavigation am Beispiel eines vereinfachten GM. Der Separator / beschreibt einen Schritt nach unten in der Hierarchie des GM, der Separator \ hingegen aufwärts. Der ausgehende Übergang von einem Knoten auf eine Kante und von einer Kante auf einen Knoten wird durch > beschrieben, der umgekehrte Fall mit <. Der Seaprator für die Navigation von und zu einer Hyperkante ist ∧

GMPath Grammatik

Quelltext III.1: GMPath Grammatik mit Terminalsymbolen und Produktionsregeln

```
 1 "Start Symbol" = <Start>
 2 Comment Line    = '%'
 3 {WS}            = {Whitespace} - {CR} - {LF}
 4 {ID Head}       = {Alphanumeric} + [_] + [-]
 5 {ID Tail}       = {Alphanumeric} + [_] + [,] + [.] + [;] + [-]
 6 Whitespace      = {WS}+
 7 NewLine         = {CR}{LF} | {CR} | {LF}
 8 Identifier      = {ID Head}{ID Tail}*
 9 ConIdentifier   = '#'{ID Head}{ID Tail}*
10 Joker           = '*'
11 SystemNode      = 'SystemNode'
12 LastElement     = 'HERE'
13 LastConElement  = '#HERE'
14 <nl>                    ::= NewLine <nl>           !One or more
15     | NewLine
16 <nl Opt>                ::= NewLine <nl Opt>        !Zero or more
17     | !Empty
18 <Start>                 ::= <nl opt> <Program>
19 <Program>               ::= <operation> <Program>
20     |
21 <operation>             ::= <commands> <nl>
22     | <assignment> <nl>
23     | <node path operation> <nl>
24     | <edge path operation> <nl>
25 <commands>              ::= 'EnableCreateMode'
26     | 'EnableFindMode'
27 <assignment>            ::= Identifier '=' <node path operation>
28     | ConIdentifier '=' <edge path operation>
29 <path operation>        ::= <node path operation>
30     | <edge path operation>
31 <node path operation>   ::= <node path operation> '/' <name>
32     | <node path operation> '//' <name>
33     | <node path operation> '\' <name>
34     | <node path operation> '\\' <name>
35     | <edge path operation> '>' <name>
36     | <edge path operation> '<' <name>
37     | <edge path operation> '^' <name>
38     | <node path operation> '?(' <path operation> ')'
39     | <name>
40 <edge path operation>   ::= <node path operation> '>' <name>
41     | <node path operation> '<' <name>
42     | <node path operation> '^' <name>
43     | <edge path operation> '?(' <path operation> ')'
44     | <connection list name>
45 <name>                  ::= Identifier
46     | Joker
47     | SystemNode
48     | LastElement
49 <connection list name>  ::= ConIdentifier
50     | LastConElement
```

Schematische Darstellung des Bio-Modells

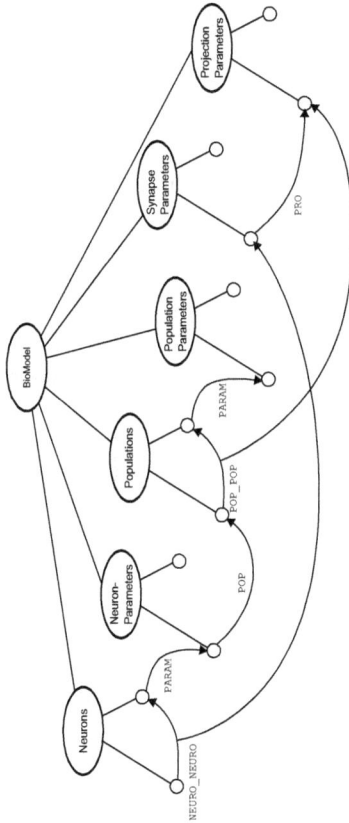

Abbildung III.4: Illustration der Struktur des Neuronalen Netzwerks als Bio-Modell im Graphenmodell

Schematische Darstellung des HW-Modells

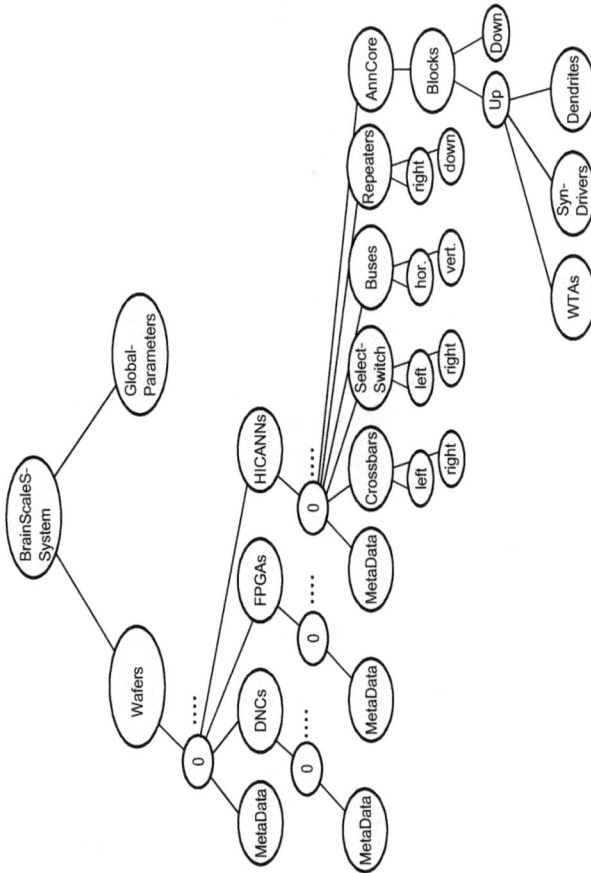

Abbildung III.5: Darstellung der Struktur des BrainScaleS Emulators als HW-Modell im Graphenmodell

Schematische Darstellung einer Algorithmensequenz im HW-Modell

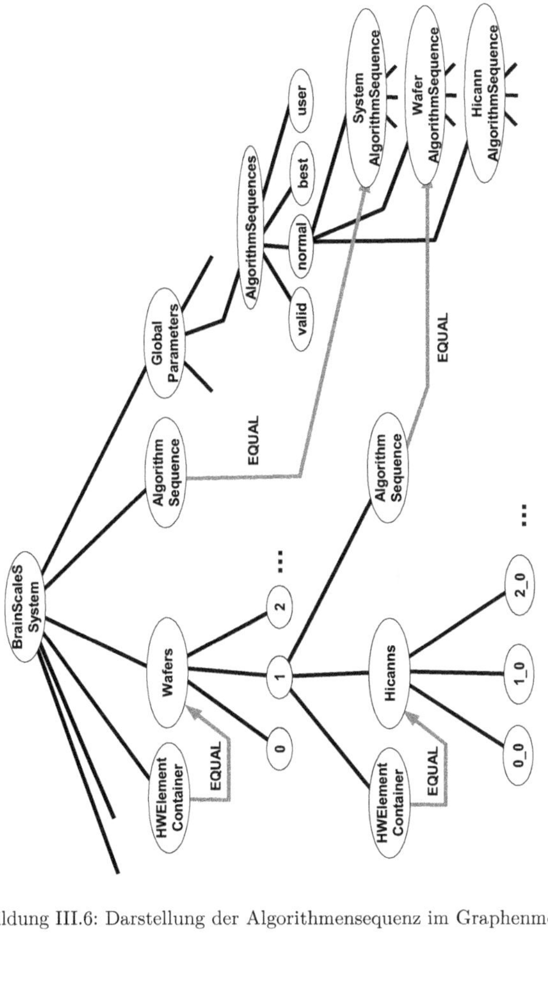

Abbildung III.6: Darstellung der Algorithmensequenz im Graphenmodell

Schematische Darstellung der Konfiguration im Graphenmodell

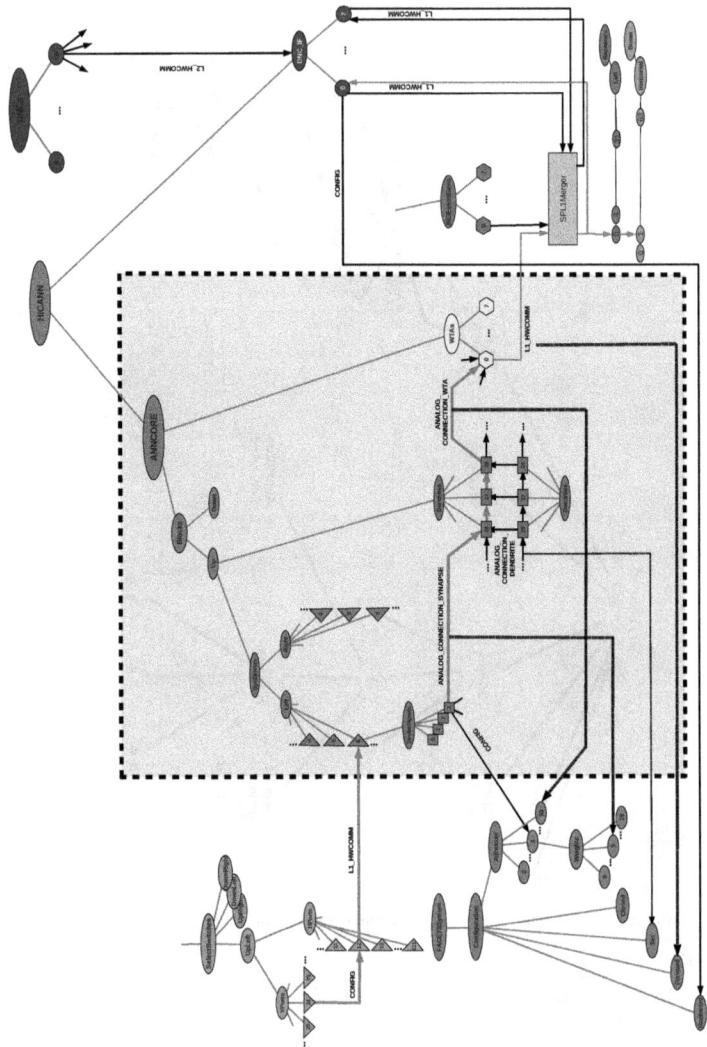

Abbildung III.7: Darstellung der Konfiguration im Graphenmodell

IV Abbildungsalgorithmen

5 Place & Route Algorithms

This section describes the Place & Route algorithms applicable.

5.1 PlacementAlgorithmBase Class Reference

The PlacementAlgorithmBase class holds the used models, the cost functions and the basic algorithm data for derived placement algorithms.

Inheritance diagram for PlacementAlgorithmBase:

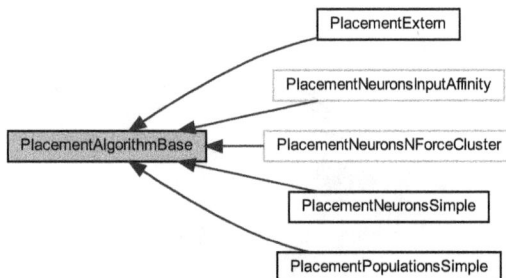

5.1.1 Detailed Description

The PlacementAlgorithmBase class holds the used models, the cost functions and the basic algorithm data for derived placement algorithms.

It provides the following common functionality and options:

1. creating a list of available hardware components and their neuron capacities, onto which the neurons can later be placed;
2. specify whether or not the HICANNs at the boundary shoulb be used;
3. randomize the sampling of the hardware component to place on;
4. when using the randomized selection the random number generators are initialized with the given seed.

All of the derived placement algorithms share the following Parameters, Input-Data and Output-Data.

Parameters

Name	Type	Default	Description
UseBorderHicanns	bool	true	Use the HICANNs at the wafer boundaries for placement
Target	string	'Invalid'	The target to which to map the elements to
RandomizeHWComponentSampling	bool	false	Randomize the selection of component to place onto
Seed	integer	0	Seed for the random generators

Input-Data

- the CurrentPartialBioModel, i.e. the part of the BioModel, that is assigned to the current hardware node. The placement always considers the neurons in the CurrentPartialBioModel and places them onto the available components

- the CurrentHWNode, i.e. the current part of the HardwareModel, which for the system-level placement is the SystemNode of the HardwareModel and for the wafer-level placement is the node of the current wafer, e.g. for wafer 0: `SystemNode/Wafers/0`

Output-Data

- The graph_model_connections::MAPPING edges between neurons and the given `Target` :
  1) for `Target==Invalid` : neurons are mapped onto the Components of HWElementContainer of the CurrentHWNode, e.g. if the `CurrentHWNode=Wafers/0`, then the HWElementContainer is Hicanns, such that neurons get graph_model_connections::MAPPING edges to individual HICANNs: `Wafers/0/Hicanns/*`
  2) for `Target==AbstractNeuronSlots` : neurons are mapped onto the sub-mapping target of the components of HWElementContainer of the CurrentHWNode, e.g. if the `CurrentHWNode=Wafers/0`, then the HWElementContainer is Hicanns, such that neurons get graph_model_connections::MAPPING edges to individual Abstract Neuron slots of the HICANNs: `Wafers/0/Hicanns/*` /AbstractNeuron-Slots/*

Note: outdated graph_model_connections::MAPPING or graph_model_connections::VIRTUALMAPPING edges of mapped neurons will get erased

5.2 PlacementExtern Class Reference

The PlacementExtern algorithm for placement using external placement files.

Inheritance diagram for PlacementExtern:

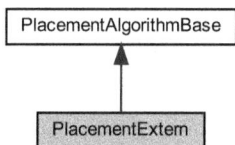

5.2.1 Detailed Description

The PlacementExtern algorithm for placement using external placement files.

It places neurons according to placement information provided via external input files. PlacementExtern can process different input formats, the format used is specified via the parameter `InputType`.

Parameters

Name	Type	Default	Description
`FileName`	string	-	The name of the input file
`InputType`	integer	0	The input file format
`PlaceVirtualNeurons`	bool	false	Place virtual neurons instead of real neurons. See note 1.

Notes:

1. Virtual neurons are stimuli to the internal network.
   This option is only supported for `InputType==PlacementExtern::MAPPINGVECTOR` (1).

Input-Data

- for `InputType==PlacementExternInputTypes::GMPATH` (0)
  The expected input type are GMPath [1] commands. No other input is required
- for `InputType==PlacementExtern::MAPPINGVECTOR` (1)

The extern mapping is specified via a Mapping Vector file. The file contains only one line, and the first string up to the occurrence of space defines the fromat type, currently two formats are supported:

1. amv

   An amv file provides space separated pairs of `hicann_id:nrn_count` i.e. how many neurons shall be placed onto the HICANN. The `hicann_id` refers to the indices of the hicanns in member `ComponentList`. Neurons are placed linearly according to the given `hicann:nrn_count` sequence: The following example places neurons 0-63 on Hicann 0, 64-85 on Hicann 1 and 86-121 on Hicann 5.:

   ```
   amv 0:64 1:22 5:36
   ```

2. emv

   In the emv file the first entry after emv defines the HicannSize (i.e. Nr of neurons per HICANN) and it has prefix "-". All further entries are the mapping positions (integer) for the neurons in ascending order. Mapping positions are counted starting with the slots of the first HICANN, then the slots of the 2nd HICANN etc., so that a neuron with mapping position MappingPos is mapped onto:

   ```
   Hicann=ComponentList[MappingPos/HicannSize]
   Slot=MappingPos%HicannSize
   ```

   The following example places:
   Nrn 0 -> Hicann 0 : Slot 0,
   Nrn 1 -> Hicann 1 : Slot 0,
   Nrn 2 -> Hicann 0 : Slot 23,
   Nrn 3 -> Hicann 2 : Slot 2

   ```
   emv -64 0 64 23 130
   ```

   Note: The line has to end with a space for both formats!
   If PlaceVirtualNeurons==1 the virtual neurons aka stimuli of the current partialBioModel are considered instead of the neurons. The virtual neurons are all cells pyNN.SpikeSource* and have a negative ID in PyNN. For more information see PlacementAlgorithmBase

- for InputType==PlacementExtern::MANUALMAPPING (2)
  Placement according to the a manual placement file generated by the mapper module:
  ```
  from pyNN.hardware.brainscales import mapper
  place = mapper.place()
  place.to(
      <PyNN-cell-ID>,
      wafer=<wafer_id>,
      hicann=<hicann_id>,
      neuron=<hw_neuron_id>)
  ...
  place.commit()
  ```
  The PyNN-cell-ID corresponds to the neuron ID in the BioModel. IDs >= 0 correspond to real neurons, IDs < 0 to stimuli aka virtual neurons. Of the virtual neurons, only SpikeSourcePoisson (that have a constant rate over the full experiment duration) can be placed.
  The generated format is line-wise:
  ```
  [PyNN-cell-ID wafer hicann neuron]
  ```
  Such that pyNN neuron with cell PyNN-cell-ID is placed onto the AbstractNeuronSlot neuron of HICANN hicann on wafer wafer. There are as many abstract neuron slots as MaxNeuronCount-PerAnnCore are set.
  Note: Both real neurons and virtual neurons (of type SpikeSourcePoisson) of the current partial BioModel are considered. For more information see PlacementAlgorithmBase

Output-Data

- for PlacementExternInputTypes::GMPATH (0) additions to the data models as defined by the GMPath operations

- for InputType==PlacementExtern::MAPPINGVECTOR, see PlacementAlgorithmBase
  Note: For option PlaceVirtualNeurons==1 the graph_model_connections::MAPPING edges are directed from the VirtualNeurons.

- for InputType==PlacementExtern::MANUALMAPPING, see PlacementAlgorithmBase
  Note: that graph_model_connections::MAPPING edges are directed from the VirtualNeurons, if they are mapped.

5.3 PlacementNeuronsSimple Class Reference

The PlacementNeuronsSimple algorithm for neuron placement.

Inheritance diagram for PlacementNeuronsSimple:

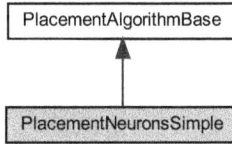

5.3.1 Detailed Description

The PlacementNeuronsSimple algorithm for neuron placement.

It places neurons:

1. selected randomly or first-come-first-serve, depending on parameter `RandomizeBioNeuronSampling`, to the hardware elements considered, for more information see PlacementAlgorithmBase, and

2. is able to take synapse types into account.

Parameters

Name	Type	Default	Description
`RandomizeBioNeuronSampling`	bool	false	Randomize selection of BioModel component to place
`SynType`	bool	false	Consider synapse type for placement
`MapPoissonSources`	bool	false	Try to map cells of type `pyNN.Spike-SourcePoisson`. See note 1.
`FillBlocksToCap`	bool	true	Fill Target elements to their capacity. See note 2.

Notes:

1. Only spike sources that are active during the whole experiment duration, can be mapped onto background event generators of the HICANNs. This option is only available if `SynType==True`

2. Only supported if `SynType=False` and `MapPoissonSources=False`

Input-Data

- for `MapPoissonSources=True` also the virtual neurons of the current partial BioModel are considered. The type and the parameters of the virtual neurons are also accessed.
- for `SynType=True` the synapse type of the neurons is accessed by looking at the type of their outgoing synapses.
- for further information see PlacementAlgorithmBase

Output-Data

- for the option `MapPoissonSources=True` graph_model_connections::MAPPING edges are also drawn from the virtual neurons
- for further information see PlacementAlgorithmBase

BrainScaleS
ScaleS

5.4 PlacementPopulationsSimple Class Reference

The PlacementPopulationsSimple places neurons grouped according to their population.
Inheritance diagram for PlacementPopulationsSimple:

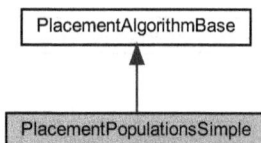

```
┌─────────────────────────┐
│  PlacementAlgorithmBase  │
└─────────────────────────┘
              ▲
              │
┌─────────────────────────┐
│ PlacementPopulationsSimple │
└─────────────────────────┘
```

5.4.1 Detailed Description

The PlacementPopulationsSimple places neurons grouped according to their population.

It focuses on placing populations of neurons rather than single neurons, by grouping neurons according to their PyNN population label together.

It is assured that all neurons on a component have the same synapse type.

Parameters

Name	Type	Default	Description
FillBlocksToCap	bool	false	How to fill mapping target containers. See note 1.

Notes:
1. If `FillBlocksToCap=True`, components are filled up until they are full, i.e. several populations of the same type might be mapped onto one component. Otherwise neurons of different populations are mapped onto separate hardware components.

Input-Data
- the neuron parameter `pop_label` holds the name label of the `pyNN.Population` given to it at creation time
- for further information see PlacementAlgorithmBase

Output-Data
- for further information see PlacementAlgorithmBase

5.5 PlacementHicannOutPinAssignment Class Reference

The PlacementHicannOutPinAssignment algorithm to performs an out-pin assignment after a preceding placement step.

5.5.1 Detailed Description

The PlacementHicannOutPinAssignment algorithm to performs an out-pin assignment after a preceding placement step.

It performs the out-pin assignment after a preceding neuron or population placement step.

Note: This is very similar to the out-pin assignment in VLSI Physical Design Automation, therefore the name of this class.

Neurons that are mapped onto a HICANN (either directly onto the HICANN or onto AbstractNeuronSlots) are assigned to the output registers of the SPL1 Merger Tree. I.e. it is determined on which SPL1 repeater the neurons will inject their spikes into the on-wafer routing network and also the 6-bit address for each neuron.

After neurons are placed onto a HICANN (assigned to) they have to be mapped to a concrete output registers, as this is a necessary information for the Layer 1 routing. So this algorithm is to be inserted after a neuron placement step which does not consider a mapping onto output registers in order to do the concrete mapping on output registers, i.e. define the OUT interface for each neuron.

If the neurons are not yet placed to "AbstractNeuronSlots", then neurons are also mapped to them. This can be seen as the placement of neurons within single HICANNs.

Parameters

Name	Type	Default	Description
Target	string	'Invalid'	Target of the previous step.

Notes:

1. Target to which the neurons were mapped in the previous step (either AbstractNeuronSlots or Invalid)

Input-Data

- graph_model_connections::MAPPING edges between neurons or virtual neurons and HICANNs, that hold the placement of neurons onto hicanns. The graph_model_connections::MAPPING edges can either target a HICANN itself, or one of the AbstractNeuronSlots. For the latter case, the Parameter Target has to be set to AbstractNeuronSlots

Output-Data

- graph_model_connections::OUTPIN_ASSIGNMENT edges between neurons or virtual neurons onto one of the 8 OutputRegisters of the HICANN with the 6-bit Layer 1 (the asynchronous AER bus) address as attribute
- graph_model_connections::MAPPING edges between real neurons and abstract neuron slots. I.e. the concrete mapping of a neuron onto an abstract hardware neuron, which can consist of several denmems (depends on the max number of neurons per hicann)
- graph_model_connections::MAPPING edges between virtual neurons (SpikeSourcePoisson) and background event generators of the HICANN with 6-bit Layer 1 address as attribute (*Note:* The address is assigned a second time!)
- the following graph_model_connections:MAPPING edges are erased:
  1. between (virtual) neurons and the HICANN itself
  2. between virtual neurons and AbstractNeuronSlots on the HICANN
- virtual neurons, for which no background event generator is available, are connected via a graph_model_-connections::VIRTUALMAPPING edge to the Externals node of the current wafer, such that they are considered by the subsequent Layer 2 Routing step.

5.6 RoutingL1WaferV2 Class Reference

The RoutingL1WaferV2 algorithm for on-wafer L1 routing.

5.6.1 Detailed Description

The RoutingL1WaferV2 algorithm for on-wafer L1 routing.

It routes the L1 connectivity for the BrainScaleS wafer-scale (Stage 2) hardware.

The routing is done in three steps:

1. Crossbar Routing

   In a first step, the L1 signals (a bus carrying up to 64 neurons) are routed from the output registers to all HICANNs that need input from them (see RoutingL1CBRouter for details).

2. SelectSwitch Routing

   In a second - HICANN-wise - step, individual synaptic connections are established in the hardware, by finding a configuration for the syndriver switches, the synapse drivers and the address decoders of the synapses (see RoutingL1SelectRouter for details).

   Additionally, the mapping onto AbstractNeuronSlots is translated into a mapping onto denmems, including all related configuration, such as the configuration of the SPL1 merger tree.

3. Store Routing in GraphModel

Parameters

Name	Type	Default	Description
OneBEGPerBus	bool	true	Enable one background event generator per used bus. See note 1.
AutoscaleNeuronSize	bool	false	Automatically scale the denmems per neuron size. See note 2.
MinimizeSynapseLoss	bool	true	Try to reduce synapse loss when processing syndriver switch routing. See note 3.
SyndriverUtilization	float	1.	Fraction of syndrivers assigned to driving signals on one side. See note 4.
ConsiderMappingPriority	bool	true	Take mapping priority of projections into account. See note 5.
IfVerticalThenAll	bool	true	Vertical bus expansion option. See note 6.
AllHorizontalFirst	bool	true	Horizontal bus expansion option. See note 7.

Notes:

1. OneBEGPerBus==true enable one background event generator per used bus, if possible. Makes sure that for each bus driven by real neurons, there is one BEG sending zeros to lock the repeaters DLL. If a bus is driven from L2, a BEG is only enabled, if the setting in the merger tree allows that. This option might be switched off when using the ESS, it should not be done in other cases.

2. AutoscaleNeuronSize==true Automatically scale the neuron size (the number of denmems per neuron), when there are only a few neurons mapped onto one HICANN. Works only if MaxNeuronCount-PerAnnCore <= 64.

   Example: if MaxNeuronCountPerAnnCore is set to 32 but there are only 15 neurons mapped onto a H-ICANN, the mapping of neurons to denmems is changed as if the max neuron count per HICANN was 16, such that the number of denmems per neuron is increased from 16 to 32. Thereby, the number of incoming synapses per neuron can be increased.

3. MinimizeSynapseLoss, option of syndriver switch routing (aka SelectSwitchRouting): This options has an effect on how synapse driver counts are assigned to signals on vertical buses in the case when more synapse drivers are required than available.

   • If MinimizeSynapseLoss==true: the absolute synapse loss is minimized. It can happen that some signals don't get any synapse drivers assigned, as they carry only few synapses. This procedure favors dense over sparse connections.

   • If MinimizeSynapseLoss==false: the synapse loss is equally distributed among all signals. This usually leads to a higher absolute synapse loss, however the synapse loss is distributed such that the relative synapse losses of all signals are approximately equal. This procedure slightly favors very sparse over dense connections.

4. SyndriverUtilization, option of syndriver switch routing (aka SelectSwitchRouting) in the range from 0.0 to 1.0 that determines, how many synapse drivers are considerd during assignment of synapse driver counts to signals. I.e. it determines the fraction of total synapse drivers of the current side, that are assigned to signals.

   Example: if syndriver_utilization = 0.8 and 112 synapse drivers on a side, only 0.8*112 = 89 syndrivers are assigned to signals.

   Why should one use this? In the Step following the assignment of syndriver counts to signals, real syndrivers have to be connected. But because of the sparseness of the syndriver switches, it can happen for some signals, that no syndriver can be found such that all synapses of this Signal are lost. By reducing the number of syndrivers assigned to signals, the risk for not realizing any synapse of some signals can be reduced by reducing the global number of syndriver, which leads to a more homogeneous synapse loss.

5. pynn.hardware.brainscales.Projection() can have an additional argument mapping_-

priority specifying the relative priority of synapses.

The default priority is 1. With `ConsiderMappingPriority==true`, these priorities are considered during crossbar routing, but not in the syndriver switch routing. Hence, when source L1 buses (a "Signal") are routed to their target HICANNs, for each signal an average mapping priority is computed from all its outgoing synapses. The signals are then routed in the order of their priority. Signals with a higher priority are routed first.

6. `IfVerticalThenAll` is an option for crossbar routing: when the horizontal backbone is routed (i.e. all Signals are routed to their target HICANN colums), it can happen that routing goes vertical first to go further horizontally.

   If IfVerticalThenAll==true then in such cases the signal is immediately routed vertically to all HICANNs of the column, where the vertical intermediate step is made. If disabled, only those vertical channel are occupied to continue the horizontal expansion.

7. `AllHorizontalFirst` is an option for the crossbar routing:

   - If `AllHorizontalFirst=true`: first all Signals are routed horizontally to their target Columns, then all Signals are expanded vertically to their target HICANNs in all columns.
   - If `AllHorizontalFirst=false`: The signals are routed one-after-another to all its target hicanns. Setting this option to true usually leads to a more balanced realization of the Signals.

5.7 RoutingL2Base Class Reference

The RoutingL2Base algorithm base class for L2 routing.

Inheritance diagram for RoutingL2Base:

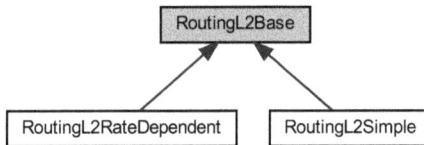

5.7.1 Detailed Description

The RoutingL2Base algorithm base class for L2 routing.

It provides the basis for the implementation of several different L2 routing algorithms.

External neurons (usually stimuli) are assigned to the DNC Interface channels, which correspond to the location on the wafer, where the external neurons inject their spikes into the on-wafer routing network.

Note: For that reason the L2 routing might also be considered a placement rather than a routing.

Parameters:

Name	Type	Default	Description
RandomL1Addresses	bool	false	Randomize L1 bus adressing. See note 1.

Notes:

1. If `RandomL1Addresses=true`, give virtual neurons random L1 addresses, else rising numbers. The number of used 4-bit patterns (0..15, 16..31, 32..47, 48..63) is kept minimal in both cases.

Input-Data

- graph_model_connections::VIRTUALMAPPING edges from virtual neurons to the Externals@ node of the current hardware node (which is the current wafer) define the external neurons, whose input is required on this wafer.

Output-Data

- graph_model_connections::VIRTUALMAPPING edges of the virtual neurons to one of the 8 DNC Interface channels with the 6-bit address as attribute.
- old graph_model_connections::VIRTUALMAPPING edges to Externals are erased.

5.8 RoutingL2Simple Class Reference

The RoutingL2Simple algorithm for a simple L2 router.
Inheritance diagram for RoutingL2Simple:

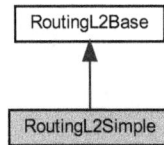

5.8.1 Detailed Description

The RoutingL2Simple algorithm for a simple L2 router.

Parameters

Name	Type	Default	Description
DistributeSources	bool	false	How to distribute external stimuli over L2 channels. See note 1.

Notes:

1. The RoutingL2Simple offers via parameter DistributeSources two possible options of how to distribute stimulis:
   - If DistributeSources==false a linear filling up of sources onto dnc_if channels. If the frequency of the latter is very high this might lead to a high spike loss. On the other hand, this is very efficient in terms of used channels. This may but need not lead to a better L1 routing.
   - If DistributeSources=true sources are distributed over all available L2 connections FPG-A->Hicanns, such that the full bandwidth is utilized. However this will lead to a higher number of required L1 Buses, which at the same time are not working to capacity. For example there might be only 2 sources mapped onto one L1 Bus. This bus has to be distributed to all its targets occupying a lot of L1 buses. In the HICANN this will lead to synapses that can not be used due to the currently implemented fixed patterns of the strobe-line decoding.

See RoutingL2Base for further options.

Input-Data
- see RoutingL2Base

Output-Data:
- see RoutingL2Base

5.9 RoutingL2RateDependent Class Reference

The RoutingL2RateDependent algorithm for an advanced L2 router.

Inheritance diagram for RoutingL2RateDependent:

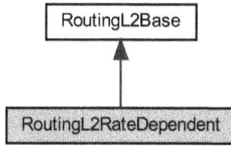

```
┌─────────────────────┐
│   RoutingL2Base     │
└─────────────────────┘
           ▲
           │
┌─────────────────────────┐
│ RoutingL2RateDependent  │
└─────────────────────────┘
```

5.9.1 Detailed Description

The RoutingL2RateDependent algorithm for an advanced L2 router.
It tries to distribute external sources according to their expected spike frequency over available Layer 2 channels. It considers the maximum bandwidth for the different channels (Playback-FPGA, FPGA->DNC and DNC->HICANN). This will use the mean rate of the sources. You might specify that the average utilization of the different channels is lower than the maximal available bandwidth, having in mind that in poisson processes the overall rate will be temporily higher and cannot be supplied by the L2 elements.
The rates of the external neuron is determined in the following:

1. SpikeSourcePoisson: has a parameter "rate"
2. SpikeSourceArray: The spiketrain is attached to that GMNodeData, such that the mean rate is determined with len(spikelist)/(t_last-t_first)
3. Neurons from other Wafers we assume a mean rate of 10 Hz.

Note: Placing elements with a certain load (the spike rate) into elements with limited resources (maximum bandwidth) is a typical Bin-Packing problem: The external sources are distributed in a First-Fit manner onto the available L2 channels.

Parameters

Name	Type	Default	Description
AverageUtilization	float	1.0	Fraction of L2 bandwidth to utilize. See note 1.

Notes:

1. The parameter AverageUtilization specifies the fraction of bandwidth that shall be considered during the distribution of sources onto channels. This option is used to anticipate that the rate of spike trains is temporarily higher than its average.

Input-Data

- access to parameters of virtual neurons: spiketimes for SpikeSourceArray and parameters [rate, duration, start] for SpikeSourcePoisson
- maximum spike bandwidth of one FPGA->DNC->HICANN link
- see RoutingL2Base

Output-Data

- see RoutingL2Base

5.10 RoutingL2InterWaferBase Class Reference

The RoutingL2InterWaferBase algorithm base class for L2 inter-wafer routing.

Inheritance diagram for RoutingL2InterWaferBase:

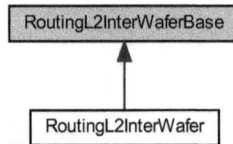

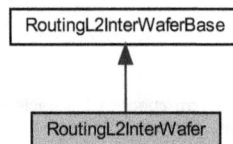

```
        ┌──────────────────────────┐
        │  RoutingL2InterWaferBase │
        └──────────────────────────┘
                      ▲
        ┌──────────────────────────┐
        │    RoutingL2InterWafer   │
        └──────────────────────────┘
```

5.10.1 Detailed Description

The RoutingL2InterWaferBase algorithm base class for L2 inter-wafer routing.

It provides the basis for the implementation of several different L2 inter-wafer routing algorithms.

Parameters

Name	Type	Default	Description
Input-Data			

- tbd.

Output-Data

- tbd.

5.11 RoutingL2InterWafer Class Reference

The RoutingL2InterWafer routing algorithm.

Inheritance diagram for RoutingL2InterWafer:

```
        ┌──────────────────────────┐
        │  RoutingL2InterWaferBase │
        └──────────────────────────┘
                      ▲
        ┌──────────────────────────┐
        │    RoutingL2InterWafer   │
        └──────────────────────────┘
```

5.11.1 Detailed Description

The RoutingL2InterWafer routing algorithm.

It prepares the switching of synchronous (L2) connections (done by sub-sequent algorithm(s)) and generates corresponding routing tables.

```
RoutingL2InterWafer(BM,HM) :
    l2_connections_map = find_neurons_with_l2_connections(BM,HM)
    fpga_connectivity_map = determine_fpga_connectivity(HM)
    erase_fpgas_not_reachable(fpga_connectivity_map)
```

```
determine_source_fpga(l2_connections_map)
determine_sink_fpga(l2_connections_map)
remove_multiple_sender_neurons(l2_connections_map)
remove_sender_without_target(l2_connections_map)
route_to_model(HM,BM,l2_connections_map)
create_routing_tables(HM)
```

The following steps are necessary:
- identify the neurons in the BioModel that are connected via graph_model_connections::NEURO_NEURO and are placed on different wafers of the HardwareModelStage2
- determine the current inter-wafer FPGA network structure and generate a map of elements that are reachable
- determine the source FPGA for each of the identified connections
- determine the sink FPGA for each of the identified connections
- erase multiple source neurons and w/o sink (bundle connections)
- generate a graph_model_connections::VIRTUALMAPPING edge from source neuron node in the Bio-Model to FPGA node in the HardwareModelStage2 that is the sink of the connection
- generate routing tables

Parameters

Name	Type	Default	Description

Input-Data
- graph_model_connections::MAPPING edges of BioModel neurons to dendritic elements of the Hardware-ModelStage2
- inter FPGA connectivity represented by graph_model_connections::FPGA_FPGA_CONN edges between FPGA-FPGA channels

Output-Data
- graph_model_connections::VIRTUALMAPPING edges from neurons of the BioModel to FPGA nodes in HardwareModelStage2
- routing tables below FPGA node of the HardwareModelStage2

5.12 RoutingSPL1MergerChecker Class Reference

The RoutingSPL1MergerChecker algorithm to validate the correctness of the SPL1 Merger Routing.

5.12.1 Detailed Description

The RoutingSPL1MergerChecker algorithm to validate the correctness of the SPL1 Merger Routing.

The RoutingSPL1MergerChecker compares the results from L1 and L2 Routing with the OutPinAssignment, i.e. it compares the mapping of neurons to denmems, the mapping of poisson sources to background event generators and the mapping of virtual neurons onto DNC_IF channels with OutPinAssignment to OutputRegisters.

It Throws a `MappingError` if the check is not successful.

Note: Can be run **AFTER** the `RoutingL1WaferV2`.

Parameters

Name	Type	Default	Description

Input-Data
- tbd.

Output-Data
- tbd.

6 Parameter Transformation Algorithms

6.1 ParameterTransformation Class Reference

The ParameterTransformation algorithm for parameter transformation.

6.1.1 Detailed Description

The ParameterTransformation algorithm for parameter transformation.

It transforms the biological model parameters into HW parameter space, applies calibration data if available otherwise transforms ideally.

The parameter transformation is done HICANN-wise. The input data to each HICANN transformation is provided by transformation wrapper, which e.g. determines which neurons provide input to a synapse driver.

This wrapper starts the hicann-wise transformation, gets the transformed parameters and writes them into the hardware graph.

The following data refers to one HICANN.

Parameters.

Name	Type	Default	Description
IdealTransformation	bool	false	Use ideal transformation even if calibration data is available.
NeuronTrafoUseAutoScale	bool	false	Use auto scaling of voltages. See note 1.
NeuronTrafoAutoScaleHWRange	float	200.0	Dynamic range for auto scaling. See note 2.
NeuronTrafoAutoScaleTargetVReset	float	500.0	Target reset voltage for auto scaling. See note 3.
NeuronTrafoFixedScaleVShift	float	1200.0	Voltage shift factor fixed scaling. See note 4.
NeuronTrafoFixedScaleAlphaV	float	10.0	Voltage scale factor fixed scaling. See note 5.
WeightTrafoMode	string	'max2max'	Weight transformation mode. See note 6.

Notes:

1. When `NeuronTrafoUseAutoScale==true` use auto scaling of voltages to the hardware range for neuron transformation instead of fixed scaling.
2. `NeuronTrafoAutoScaleHWRange` provides the dynamic range in mV on the hardware between minimal V-reset and max V-thresh to be utilized when applying auto scaling.
   (Hard-)Range: $[AutoScaleTargetVReset, 1800.0]$
3. `NeuronTrafoAutoScaleTargetVReset` is the target reset voltage in mV when using auto scaling.
   (Hard-)Range: $[0.0, 1800.0]$
4. `NeuronTrafoFixedScaleVShift` voltage shift factor in mV when using fixed voltage scaling.
   (Plausibility-)Range: tbd.
5. `NeuronTrafoFixedScaleAlphaV` Constraint: >0.0
6. `WeightTrafoMode` sets the mode for transforming synaptic weights, i.e. how the mean/max bio weight of all synapses in a row is mapped to mean/max digital hardware weight.
   Possible Modes (bio->hardware): [max2max,mean2mean,max2mean]
   Note: will be set to `max2max` in case of an illegal mode `Forward`

Input-Data

- tbd.

Output-Data

- tbd.

6.2 ParameterTransformer Class Reference

The ParameterTransformer algorithm transforms the parameters from the biological to the hardware domain for one HICANN..

6.2.1 Detailed Description

The ParameterTransformer algorithm transforms the parameters from the biological to the hardware domain for one HICANN..

If available, it takes calibration data into account, otherwise translation functions from RTL simulations are used. The parameter transformation of neurons and synapses triggered by Run() goes as follows:

1. Neuron Parameters
2. Current Sources
3. Synapses
4. Global Floating Gate Parameters

Independently from these steps Run() command, the background generator parameters have to be translated with TransformBackgroundEventGenerators()

Once these transformation steps are complete, the hardware configuration is available via getter functions.

Neuron Parameters

1. Biological neuron parameters are scaled to the voltage and time domain of the hardware. This step considers that the hardware runs with a certain speedup compared to biological real time and that the dynamic voltage rangeis different from the brain. Two modes exist for the voltage scaling:

   a) Fixed Voltage Scaling:

   All voltages are first multiplied by _neuron_trafo_fixed_scale_alphav and then shifted by _neuron_-trafo_fixed_scale_vshift.

   b) Automatic Voltage Scaling:

   In this mode, the dynamic range of the biological neurons is mapped onto a predefined range on the hardware. This range is determined by the hicann-wise minimum reset and the maximum spike threshold voltage. The user can specify used hardware range with _neuron_trafo_-auto_scale_hw_range and the target reset voltage by _neuron_trafo_auto_scale_-target_vreset.

2. The scaled neuron parameters are turned into a DAC values for the floating gate storage banks, which control the analog neuron parameters.

   In this step the neuron calibration data is applied with the use of class NeuronCalib. With the flag _-ideal_transformation one can specify to choose the ideal calibration functions.

Current Sources

After the neurons the 4 current sources per HICANN are configured / translated from their definition in PyNN.

Synapses

The tranformation of synapse parameters is more complex than for neuron parameters, as some parameters are only configurable per row, per synapse driver, or per block. Hence the transformation of synapse is done per synapse driver block (a HICANN Quadrant), simplified, the steps are as follows

1. For all active synapses connected to the same synapse driver (2 adjacent synapse rows) it is detected whether short-term plasticity shall be enabled and which mode (depressing or facilitating) is going to be used. If there are conflicting modes on one driver, the mode with the highest number of synapses is used.

2. From all synapse drivers of a block the best global STP parameters are determined.

3. Synaptic weights are translated to the hardware voltage and time domain. Here, for each neuron the same scaling factor is used as for the conductances of its target neuron.

4. For each synapse row the average, minimum and maximum synaptic weight is computed. This information is used to choose the synapse driver configuration that determines the row-wise analog synaptic weight multiplicator g_max. Finally the 4-bit digital synaptic weights are computed using the read-in Synapse-DriverCalib. In this step the specified _weight_trafo_mode is considered. Stochastic rounding is used to avoid a systematic strengthening or weaking of weights.

Global Floating Gate Parameters

After both neurons and synapses parameters transformed, also the global floating gate parameters, which control shared analog parameters of both neuron and synapse blocks are translated.

8.1 graph_model_connections Namespace Reference

These are the enumerations for available names of named Graph Model connections.

Enumerations

- enum e {
  INVALID = -1, DEFAULT = 0, ABSTRACT_HWCOMM = 1, L1_HWCOMM = 2,
  MAPPING = 3, EXTENSION = 5, PARAM = 8, EQUAL = 9,
  ERASED = 10, NEURO_NEURO = 11, CONFIG = 12, L1ROUTED = 13,
  L1SOURCEOF = 14, VIRTUALMAPPING = 15, L2_HWCOMM = 16, FOLLOWER = 17,
  ACTIVE = 18, MAPPING_FINISHED = 19, ANALOG_CONNECTION_SYNAPSE = 20, ANALOG_CON-
  NECTION_DENDRITE = 21,
  ANALOG_CONNECTION_WTA = 22, DNC_FPGA_CONN = 25, FPGA_FPGA_CONN = 26, TAG_ASSI-
  GNMENT = 27,
  CURRENT_NEURO = 29, ANALOG_CONNECTION_CURRENT = 30, ANALOG_CONNECTION_OUT-
  PUT = 31, NEURO_NEURO_LOST = 32,
  OUTPIN_ASSIGNMENT = 33, POP = 34, POP_POP = 35, PRO = 36 }

8.1.1 Detailed Description

These are the enumerations for available names of named Graph Model connections.

8.1.2 Enumeration Type Documentation

8.1.2.1 enum graph_model_connections::e

Enumerator

INVALID invalid con.,
  used as return value for not existing requested connections, instead of NULL

DEFAULT default con.,
  if no other is specified; no special meaning

ABSTRACT_HWCOMM abstract hardware communication con.,
  connects abstract hardware elements, which communicate among each other

L1_HWCOMM layer 1 hardware communication con.,
  connects layer 1 hardware elements, which communicate among each other

MAPPING abstract mapping con.,
  models the assignment of a bio element to a hardware element

EXTENSION model extension con.,
  assigns partial graph elements to their original

PARAM parameter assignment con.,
  links an element to a parameter set

EQUAL value assignment con.,
  links a single variable element to a value

ERASED internal operation con.,
  marks a connection as deleteable

NEURO_NEURO neuron-synapse-neuron assignment con.,
  connects two neurons synaptically, using the hyper edge to refer to the synapse parameter set

CONFIG configuration con.,
  assigns a hardware element to configuration data

L1ROUTED special configuration con.,
  connects hardware elements in layer 1, e.g. WTAs in different hicanns for testing purpose

L1SOURCEOF special configuration con.,
  marks a harware element as l1 data source of an other one

VIRTUALMAPPING special mapping con.,
  assigns virtual elements (e.g. outside neurons) to hardware elements

L2_HWCOMM layer 2 hardware communication con.,
  connects layer 2 hardware elements, which communicate among each other

FOLLOWER   structure con.,
   marks an element as successor of another one
ACTIVE   structure con.,
   marks an element as active in context of another one
MAPPING_FINISHED   configuration con.,
   marks an element as finished regarding the mapping process to avoid further calculations
ANALOG_CONNECTION_SYNAPSE   layer 0 hardware communication con.,
   connects a synapse column to a dendritic element
ANALOG_CONNECTION_DENDRITE   layer 0 hardware communication con.,
   connects two dendrites
ANALOG_CONNECTION_WTA   layer 0 hardware communication con.,
   connects a dentritic element to a WTA
DNC_FPGA_CONN   layer 2 hardware communication con.,
   connects a DNC to a FPGA
FPGA_FPGA_CONN   layer 2 hardware communication con.,
   connects two FPGAs
TAG_ASSIGNMENT   data tag assignment con.,
   assigns a tag to an element
CURRENT_NEURO   current source con.,
   connection from a bio current source to a bio neuron
ANALOG_CONNECTION_CURRENT   current source con.,
   connection from a hardware current source to a denmem
ANALOG_CONNECTION_OUTPUT   analog out con.,
   connection from a hardware element to the analog output to one of two analog outputs of a Hicann
NEURO_NEURO_LOST   lost neuron con.,
   a lost NEURO_NEURO edge, wich could not be realized during mapping
OUTPIN_ASSIGNMENT   outpin con.,
   an assignment of neurons onto the Output Register of a HICANN
POP   population params con.,
   an assignment from a neuron param set to its population param set
POP_POP   projection con.,
   connects two populations synaptically, using the hyper edge to refer to the projection parameter set
PRO   projection params con.,
   an assignment from a synapse param set to its projection param set

Beschreibung und Parametrisierung einer Algorithmensequenz

Quelltext IV.1: Externe Konfiguration der Algorithmensequenz unter Verwendung der Sprache GMPath

```
 1 %%%%%%%%%%%%%%%%%%%%%%%%%%%%%%%%%%%%%%%%%%%%%%%%%%%%%%%%%%%%%%%%%%%%
 2 %
 3 % Copyright: TUD/UHEI 2007 - 2013
 4 % License: GPL
 5 % Description: BrainScaleS Mapping Process algorithm init file
 6 %              using GMPath [1].
 7 %              Use this file to configure mapping algorithms and
 8 %              define the mapping sequences
 9 %
10 % [1] K. Wendt, M. Ehrlich, and R. Schüffny, "GMPath - a path
11 %     language for navigation, information query and modification
12 %     of data graphs", Proceedings of ANNIIP 2010, 2010, p. 31-42
13 %
14 %%%%%%%%%%%%%%%%%%%%%%%%%%%%%%%%%%%%%%%%%%%%%%%%%%%%%%%%%%%%%%%%%%%%
15 EnableCreateMode
16 % get the global parameter node
17 GP = SystemNode/GlobalParameters
18 % The Algorithm Sequences Node
19 AS = GP/AlgorithmSequences/user
20 %%%%%%%%%%%%%%%%%%%%%%%%%%%%%%%%%%%%%%%%%%%%%%%%%%%%%%%%%%%%%%%%%%%%
21 % System Algorithms Configuration
22 %%%%%%%%%%%%%%%%%%%%%%%%%%%%%%%%%%%%%%%%%%%%%%%%%%%%%%%%%%%%%%%%%%%%
23 SystemAS = AS/SystemAlgorithmSequence
24 % manual placement via a file containing GMPath expressions
25 A_PlacementExtern = SystemAS/PlacementExtern
26    C = A_PlacementExtern/FileName/NeuronPlacement.gmp
27    A_PlacementExtern/FileName > EQUAL > C
28    C = A_PlacementExtern/InputType/0
29    A_PlacementExtern/InputType > EQUAL > C
30 % Linear Neuron Placement
31 A_PlacementNeurons = SystemAS/PlacementNeuronsSimple
32 % Recursive Mapping
33 A_RMS = SystemAS/RecursiveMappingStep
34    C = A_RMS/PassBioModel/1
35    A_RMS/PassBioModel > EQUAL > C
36 %%%%%%%%%%%%%%%%%%%%%%%%%%%%%%%%%%%%%%%%%%%%%%%%%%%%%%%%%%%%%%%%%%%%
37 % System Algorithm Sequence
38 %%%%%%%%%%%%%%%%%%%%%%%%%%%%%%%%%%%%%%%%%%%%%%%%%%%%%%%%%%%%%%%%%%%%
39 SystemAS > FOLLOWER > A_PlacementNeurons > FOLLOWER > A_RMS
40 ...
```

V Skalierungsergebnisse

Parametrisierung der Algorithmensequenz für die Skalierungstests

Tabelle V.1: Parametrisierung der Algorithmensequenz für die Skalierungstests

SYSTEM

PlacementNeuronsSimple

RandomizeHWComponentSampling	bool	false *(default)*
UseBorderHicanns	bool	true *(default)*
Target	string	'Invalid' *(default)*
Seed	integer	0 *(default)*
RandomizeBioNeuronSampling	bool	false *(default)*
SynTyp	bool	false *(default)*
MapPoissonSources	bool	false *(default)*
FillBlocksToCap	bool	true *(default)*

WAFER

PlacementNeuronsSimple

RandomizeHWComponentSampling	bool	false *(default)*
UseBorderHicanns	bool	true *(default)*
Target	string	'Invalid' *(default)*
Seed	integer	0 *(default)*
RandomizeBioNeuronSampling	bool	false *(default)*
SynTyp	bool	true
MapPoissonSources	bool	false *(default)*
FillBlocksToCap	bool	false

PlacementHicannOutPinAssignment

Target	string	'Invalid' *(default)*

RoutingL2Simple

RandomL1Addresses	bool	false *(default)*
DistributeSources	bool	true

RoutingL1WaferV2

OneBEGPerBus	bool	true *(default)*
AutoscaleNeuronSize	bool	false *(default)*
MinimizeSynapseLoss	bool	true *(default)*
SyndriverUtilization	float	1.0 *(default)*
ConsiderMappingPriority	bool	true *(default)*
IfVerticalThenAll	bool	true *(default)*
AllHorizontalFirst	bool	true *(default)*

RoutingSPL1MergerChecker

ParameterTransformation

IdealTransformation	bool	false
NeuronTrafoUseAutoScale	bool	false
NeuronTrafoAutoScaleHWRange	float	200.0 *(default)*
NeuronTrafoAutoScaleTargetVReset	float	500.0 *(default)*
NeuronTrafoFixedScaleVShift	float	1200.0 *(default)*
NeuronTrafoFixedScaleAlphaV	float	10.0 *(default)*
WeightTrafoMode	string	'max2max' *(default)*

Skalierung der Synfire Chain mit Feed Forward Inhibition

Tabelle V.2: Skalierungswerte für für Synfire Chain mit Feed Forward Inhibition 1 k – 10 k
Neuronen

l	w	#NRN [k]
8	125	1
16	125	2
24	125	3
20	200	4
25	200	5
15	400	6
20	350	7
20	400	8
30	300	9
25	400	10

Tabelle V.3: Skalierungswerte für Synfire Chain mit Feed Forward Inhibition 10 k – 100 k
Neuronen

l	w	#NRN [k]
20	500	10
40	500	20
60	500	30
40	1000	40
50	1000	50
30	2000	60
20	3500	70
20	4000	80
30	3000	90
25	4000	100

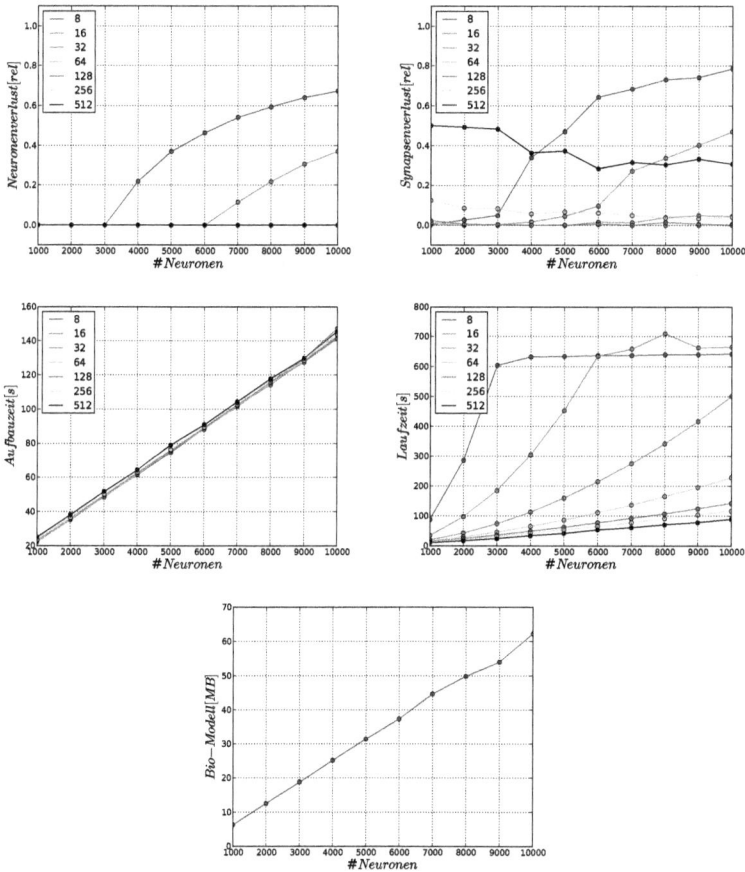

Abbildung V.1: Skalierungsergebnisse nach Abbildung der Synfire Chain mit Feed Forward Inhibition für 1 k – 10 k Neuronen und Variation des maximalen Anzahl an Neuronen pro HICANN pro Durchlauf

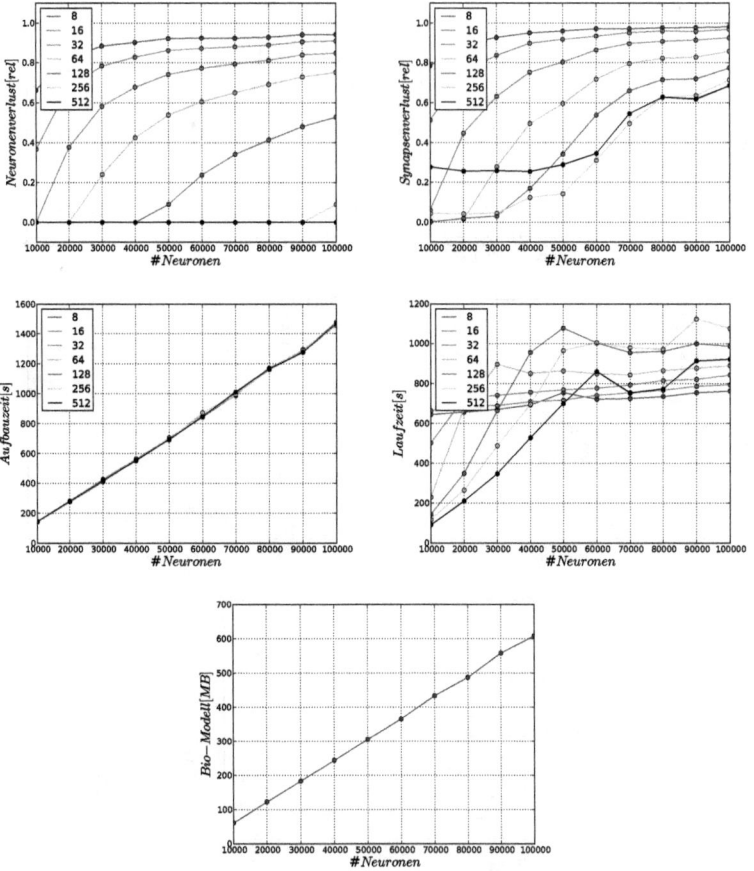

Abbildung V.2: Skalierungsergebnisse nach Abbildung der Synfire Chain mit Feed Forward Inhibition für 10 k – 100 k Neuronen und Variation des maximalen Anzahl an Neuronen pro HICANN pro Durchlauf

Skalierung des Assozativspeichermodells in Schicht II/III des Neokortex

Tabelle V.4: Skalierungswerte für das Assoziativspeichermodell in Schicht II/III des Neokortex für 1 k – 10 k Neuronen

#HC	#MC/#HC	#NRN
9	3	891
18	2	1188
9	6	1800
9	9	1782
27	3	2673
18	6	3564
36	4	4752
9	18	5346
18	12	7128
27	9	8019
18	18	10692

Tabelle V.5: Skalierungswerte für das Assoziativspeichermodell in Schicht II/III des Neokortex für 10 k – 100 k Neuronen

#HC	#MC/#HC	#NRN
18	18	10692
18	36	21384
36	24	28512
36	36	42768
27	54	48114
45	45	66852

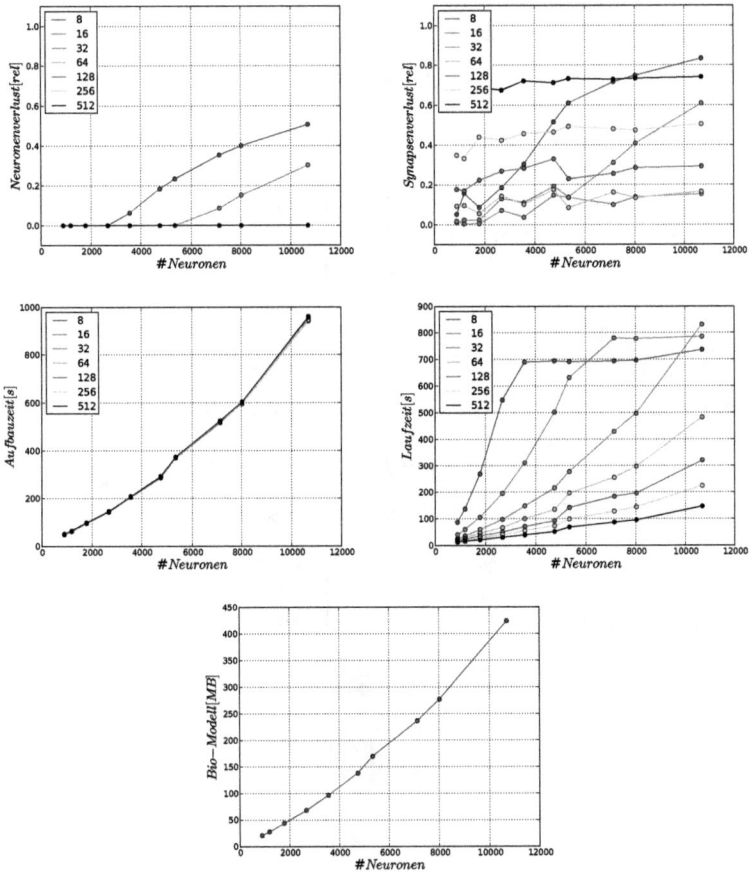

Abbildung V.3: Skalierungsergebnisse nach Abbildung des Assoziativspeichermodells in Neokortex Schicht II/III für 1 k – 10 k Neuronen und Variation des maximalen Anzahl an
Neuronen pro HICANN pro Durchlauf

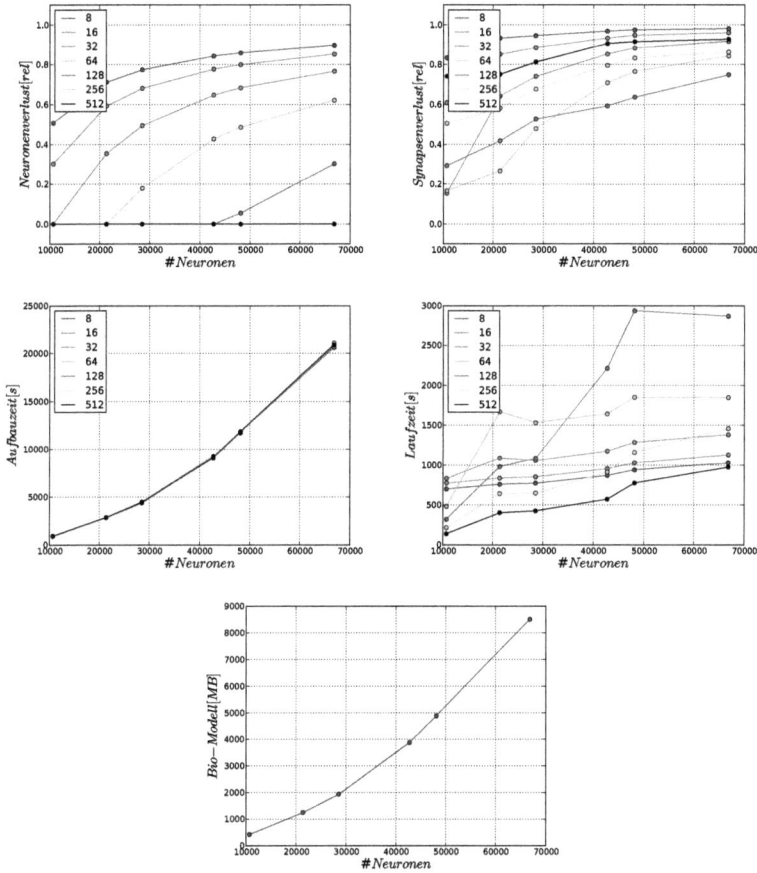

Abbildung V.4: Skalierungsergebnisse nach Abbildung des Assoziativspeichermodells für Neokortex Schicht II/III für 1 k – 10 k Neuronen und Variation des maximalen Anzahl an Neuronen pro HICANN pro Durchlauf

Skalierung der Selbsthaltenden Asynchronen Irregulären Zustände

Tabelle V.6: Skalierungswerte für Selbsthaltende Asynchrone Irreguläre Zustände 1 k – 10 k

Scaler	#NRN [k]
14	980
20	2000
25	3125
28	3920
32	5120
35	6125
37	6845
40	8000
42	8820
45	10125

Tabelle V.7: Skalierungswerte für Selbsthaltende Asynchrone Irreguläre Zustände 10 k – 100 k

Scaler	#NRN [k]
45	10125
63	19845
77	29645
89	39605
100	50000
110	60500
118	69620
126	79380
134	89780
142	100820

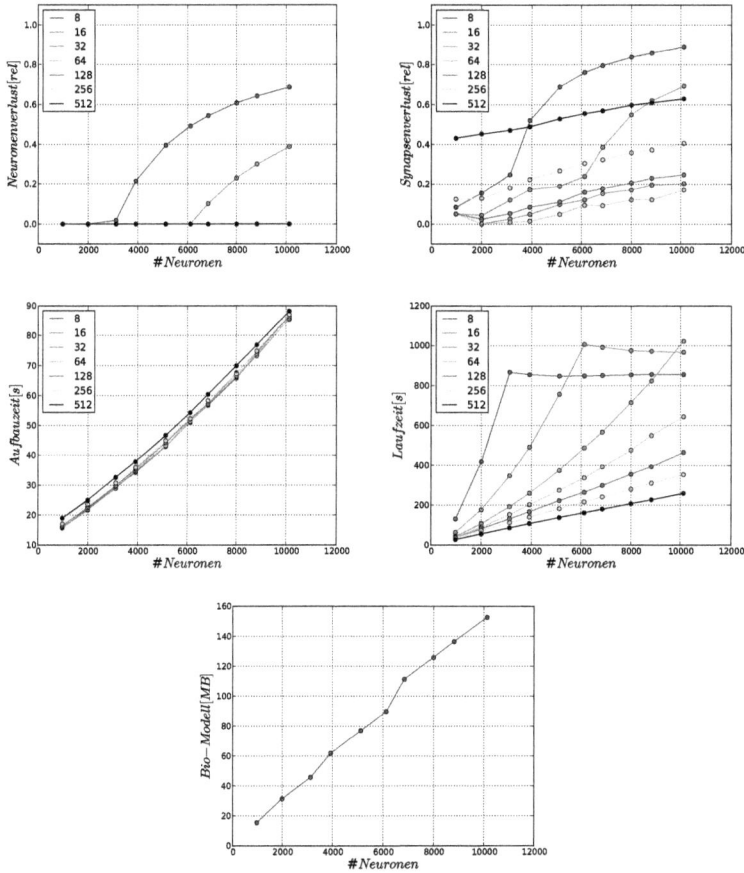

Abbildung V.5: Skalierungsergebnisse nach Abbildung Selbsthaltende Asynchrone Irreguläre
Zustände für 1 k – 10 k Neuronen und Variation des maximalen Anzahl an Neuronen
pro HICANN pro Durchlauf

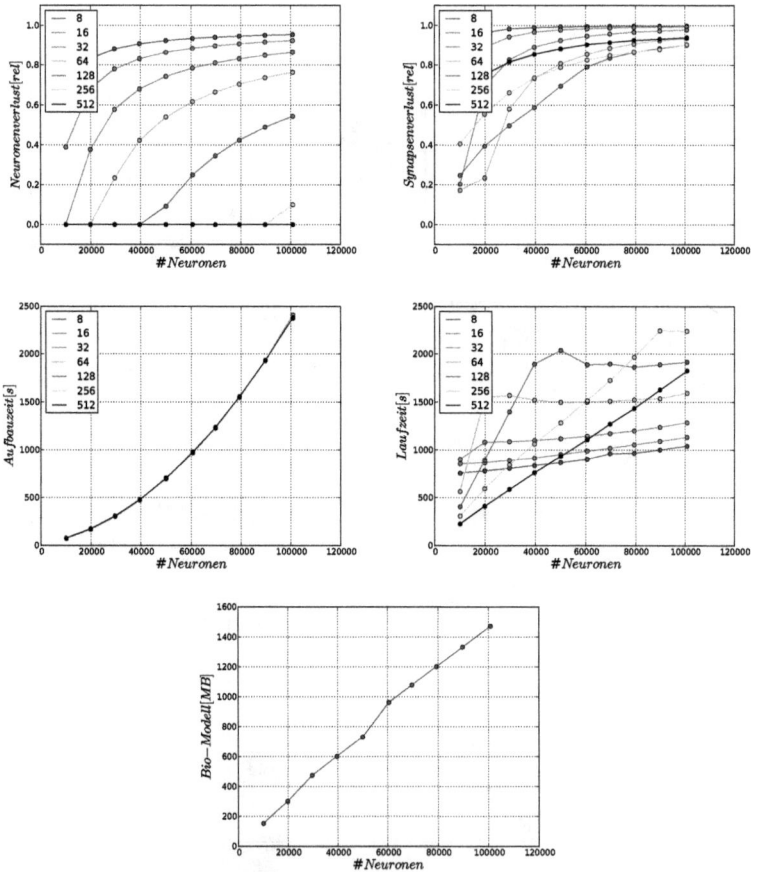

Abbildung V.6: Skalierungsergebnisse nach Abbildung Selbsthaltende Asynchrone Irreguläre Zustände für 10 k – 100 k Neuronen und Variation des maximalen Anzahl an Neuronen pro HICANN pro Durchlauf

VI Anwendungsbeispiele

3D Visualisierung des Assozativspeicher Neokortex Schicht II/III

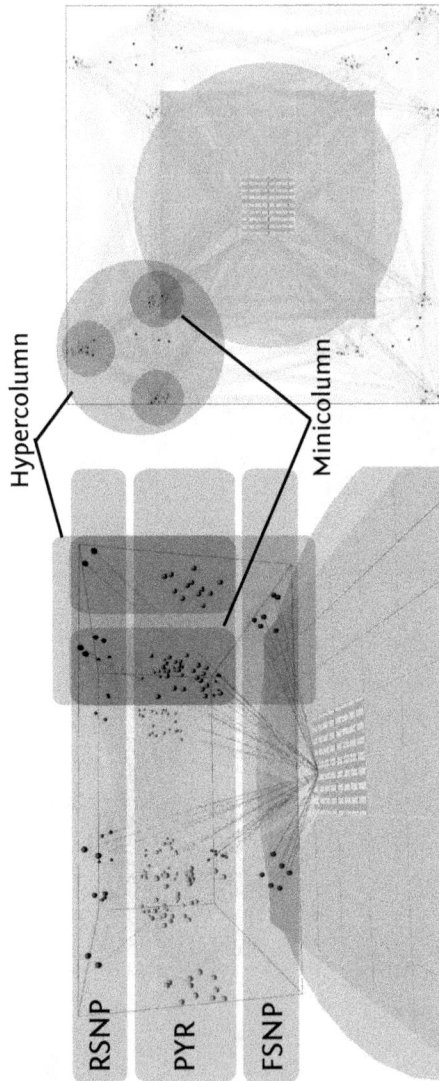

Abbildung VI.1: Eine dreidimensionale Visualisierung der Abbildung des Assoziativen Speichermodells im Neokortex in Schicht II/III mit GraViTo.

Brainscale S
Scale S

```
Neural Network: mapped / total elements
    internal neurons:      1000 / 1000
    internal synapses:     9779 / 9779
    stimuli neurons:        800 / 800
    stimuli synapses:       800 / 800

Losses: actual loss / loss limit specified by user
    internal neurons + stimuli neurons: 0.000 / 1.000
    internal synapses + stimuli synapses: 0.000 / 1.000




Algorithm Sequences:
    Strategy: user
    System
        PlacementNeuronsSimple
        RecursiveMappingStep
        RoutingL2InterWafer
        RecursiveMappingStep_2
    Wafer
        PlacementNeuronsSimple
        PlacementHicannOutPinAssignment
        RecursiveMappingInterrupt
        RoutingL2Simple
        RoutingL1WaferV2
        RoutingSPL1MergerChecker
        ParameterTransformation
    Hicann
```

Experiment: "model-simple"

A-Priori Mapping Estimation

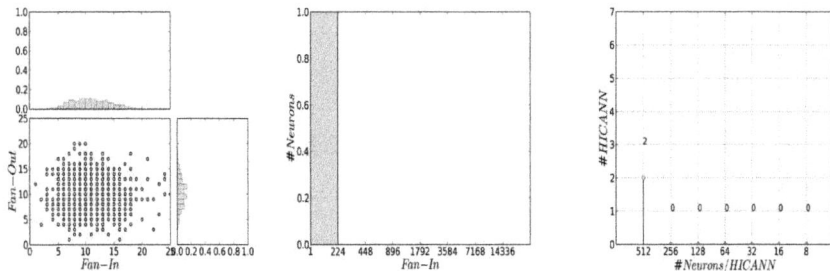

PRE Mapping Allocation

FPGA   DNC   HICANN

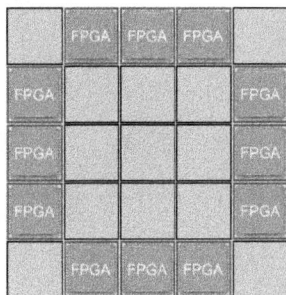  

POST Mapping Utilization

FPGA   DNC   HICANN

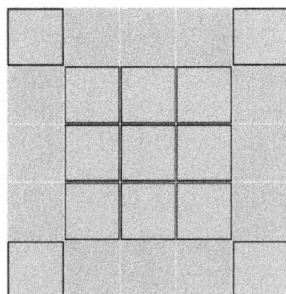 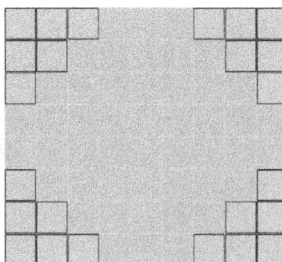 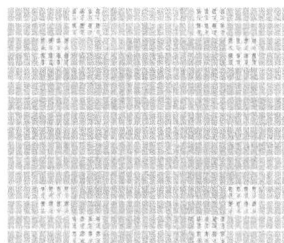

allocation: ■ locked ▨ available ■ user   ░ mapper   utilization: 0.0 ▨▨▨▨ 1.0

For more information see: output/mapping.log

Brain_{Scale S}
Scale S

```
Neural Network: mapped / total elements
    internal neurons:      3920 / 3920
    internal synapses:   980000 / 980000
    stimuli neurons:         77 / 77
    stimuli synapses:        77 / 77

Losses: actual loss / loss limit specified by user
    internal neurons + stimuli neurons: 0.000 / 0.150
    internal synapses + stimuli synapses: 0.000 / 0.150




Algorithm Sequences:
    Strategy: user
    System
        PlacementNeuronsSimple
        RecursiveMappingStep
        RoutingL2InterWafer
        RecursiveMappingStep_2
    Wafer
        PlacementNeuronsSimple
        PlacementHicannOutPinAssignment
        RecursiveMappingInterrupt
        RoutingL2Simple
        RoutingL1WaferV2
        RoutingSPL1MergerChecker
        ParameterTransformation
    Hicann
```

A-Priori Mapping Estimation

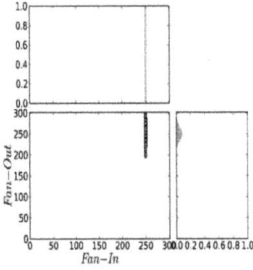
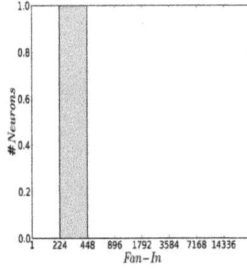
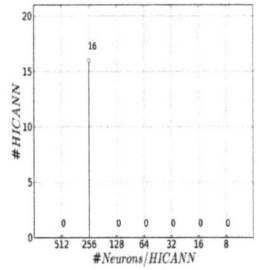

PRE Mapping Allocation

FPGA   DNC   HICANN

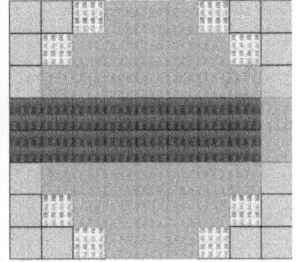

POST Mapping Utilization

FPGA   DNC   HICANN

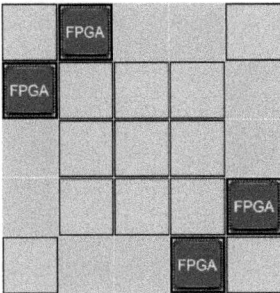
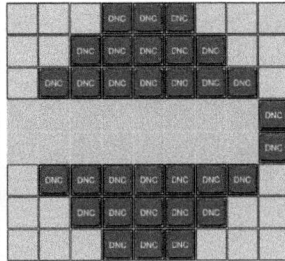
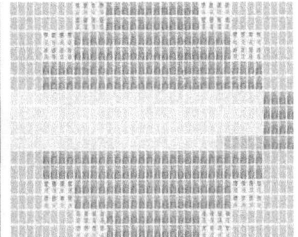

allocation: ■ locked ▦ available ■ user   ░ mapper   utilization: 0.0 ▨▨▨▨▨ 1.0

For more information see: output/mapping.log

```
Neural Network: mapped / total elements
    internal neurons:       2673 / 2673
    internal synapses:    268150 / 277375
    stimuli neurons:        2387 / 2430
    stimuli synapses:       9231 / 9720

Losses: actual loss / loss limit specified by user
    internal neurons + stimuli neurons: 0.008 / 1.000
    internal synapses + stimuli synapses: 0.034 / 1.000




Algorithm Sequences:
    Strategy: user
    System
        PlacementNeuronsSimple
        RecursiveMappingStep
        RoutingL2InterWafer
        RecursiveMappingStep_2
    Wafer
        PlacementNeuronsSimple
        PlacementHicannOutPinAssignment
        RecursiveMappingInterrupt
        RoutingL2RateDependent
        RoutingL1WaferV2
        RoutingSPL1MergerChecker
        ParameterTransformation
    Hicann
```

A-Priori Mapping Estimation

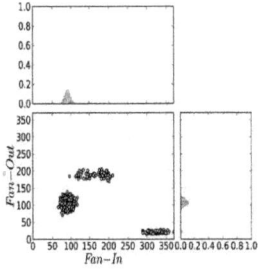
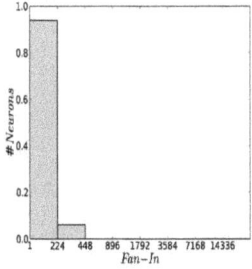
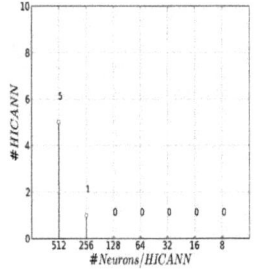

PRE Mapping Allocation

FPGA   DNC   HICANN

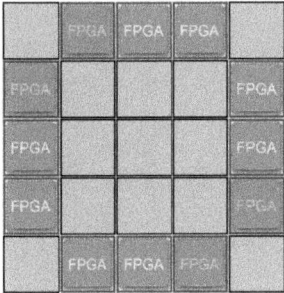

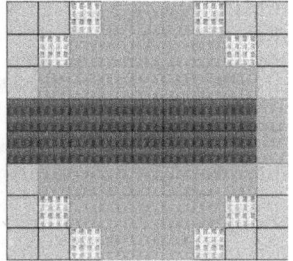

POST Mapping Utilization

FPGA   DNC   HICANN

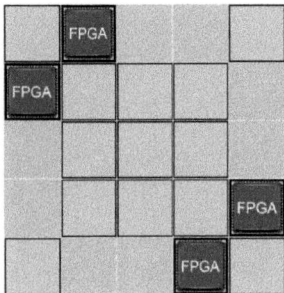
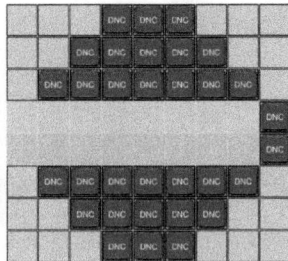
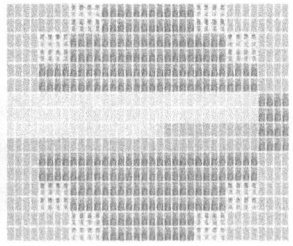

allocation: ■ locked ▨ available ■ user   mapper   utilization: 0.0 ▨▨▨▨▨ 1.0

For more information see: output/mapping.log

```
Neural Network: mapped / total elements
    internal neurons:       750 / 750
    internal synapses:     52500 / 52500
     stimuli neurons:       292 / 292
     stimuli synapses:    13500 / 13500

Losses: actual loss / loss limit specified by user
    internal neurons + stimuli neurons: 0.000 / 0.000
    internal synapses + stimuli synapses: 0.000 / 0.000
```

```
Algorithm Sequences:
    Strategy: user
    System
        PlacementNeuronsSimple
        RecursiveMappingStep
        RoutingL2InterWafer
        RecursiveMappingStep_2
    Wafer
        PlacementNeuronsSimple
        PlacementHicannOutPinAssignment
        RecursiveMappingInterrupt
        RoutingL2Simple
        RoutingL1WaferV2
        RoutingSPL1MergerChecker
        ParameterTransformation
    Hicann
```

A-Priori Mapping Estimation

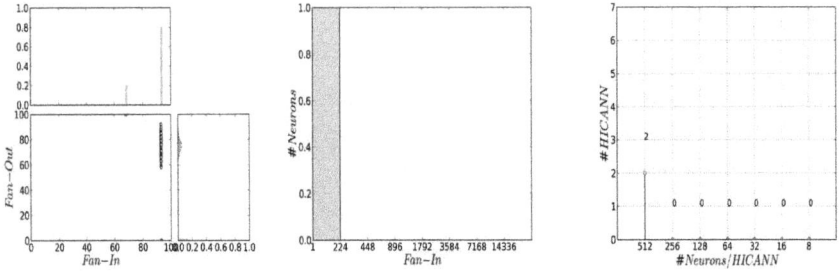

PRE Mapping Allocation
FPGA   **DNC**   **HICANN**

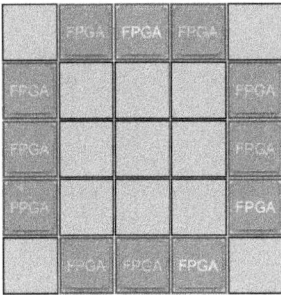

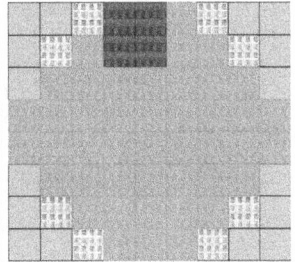

POST Mapping Utilization
FPGA   **DNC**   **HICANN**

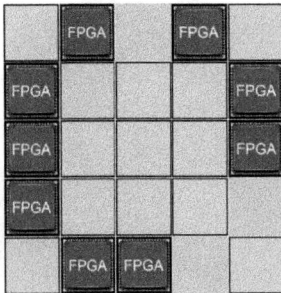
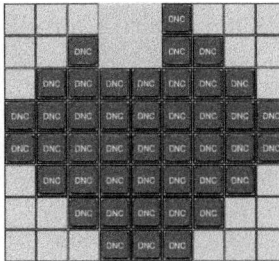
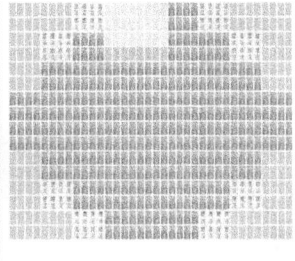

allocation: ▦ locked ▦ available ■ user   mapper   utilization: 0.0 ▦▦▦▦ 1.0

For more information see: output/mapping.log

www.ingramcontent.com/pod-product-compliance
Lightning Source LLC
Chambersburg PA
CBHW060259220326
41598CB00027B/4159